東京大学工学教程

基礎系 数学

線形代数 II

東京大学工学教程編纂委員会 編

室田一雄
杉原正顯 著

Linear Algebra II

SCHOOL OF ENGINEERING
THE UNIVERSITY OF TOKYO

丸善出版

東京大学工学教程

編纂にあたって

東京大学工学部，および東京大学大学院工学系研究科において教育する工学はいかにあるべきか．1886 年に開学した本学工学部・工学系研究科が 125 年を経て，改めて自問し自答すべき問いである．西洋文明の導入に端を発し，諸外国の先端技術追奪の一世紀を経て，世界の工学研究教育機関の頂点の一つに立った今，伝統を踏まえて，あらためて確固たる基礎を築くことこそ，創造を支える教育の使命であろう．国内のみならず世界から集う最優秀な学生に対して教授すべき工学，すなわち，学生が本学で学ぶべき工学を開示することは，本学工学部・工学系研究科の責務であるとともに，社会と時代の要請でもある．追奪から頂点への歴史的な転機を迎え，本学工学部・工学系研究科が執る教育を聖域として閉ざすことなく，工学の知の殿堂として世界に問う教程がこの「東京大学工学教程」である．したがって照準は本学工学部・工学系研究科の学生に定めている．本工学教程は，本学の学生が学ぶべき知を示すとともに，本学の教員が学生に教授すべき知を示す教程である．

2012 年 2 月

2010–2011 年度
東京大学工学部長・大学院工学系研究科長　北　森　武　彦

東京大学工学教程

刊行の趣旨

現代の工学は，基礎基盤工学の学問領域と，特定のシステムや対象を取り扱う総合工学という学問領域から構成される．学際領域や複合領域は，学問の領域が伝統的な一つの基礎基盤ディシプリンに収まらずに複数の学問領域が融合したり，複合してできる新たな学問領域であり，一度確立した学際領域や複合領域は自立して総合工学として発展していく場合もある．さらに，学際化や複合化はいまや基礎基盤工学の中でも先端研究においてますます進んでいる．

このような状況は，工学におけるさまざまな課題も生み出している．総合工学における研究対象は次第に大きくなり，経済，医学や社会とも連携して巨大複雑系社会システムまで発展し，その結果，内包する学問領域が大きくなり研究分野として自己完結する傾向から，基礎基盤工学との連携が疎かになる傾向がある．基礎基盤工学においては，限られた時間の中で，伝統的なディシプリンに立脚した確固たる工学教育と，急速に学際化と複合化を続ける先端工学研究をいかにしてつないでいくかという課題は，世界のトップ工学校に共通した教育課題といえる．また，研究最前線における現代的な研究方法論を学ばせる教育も，確固とした工学知の前提がなければ成立しない．工学の高等教育における二面性ともいえ，いずれを欠いても工学の高等教育は成立しない．

一方，大学の国際化は当たり前のように進んでいる．東京大学においても工学の分野では大学院学生の四分の一は留学生であり，今後は学部学生の留学生比率もますます高まるであろうし，若年層人口が減少する中，わが国が確保すべき高度科学技術人材を海外に求めることもいよいよ本格化するであろう．工学の教育現場における国際化が急速に進むことは明らかである．そのような中，本学が教授すべき工学知を確固たる教程として示すことは国内に限らず，広く世界にも向けられるべきである．2020 年までに本学における工学の大学院教育の 7 割，学部教育の 3 割ないし 5 割を英語化する教育計画はその具体策の一つであり，工学の教育研究における国際標準語としての英語による出版はきわめて重要である．

現代の工学を取り巻く状況を踏まえ，東京大学工学部・工学系研究科は，工学の基礎基盤を整え，科学技術先進国のトップの工学部・工学系研究科として学生が学び，かつ教員が教授するための指標を確固たるものとすることを目的として，時代に左右されない工学基礎知識を体系的に本工学教程としてとりまとめた．本工学教程は，東京大学工学部・工学系研究科のディシプリンの提示と教授指針の明示化であり，基礎（2 年生後半から 3 年生を対象），専門基礎（4 年生から大学院修士課程を対象），専門（大学院修士課程を対象）から構成される．したがって，工学教程は，博士課程教育の基盤形成に必要な工学知の徹底教育の指針でもある．工学教程の効用として次のことを期待している．

- 工学教程の全巻構成を示すことによって，各自の分野で身につけておくべき学問が何であり，次にどのような内容を学ぶことになるのか，基礎科目と自身の分野との間で学んでおくべき内容は何かなど，学ぶべき全体像を見通せるようになる．
- 東京大学工学部・工学系研究科のスタンダードとして何を教えるか，学生は何を知っておくべきかを示し，教育の根幹を作り上げる．
- 専門が進んでいくと改めて，新しい基礎科目の勉強が必要になることがある．そのときに立ち戻ることができる教科書になる．
- 基礎科目においても，工学部的な視点による解説を盛り込むことにより，常に工学への展開を意識した基礎科目の学習が可能となる．

東京大学工学教程編纂委員会　　委員長　原　田　　昇
幹　事　吉　村　　忍

基礎系 数学

刊行にあたって

数学関連の工学教程は全17巻からなり，その相互関連は次ページの図に示すとおりである．この図における「基礎」,「専門基礎」,「専門」の分類は，数学に近い分野を専攻する学生を対象とした目安であり，矢印は各分野の相互関係および学習の順序のガイドラインを示している．その他の工学諸分野を専攻する学生は，そのガイドラインに従って，適宜選択し，学習を進めて欲しい.「基礎」は，ほぼ教養学部から3年程度の内容ですべての学生が学ぶべき基礎的事項であり,「専門基礎」は，4年生から大学院で学科・専攻ごとの専門科目を理解するために必要とされる内容である.「専門」は，さらに進んだ大学院レベルの高度な内容で,「基礎」,「専門基礎」の内容を俯瞰的・統一的に理解することを目指している．

数学は，論理の学問でありその力を訓練する場でもある．工学者はすべてこの「論理的に考える」ことを学ぶ必要がある．また，多くの分野に分かれてはいるが，相互に密接に関連しており，その全体としての統一性を意識して欲しい．

*　　*　　*

線形代数は，行列とベクトルという具体的な対象から出発し，その本質を抽出して形式化 (公理化) することによって構築された理論体系である．形式化の結果，手法としての一般性を獲得し，工学のみならず，あらゆる科学における基本的な道具となっている．この「線形代数 II」では，線形代数の標準的な内容 (「線形代数 I」) から発展した話題で，工学分野において有用なものを述べる．線形代数の強みは，行列という具体的な表示を通じて理論と実際が直結している点にある．本書でもこの利点に沿って，行列の標準形を通して考える方針がとられている．各章は相互にほぼ独立しており，それぞれの興味に応じて学ぶことができる．

東京大学工学教程編纂委員会
数学編集委員会

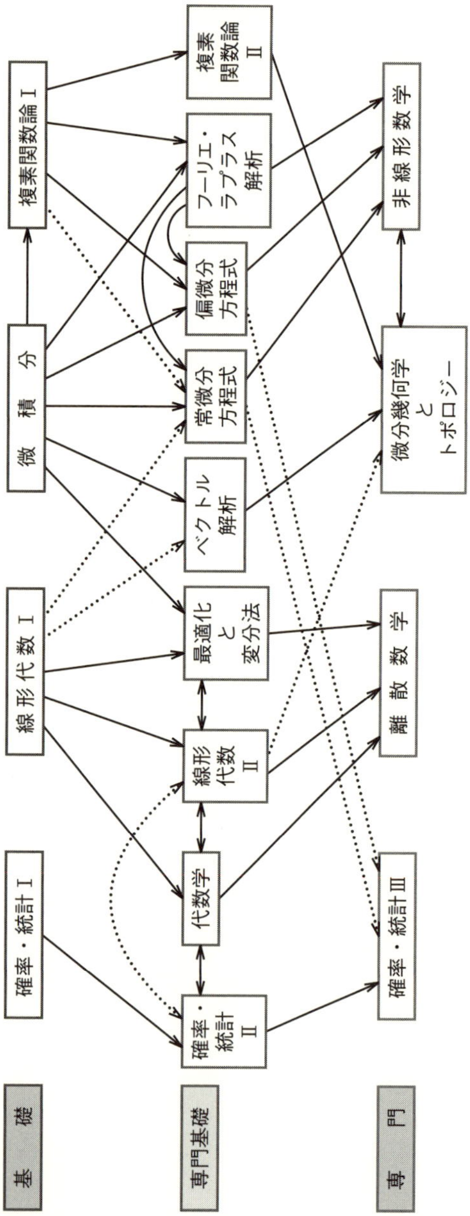

工学教程（数学分野）の相互関連図

目　　次

はじめに

工学教程には「線形代数 I」と「線形代数 II」の 2 巻がある．第 I 巻は，線形代数の中で数学として標準的な内容を工学の立場から整理して呈示することを目的としており，第 II 巻は，それから少し発展した内容で，応用分野において有用な話題を解説することを目的としている．

線形代数の中心的な話題は，実数や複素数を要素とする行列やベクトルに関する方程式や固有値の理論であるが，本書「線形代数 II」において扱った内容は，この枠組みから少し外れたところにある内容である．線形代数の標準的な枠組みと対比するとき，本書の各章は以下のように位置づけられる．

第 1 章「行列とグラフ」は，数値情報を捨象して構造情報だけに着目した手法である．本書では非負行列の固有ベクトル (Markov 連鎖の定常分布) に関する理論に利用したが，工学においては，大規模システムの分解や数値計算の効率化にも利用される．

第 2 章「非負行列」は，実数に特有の性質である符号 (正と負) を加味した理論である．確率は非負であるから，非負行列の理論は，確率的手法の基礎となる．また，電圧を上げれば電流も増えるという類の単調性は，システムの特性を理解する際の最も基本的な概念の一つであるが，この種の単調性は非負行列の変種である M 行列の概念に対応する．

第 3 章「線形不等式系」は，等式関係 (方程式) ではなく，不等式関係の理論である．不等式は最適化問題における制約式を表現するためなどに利用され，不等式の理論は線形計画法の理論的基礎を与える．数学的には，双対性とよばれる興味深い事実がある．

第 4 章「整数行列」は，(実数ではなく) 整数を要素とする行列の理論である．数学的には「整除関係 (割り算)」が問題となる．工学においても，個数や人数を数えたり，化学反応を記述したりする際に整数が必要である．また，ネットワーク構造は整数行列と密接な関係をもつ．

第 5 章「多項式行列」は，(実数や複素数のような数ではなく) 多項式という関数を要素とする行列の理論である．この場合にも「整除関係 (割り算)」が問題となり，数学的な構造は整数行列に似ている．工学においては，Laplace 変換を通じて多項式行列が登場する．微分方程式の数値解法 (動的システムのシミュレーション) や制御理論においては，多項式行列の理論が有用である．本章の内容をさらに深めた理論は，制御理論の現代的な道具として利用される．

第 6 章「一般逆行列」は，長方行列や正則でない正方行列に対しても逆行列と似たものが定義できることを示している．統計学における回帰分析や構造工学などにおいて，変数と方程式の自由度が不整合の場合に多用される便利な道具である．

第 7 章「群表現論」は，群論的対称性という要素を加味した線形代数の理論である．群論的対称性をもつ行列は，ブロック対角形に分解可能である．システムが (何らかの意味で) 対称であるという直観を数式の形にすることで，その特性を利用できるようになる．対称性に着目する手法は，物理，化学を始めとして，構造工学，最適化など多くの分野において利用される．

本書では，以上のような位置づけを意識しながら，数学としての論理を正確に記述することを心掛けた．行列の具体的な表示 (標準形) を通して理論を展開する方針をとっており，数学的な議論はできるだけ他書を参照しないで済むようにしてある．各章は相互にほぼ独立しているので，それぞれの興味に応じて読むことができる．工学への応用可能性を示す意味でそれぞれの手法が使われる文脈にも触れるようにしたが，本書の目的は普遍的な形で数理的手法を説明することにあるので，それぞれの手法の有効性を示す本格的な応用事例には触れていない．

工学教程の中には，本書の内容と直接に関係する巻があるので，これを述べておく．第 3 章で触れる線形計画法については，モデル化やアルゴリズムも含めて「最適化と変分法」で詳しく扱われる．第 4 章で触れる整数計画は「離散数学」で扱われる離散最適化と関係が深い．

第 2 刷，第 3 刷にあたって，若干の修正を行った．

1　行列とグラフ

本章では，行列の構造をグラフで表現する方法を説明する.「構造」という意味は，行列要素のもつ数値的 (定量的) な情報を捨象し，値が零であるかないかだけに着目するということである．構造に着目する方法論は，大規模システムの定性的解析や大規模数値計算の効率化に有効である．本章の結果は非負行列の理論 (2 章) にも用いられる．

1.1　行列と有向グラフ

1.1.1　グ ラ フ 表 現

本章で扱う**グラフ**というのは，図 1.1 のような，**点**と**辺**からなる構造のことである．辺に向きがあることを強調するときには，**有向グラフ**という．グラフは図に描くと理解しやすいが，どの辺がどの点とどの点を結ぶかだけに着目するので，図の描き方は問題とならない．グラフ G の点の全体から成る集合 V を G の**点集合**，辺の全体から成る集合 E を G の**辺集合**とよび，$G=(V,E)$ と表すことが多い[*1]．

n 次正方行列 $A=(a_{ij})$ の行集合 (行番号の集合) と列集合 (列番号の集合) がともに $\{1,\ldots,n\}$ であり，行番号と列番号の間に対応関係があるとする．たとえば，固有値問題 $A\boldsymbol{x}=\alpha\boldsymbol{x}$ に現れる行列 A はこのような場合である．また，2.3.2 項で扱う Markov 連鎖の推移確率行列もこのような場合である．行番号と列番号の間に対応関係があるということは，その行列において「対角要素」という概念が意味をもつことと同じである (注意 1.2 も参照)．

行列 A の構造を表現するグラフ $G(A)=(V,E)$ は，

$$V=\{v_1,\ldots,v_n\} \tag{1.1}$$

を点集合とし，

*1　点は**頂点**あるいは**節点**，辺は**枝**とよばれることもある．グラフに関しては，文献 [25] を参照されたい．

$$E = \{(v_i, v_j) \mid a_{ij} \neq 0\} \tag{1.2}$$

を辺集合とする有向グラフとして定義される．すなわち，$G(A)$ は，行列 A の非零要素の位置 (i, j) に対応して点 v_i から点 v_j に向かう辺 (v_i, v_j) をもつようなグラフである．とくに，対角要素 a_{ii} が非零の場合には，$G(A)$ は点 v_i に**自己閉路** (始点と終点が同じ点である辺) をもつ．式 (1.2) において，行番号と列番号の間の対応関係が前提となっていることに注意されたい．

例 1.1　行列

$$A = \begin{array}{c} \\ 1 \\ 2 \\ 3 \\ 4 \\ 5 \\ 6 \end{array}\begin{array}{c} \begin{array}{cccccc} 1 & 2 & 3 & 4 & 5 & 6 \end{array} \\ \left[\begin{array}{cccccc} & \alpha_{12} & \alpha_{13} & & & \\ & \alpha_{22} & & & \alpha_{25} & \\ & & \alpha_{33} & & & \\ \alpha_{41} & & & \alpha_{44} & & \alpha_{46} \\ \alpha_{51} & & \alpha_{53} & & & \\ & & \alpha_{63} & \alpha_{64} & & \alpha_{66} \end{array}\right] \end{array} \tag{1.3}$$

が与えられたとする．ここで，空白部分の要素は 0 であり，$\alpha_{12}, \alpha_{13}, \alpha_{22}, \alpha_{25}, \ldots, \alpha_{66}$ は 0 でない要素の値を表す．この行列の構造は，図 1.1 のグラフで表現される．行列 A の行集合 (列集合) は $\{1, 2, 3, 4, 5, 6\}$ であるから，このグラフの点集合は $V = \{v_1, v_2, v_3, v_4, v_5, v_6\}$ である．辺集合 E は，非零要素 $(\alpha_{12}, \alpha_{13}, \alpha_{22}, \alpha_{25}, \ldots, \alpha_{66})$ の位置 (i, j) に対応して辺 (v_i, v_j) をつくるので，

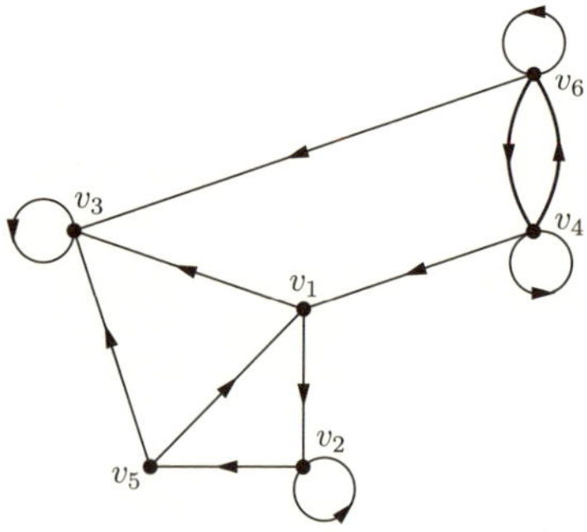

図 1.1　グラフによる行列の表現 (例 1.1)

$$
\begin{aligned}
E = \{&(v_1, v_2), (v_1, v_3), (v_2, v_2), (v_2, v_5), (v_3, v_3), (v_4, v_1), (v_4, v_4), (v_4, v_6), \\
&(v_5, v_1), (v_5, v_3), (v_6, v_3), (v_6, v_4), (v_6, v_6)\}
\end{aligned}
$$

となる．対角要素 a_{22}, a_{33}, a_{44}, a_{66} が 0 でないので，点 v_2, v_3, v_4, v_6 に自己閉路がある． ◁

グラフ $G(A)$ の構造をしらべることによって行列 A の構造が明らかになる．その例として，1.1.2 項と 1.1.3 項で可約性，1.1.4 項で周期性を扱う．

注意 1.1 ここでは a_{ij} $(\neq 0)$ に対して，点 v_i から点 v_j に向かう辺 (v_i, v_j) を定義しているが，辺の向きを逆にして

$$E = \{(v_j, v_i) \mid a_{ij} \neq 0\}$$

とする流儀もある．文脈に応じて便利な方を選べばよい． ◁

注意 1.2 ここでは正方行列において行番号と列番号の間に対応関係がある場合のグラフ表現を扱ったが，行番号と列番号の間に自然な対応関係がないような正方行列 (さらには長方行列) もある．たとえば，線形方程式系 $A\boldsymbol{x} = \boldsymbol{b}$ においては，方程式を並べる順番と変数を並べる順番は (一般には) 無関係であり，行列 A の行番号と列番号の間には自然な対応関係がないことが多い．このような場合には，別の形のグラフによる表現が適切である．これについては 1.2 節で述べる． ◁

1.1.2 強連結成分分解

a. 簡 単 な 例 題

図 1.1 のグラフが何らかのシステムの状態推移を表していると考えよう．システムには六つの状態 $\{v_1, v_2, v_3, v_4, v_5, v_6\}$ があり，辺 (v_i, v_j) があるときには状態 v_i から状態 v_j に変化する可能性がある．このグラフから次のようなことがわかる．

- システムが状態 v_6 にあるならば，他の任意の状態に (いつかの時点で) 到達する可能性がある．
- システムが状態 v_3 にあるならば，将来の時点で可能な状態は v_3 だけである．
- システムが状態 v_1 にあるならば，状態 v_6 に到達する可能性はない．

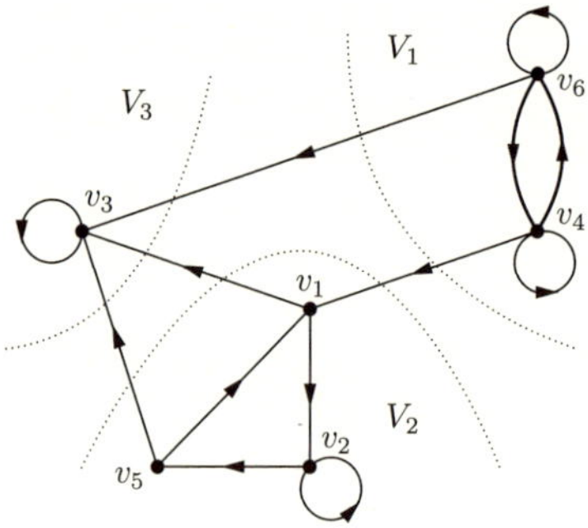

図 1.2　図 1.1 のグラフの強連結成分分解

到達可能性によって状態を分類すると，図 1.2 のように，グラフの点集合 V が

$$V_1 = \{v_4, v_6\}, \qquad V_2 = \{v_1, v_2, v_5\}, \qquad V_3 = \{v_3\}$$

の三つのブロックに分けられる．ここで，辺の向きは

$$V_1 \ \rightarrow \ V_2, \qquad V_2 \ \rightarrow \ V_3, \qquad V_1 \ \rightarrow \ V_3 \tag{1.4}$$

に限られており，

$$k > l \text{ のとき } V_k \text{ から } V_l \text{ に向かう辺は存在しない．} \tag{1.5}$$

とくに，$V_1 = \{v_4, v_6\}$, $V_2 = \{v_1, v_2, v_5\}$, $V_3 = \{v_3\}$ のブロックに合わせて

$$v_4, v_6 \ \mid \ v_1, v_2, v_5 \ \mid \ v_3 \tag{1.6}$$

という順番に点を並べると，異なるブロックの 2 点を結ぶ任意の辺 (v_i, v_j) について，始点 v_i は終点 v_j より前にある．

このようなグラフの分解は，強連結成分分解とよばれるものであり，一般の有向グラフに対して，以下のように定義される．

b. 一 般 の 定 義

有向グラフ $G = (V, E)$ を考える．まず，互いに**有向道** (順につながった辺の集まりで，辺の向きがそろっているもの) で到達できる点どうしを仲間にして，点

集合 V をいくつかの部分に分割する．これを $V_1, \ldots, V_p$ $(p \geqq 1)$ とすると，

$$\bigcup_{k=1}^{p} V_k = V; \qquad V_k \neq \emptyset \ \ (k = 1, \ldots, p) \tag{1.7}$$

となる．これを**強連結成分分解**といい，一つの V_k を**強連結成分**とよぶ．さらに，強連結成分の間には，

$$V_k \succeq V_l \iff \text{ある } u \in V_k \text{ からある } v \in V_l \text{ への有向道が存在する} \tag{1.8}$$

によって，上下関係 (順序関係) を表す 2 項関係 $V_k \succeq V_l$ が定義される[*2]．とくに，

$$u \in V_k, v \in V_l \text{ に対して辺 } (u, v) \in E \text{ が存在} \implies V_k \succeq V_l \tag{1.9}$$

が成り立つ．なお，全体が一つの強連結成分 (すなわち，$p = 1$) になる場合もあるが，そのようなグラフを**強連結**なグラフという．

図 1.2 の例では，式 (1.4) により

$$V_1 \succeq V_2 \succeq V_3 \tag{1.10}$$

である．この例ではすべての V_k が一列に並んでいるが，一般には，そうとは限らない．たとえば，図 1.3 (左側) のグラフ G には四つの強連結成分 V_1, V_2, V_3, V_4 があるが，

$$V_1 \succeq V_3, \qquad V_1 \succeq V_4, \qquad V_2 \succeq V_4 \tag{1.11}$$

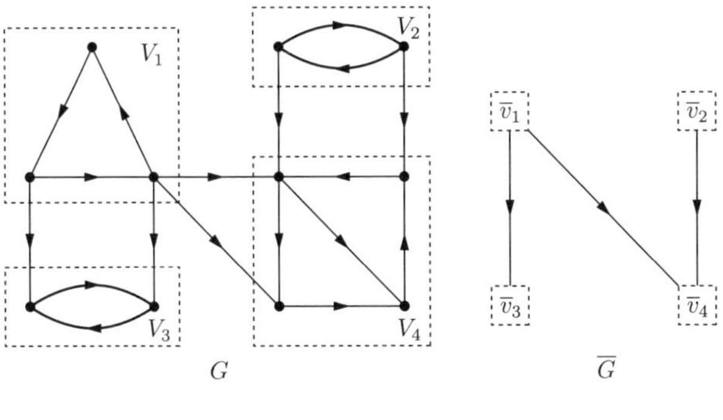

図 1.3 グラフ G の強連結成分分解と簡約グラフ $\overline{G}$

*2 任意の点 v について，v から v へは長さ 0 の有向道が存在すると約束する．このとき，V_k が 1 点だけから成る場合も含めて，$V_k \succeq V_k$ が成り立つ．

となっていて，V_1 と V_2 は順序関係をもたない ($V_1 \succeq V_2$ も $V_2 \succeq V_1$ も不成立である)．このように，式 (1.8) で定義される関係 $\succeq$ は**半順序**となる[*3]．

強連結成分分解における半順序構造を表現するには，強連結成分 $V_1, \ldots, V_p$ をそれぞれ 1 点に縮約した**簡約グラフ** $\overline{G}$ をつくるとよい (図 1.3 参照)．各強連結成分 V_k に対応する点を $\overline{v}_k$ とするとき，簡約グラフ $\overline{G}$ の点集合は

$$\overline{V} = \{\overline{v}_1, \ldots, \overline{v}_p\}$$

であり，辺集合 $\overline{E}$ は

$$(\overline{v}_k, \overline{v}_l) \in \overline{E} \iff \text{ある } u \in V_k,\ v \in V_l \text{ に対して } (u, v) \in E;\ k \neq l$$

と定義される．簡約グラフ $\overline{G} = (\overline{V}, \overline{E})$ は有向閉路をもたないので，点の間の関係 $\succeq$ を

$$\overline{v}_k \succeq \overline{v}_l \iff \overline{v}_k \text{ から } \overline{v}_l \text{ への有向道が存在する} \tag{1.12}$$

によって定義すると，これは半順序になる．簡約グラフ $\overline{G}$ の点 $\overline{v}_k$ と元のグラフ G の強連結成分 V_k との対応の下で，この半順序 (1.12) は強連結成分間の半順序 (1.8) に一致する．逆にいえば，強連結成分間の半順序 (1.8) は簡約グラフ $\overline{G}$ によって表現される．

強連結成分分解における半順序は，グラフが表現している工学システムに内在する階層構造を表現しており，応用上の意味を有していることが多い．たとえば，辺が情報の伝達経路を表しているときには，情報共有の構造は強連結成分間の半順序によって表現されることになる．強連結成分分解は，$\mathrm{O}(|V| + |E|)$ 時間で高速に求めることができるので，大規模なシステムに対しても適用可能である[*4]．

注意 1.3　グラフ $G = (V, E)$ の強連結成分分解を数学的に厳密に定義すると以下のようになる[*5]．

まず，点集合 V 上の 2 項関係 $\geq$ を

$$u \geq v \iff u \text{ から } v \text{ への有向道が存在する}$$

と定義すると，

*3　「半順序」は「反射律，反対称律，推移律を満たす 2 項関係」として定義される．注意 1.3 を参照されたい．

*4　$|V|, |E|$ は，それぞれ，集合 V, E の大きさ (要素の個数) を表す．また，$\mathrm{O}(|V| + |E|)$ は，ある定数 c によって $c(|V| + |E|)$ で抑えられる大きさであることを表す．

*5　ここの議論は，むしろ，**2 項関係**の諸概念を習得するために有用であろう．

反射律：任意の $v \in V$ に対して $v \geq v$,
推移律：任意の $u, v, w \in V$ に対して $[\, u \geq v,\ v \geq w \Rightarrow u \geq w \,]$

が成り立つ．すなわち，2 項関係 $\geq$ は擬順序である (一般に，反射律と推移律を満たす 2 項関係を**擬順序**とよぶ).

次に，擬順序 $\geq$ を用いて，点集合 V 上の 2 項関係 $\sim$ を

$$u \sim v \iff u \geq v \text{ かつ } v \geq u$$

と定義すると，

反射律：任意の $v \in V$ に対して $v \sim v$,
対称律：任意の $u, v \in V$ に対して $[\, u \sim v \Rightarrow v \sim u \,]$,
推移律：任意の $u, v, w \in V$ に対して $[\, u \sim v,\ v \sim w \Rightarrow u \sim w \,]$

が成り立つ．すなわち，2 項関係 $\sim$ は同値関係である (一般に，反射律，対称律，推移律を満たす 2 項関係を**同値関係**とよぶ).

この同値関係 $\sim$ から V の分割が定まる．すなわち，各 $v \in V$ に対して，その**同値類**

$$[v] = \{u \in V \mid u \sim v\}$$

を定義すると，

・任意の $v \in V$ に対して $v \in [v]$,
・任意の $u, v \in V$ に対して $[\, u \in [v] \Rightarrow [u] = [v] \,]$,
・任意の $u, v \in V$ に対して $[\, [u] \cap [v] \neq \emptyset \Rightarrow [u] = [v] \,]$

が成り立つ．一つの同値類 $[v]$ を**強連結成分**とよび，同値類の全体の定める V の分割 (商集合) を**強連結成分分解**という．一般に，同値類の全体を**商集合**とよび，$V/\!\sim$ という記号で表すことが多い．式で書けば

$$V/\!\sim \; = \; \{\, [v] \mid v \in V\}$$

である．

最後に，商集合 $V/\!\sim$ 上の 2 項関係 $\succeq$ を

$$[u] \succeq [v] \iff u \geq v \tag{1.13}$$

によって定義できる．ここで「定義できる」理由は，$[u]=[u']$, $[v]=[v']$ ならば「$u \geq v \iff u' \geq v'$」であるから，式 (1.13) の右辺が同値類の代表元 (u や v) のとり方に依らずに確定するからである．このとき，

$$
\begin{aligned}
&\text{反射律：任意の } [v] \in V/\!\sim \text{ に対して } \ [v] \succeq [v],\\
&\text{反対称律：任意の } [u],[v] \in V/\!\sim \text{ に対して}\\
&\qquad [\ [u] \succeq [v],\ [v] \succeq [u] \Rightarrow [u]=[v]\ ],\\
&\text{推移律：任意の } [u],[v],[w] \in V/\!\sim \text{ に対して}\\
&\qquad [\ [u] \succeq [v],\ [v] \succeq [w] \Rightarrow [u] \succeq [w]\ ]
\end{aligned}
$$

が成り立つ．すなわち，2 項関係 $\succeq$ は半順序である (一般に，反射律，反対称律，推移律を満たす 2 項関係を**半順序**とよび，半順序の定義された集合を**半順序集合**という)．このようにして，強連結成分の間に半順序 $\succeq$ が定義される． ◁

1.1.3 ブロック三角化

正方行列が与えられたとき，行と列を並べ換えることによってブロック三角形に分解する問題に対して，強連結成分分解が有効である．例 1.1 の行列を例として，これを説明しよう．

例 1.2 式 (1.3) の行列

$$
A = \begin{array}{c} \\ 1\\2\\3\\4\\5\\6 \end{array}
\begin{array}{c}
\begin{array}{cccccc} 1 & 2 & 3 & 4 & 5 & 6 \end{array}\\
\left[\begin{array}{cccccc}
 & \alpha_{12} & \alpha_{13} & & & \\
 & \alpha_{22} & & & \alpha_{25} & \\
 & & \alpha_{33} & & & \\
\alpha_{41} & & & \alpha_{44} & & \alpha_{46}\\
\alpha_{51} & & \alpha_{53} & & & \\
 & & \alpha_{63} & \alpha_{64} & & \alpha_{66}
\end{array}\right]
\end{array}
\tag{1.14}
$$

を再び考える．この行列の行番号 (列番号) の集合は $N=\{1,2,3,4,5,6\}$ であり，これを自然な順番 $(1,2,3,4,5,6)$ に並べたときの形が式 (1.14) の行列 A である．ここで，強連結成分分解 (1.6) に従って，行番号 (列番号) を $(4,6,1,2,5,3)$ と並べ換えてみると，

$$
B = \begin{array}{c|cccccc}
 & 4 & 6 & 1 & 2 & 5 & 3 \\ \hline
4 & \alpha_{44} & \alpha_{46} & \alpha_{41} & & & \\
6 & \alpha_{64} & \alpha_{66} & & & & \alpha_{63} \\
1 & & & & \alpha_{12} & & \alpha_{13} \\
2 & & & & \alpha_{22} & \alpha_{25} & \\
5 & & & \alpha_{51} & & & \alpha_{53} \\
3 & & & & & & \alpha_{33}
\end{array}
\tag{1.15}
$$

のように，三つの対角ブロック

$$
B_1 = \begin{bmatrix} \alpha_{44} & \alpha_{46} \\ \alpha_{64} & \alpha_{66} \end{bmatrix}, \quad B_2 = \begin{bmatrix} & \alpha_{12} & \\ & \alpha_{22} & \alpha_{25} \\ \alpha_{51} & & \end{bmatrix}, \quad B_3 = \begin{bmatrix} \alpha_{33} \end{bmatrix}
\tag{1.16}
$$

をもつ**ブロック三角行列**に「分解」される[*6]．なお，行列 A と行列 B の関係は，置換行列[*7]

$$
P = \begin{array}{c|cccccc}
 & 1 & 2 & 3 & 4 & 5 & 6 \\ \hline
1 & 0 & 0 & 1 & 0 & 0 & 0 \\
2 & 0 & 0 & 0 & 1 & 0 & 0 \\
3 & 0 & 0 & 0 & 0 & 0 & 1 \\
4 & 1 & 0 & 0 & 0 & 0 & 0 \\
5 & 0 & 0 & 0 & 0 & 1 & 0 \\
6 & 0 & 1 & 0 & 0 & 0 & 0
\end{array}
\tag{1.17}
$$

を用いて，$B = P^{\top} A P$ と書くことができる． ◁

上の例のような**ブロック三角化**は線形代数のいろいろな場面で便利な考え方であり，たとえば，行列 A の固有値問題は，上の三つの対角ブロック B_1, B_2, B_3 の固有値をしらべることに「分解」される．

ブロック三角化と強連結成分分解の関係を考えよう．例 1.2 の式 (1.14) の行列 A において，行番号 (列番号) の集合 $N = \{1, 2, 3, 4, 5, 6\}$ は三つの部分集合

$$
N_1 = \{4, 6\}, \quad N_2 = \{1, 2, 5\}, \quad N_3 = \{3\}
\tag{1.18}
$$

---

*6 本書では，特に断らない限り，**ブロック上三角行列**をブロック三角行列とよぶ．

*7 **置換行列**とは，各行各列にちょうど一つの 1 があり，他の要素は 0 である行列のことである．行列 A に置換行列を左から掛けることは A の行を並べ換えることに対応し，右から掛けることは A の列を並べ換えることに対応する．

に分割され，

$$a_{ij} = 0 \qquad (i \in N_k,\ j \in N_l,\ k > l) \tag{1.19}$$

が成り立っている．このことが，式 (1.17) の置換行列 P によって $P^\top AP$ がブロック三角化されることに対応している．一方，この条件 (1.19) は強連結成分分解の性質 (1.5) によって満たされている．

一般に，正方行列 A に対して，置換行列 P を用いて

$$P^\top AP \tag{1.20}$$

がブロック三角形になるようにする問題は，式 (1.19) の条件が成り立つように，行列 A の行番号 (列番号) の集合 N を (2 個以上の) 部分集合 $N_1, N_2, \ldots, N_p$ に分割することに相当する．行列 A に付随するグラフ $G(A)$ の強連結成分分解 (1.7) において，点集合 $\{V_k\}$ の番号を

$$V_k \succeq V_l \implies k < l \tag{1.21}$$

が成り立つように付けておき，V_k に対応して N_k を

$$N_k = \{i \mid v_i \in V_k\}$$

で定める．このとき，強連結成分分解の性質 (1.9) により，式 (1.19) が成り立つので，

$$A = \begin{bmatrix} A_{11} & A_{12} & \cdots & A_{1p} \\ O & A_{22} & \cdots & A_{2p} \\ \vdots & \ddots & \ddots & \vdots \\ O & \cdots & O & A_{pp} \end{bmatrix} \tag{1.22}$$

の形になる (行列 A の行と列はあらかじめ並べ換えておいたものとして，置換行列 P を省略した)．このように，強連結成分分解からブロック三角化が得られる．さらに，任意のブロック三角化が，強連結成分分解から条件 (1.21) を満たす番号付けによって構成されることもわかる．

注意 1.4　実は，今までの例では，条件 (1.21) を満たすように，V_k の番号を付けてある．図 1.2 のグラフでは，

$$V_1 \succeq V_2 \succeq V_3$$

であり [式 (1.10)]，図 1.3 のグラフ G では，

$$V_1 \succeq V_3, \qquad V_1 \succeq V_4, \qquad V_2 \succeq V_4$$

であった [式 (1.11)]．条件 (1.21) を満たす番号の付け方は，一般には，一意的には確定しない．たとえば，図 1.3 のグラフ G で $(V_1', V_2', V_3', V_4') = (V_2, V_1, V_4, V_3)$ と定義し直すと，

$$V_2' \succeq V_4', \qquad V_2' \succeq V_3', \qquad V_1' \succeq V_3'$$

となって，やはり条件 (1.21) を満たす．他の可能性もしらべてみると，このグラフでは全部で

$$(V_1, V_2, V_3, V_4), (V_1, V_2, V_4, V_3), (V_1, V_3, V_2, V_4), (V_2, V_1, V_3, V_4), (V_2, V_1, V_4, V_3)$$

の 5 通りの並べ方がある． ◁

一般に，n 次正方行列は，行と列を並べ換えることによって (二つ以上の対角ブロックをもつ) ブロック三角形に分解できるとは限らない．分解できない場合に**既約**といい，分解できる場合に**可約**という．式 (1.14) の行列 A は，式 (1.15) により，可約である．

正方行列 $A = (a_{ij})$ が可約であることを，行と列の並べ換えに言及せずに記述することもできる．すなわち，A の行番号 (列番号) の集合を N として，

$$\text{ある } N' \ (\emptyset \subsetneqq N' \subsetneqq N) \text{ が存在して } a_{ij} = 0 \quad (i \in N',\ j \in N \setminus N') \tag{1.23}$$

が成り立つとき[*8]，行列 A は**可約**であると定義すればよい．そして，可約でない正方行列を**既約**であると定義する．

行列 A が既約であることは，その構造を表すグラフ $G(A)$ が強連結であることと等価である．行列 A が可約のとき，グラフ $G(A)$ の強連結成分分解によって A を式 (1.22) の形にブロック三角化すると，対角ブロックは既約な行列になる．このときの対角ブロックを行列 A の**既約成分**とよぶ．

注意 1.5 後に 2 章で非負行列を考察する際には，$n = 1$ の場合の既約性の定義が変わるので注意が必要である．詳細は 2.1.2 項で述べる． ◁

---

*8 記号 $N \setminus N'$ は，集合 N から N' の要素を取り除いた集合 $\{j \mid j \in N, j \notin N'\}$ を表す．

1.1.4　周　　期

既約な行列は，周期に着目して分解することができる[*9]．

まず，周期の定義を述べよう．本項では A を既約な n 次正方行列とし，$G(A) = (V, E)$ をそれに付随する有向グラフとする ($n \geqq 2$ とする)．式 (1.1), (1.2) を思い出すと

$$V = \{v_1, \ldots, v_n\}, \qquad E = \{(v_i, v_j) \mid a_{ij} \neq 0\}$$

である．行列 A の既約性によりグラフ $G(A)$ は強連結であり，任意の 2 点 v_i, v_j に対して v_i から v_j に至る有向道が存在する．したがって，任意の点 v_i に対してその点を通る有向閉路が存在する．グラフ $G(A)$ 上のすべての有向閉路[*10]の長さ (辺の数) の最大公約数を行列 A の**周期**とよび，σ で表す．既約な正方行列の周期が 1 のとき，その行列は**原始的**であるという．周期のことを**原始指数**とよぶこともある．

例 1.3　行列

$$A = \begin{array}{c} \\ 1 \\ 2 \\ 3 \\ 4 \\ 5 \\ 6 \\ 7 \\ 8 \end{array} \begin{array}{c} \begin{array}{cccccccc} 1 & 2 & 3 & 4 & 5 & 6 & 7 & 8 \end{array} \\ \left[\begin{array}{cccccccc} & \alpha_{12} & & \alpha_{14} & \alpha_{15} & & & \\ & & \alpha_{23} & & & & & \\ & & & & & \alpha_{36} & & \\ & & \alpha_{43} & & & & \alpha_{47} & \\ & & \alpha_{53} & & & & \alpha_{57} & \\ & & & & \alpha_{65} & & & \alpha_{68} \\ \alpha_{71} & & & & & \alpha_{76} & & \\ & & & & & & \alpha_{87} & \end{array} \right] \end{array} \tag{1.24}$$

を考える．ここで，$\alpha_{12}, \alpha_{14}, \ldots, \alpha_{87}$ は 0 でない要素を表し，空白部分の要素は 0 である．グラフ $G(A)$ は図 1.4 のようになり，強連結である．$G(A)$ 上の有向閉路の長さは，たとえば，

*9　周期の概念は 2.1〜2.3 節で重要な役割を果たす．

*10　ここでは，単純な有向閉路 (同じ点を 1 度しか通らないもの) に限ってよい．ただし，自己閉路は含める．同じ点を 2 度以上通る有向閉路は単純な有向閉路の和に分解されるので，単純でない有向閉路を含めて考えても長さの最大公約数は同じ値になる．

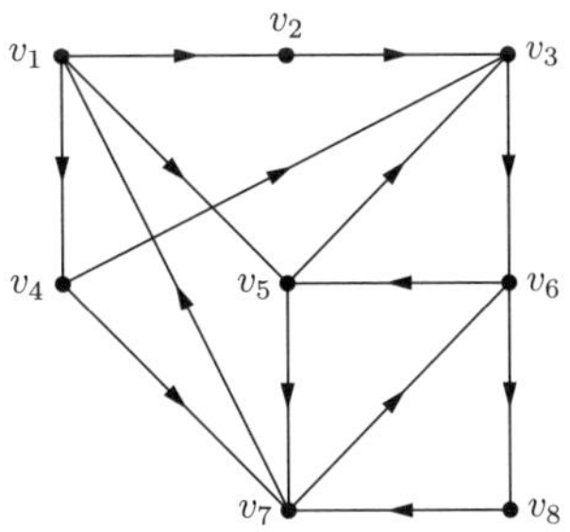

図 1.4 周期 3 の強連結グラフ

有向閉路 $v_1 \to v_4 \to v_7 \to v_1$ の長さは 3,
有向閉路 $v_5 \to v_7 \to v_6 \to v_5$ の長さは 3,
有向閉路 $v_1 \to v_5 \to v_3 \to v_6 \to v_8 \to v_7 \to v_1$ の長さは 6

などで，すべての有向閉路の長さは 3 の倍数である．したがって，周期 σ は $\sigma = 3$ である． ◁

各点 $u, v \in V$ に対して，u から v に至る有向道の長さは $\mod \sigma$ で確定する．たとえば，図 1.4 において，$u = v_1$, $v = v_5$ に対して

有向道 $v_1 \to v_5$ の長さは 1,
有向道 $v_1 \to v_4 \to v_7 \to v_6 \to v_5$ の長さは 4,
有向道 $v_1 \to v_4 \to v_3 \to v_6 \to v_5$ の長さは 4

などとなっており，v_1 から v_5 への有向道の長さを $\sigma = 3$ で割った余りは，すべて 1 である．

このことを一般的に証明するには次のように考えればよい．P_1, P_2 を点 u から点 v への有向道として，その長さを $\ell(P_1), \ell(P_2)$ とする．グラフ $G(A)$ は強連結だから，v から u への有向道が存在する．そのような有向道の一つを Q として，Q の長さを $\ell(Q)$ とする．$i = 1, 2$ に対して，P_i と Q をつなぐと有向閉路 (単純とは限らない) ができるが，その長さはともに σ の倍数であるから，

$$\ell(P_1) + \ell(Q) = 0 \quad \mod \sigma, \qquad \ell(P_2) + \ell(Q) = 0 \quad \mod \sigma$$

が成り立ち，これより

$$\ell(P_1) = \ell(P_2) \quad \mod \sigma$$

が導かれる．これは，u から v への有向道の長さが $\mod \sigma$ で一定であることを示している．

ある点 $u_0 \in V$ を固定し，各点 $v \in V$ に対して，u_0 から v への有向道の長さを $\mod \sigma$ で考えた値を $\lambda(v)$ とする．すなわち，u_0 から v への有向道 P を任意に一つとって

$$\lambda(v) = \ell(P) \qquad \mod \sigma$$

とおく [$0 \leqq \lambda(v) \leqq \sigma - 1$ とする]．このとき，上に議論したことにより，この右辺の値は P の取り方に依らずに確定する．この値 $\lambda(v)$ に従って点を分類して，

$$V_k = \{v \in V \mid \lambda(v) = k\} \qquad (0 \leqq k \leqq \sigma - 1)$$

を定義すると，$\{V_0, V_1, \ldots, V_{\sigma-1}\}$ は点集合 V の分割となる．このとき，任意の辺は，あるブロック V_k から次の番号のブロック V_{k+1} に向かう辺である．すなわち，任意の辺 (u, v) に対して，$u \in V_k$ ならば $v \in V_{k+1}$ である．ただし，ブロックの番号は巡回的に考えるので，$V_\sigma = V_0$ と約束する．

上の考察を行列 A に翻訳すると以下のようになる．V_k に対応する N_k を

$$N_k = \{i \mid \lambda(v_i) = k\} \qquad (0 \leqq k \leqq \sigma - 1)$$

で定め，$N_\sigma = N_0$ と約束する．すると，任意の非零要素 $a_{ij} \neq 0$ に対して，$i \in N_k$ ならば $j \in N_{k+1}$ である．したがって，行列 A の行番号 (列番号) を $N_0, N_1, \ldots, N_{\sigma-1}$ の順番に並べ換えると，行列がきれいな形に見える．たとえば $\sigma = 3$ のとき，行と列を並べ換えれば

$$A = \begin{bmatrix} O & A_{12} & O \\ O & O & A_{23} \\ A_{31} & O & O \end{bmatrix} \tag{1.25}$$

のようになり，$\sigma = 4$ のときには

$$A = \begin{bmatrix} O & A_{12} & O & O \\ O & O & A_{23} & O \\ O & O & O & A_{34} \\ A_{41} & O & O & O \end{bmatrix} \tag{1.26}$$

のようになる．

例 1.4 例 1.3 の図 1.4 において，点 v_1 を始点 u_0 とすると，

$$V_0 = \{v_1, v_6\}, \qquad V_1 = \{v_2, v_4, v_5, v_8\}, \qquad V_2 = \{v_3, v_7\}$$

となる (周期 $\sigma = 3$)．これに対応して

$$N_0 = \{1, 6\}, \qquad N_1 = \{2, 4, 5, 8\}, \qquad N_2 = \{3, 7\}$$

と定め，式 (1.24) の行列 A の行と列を並べ換えると

$$\begin{array}{c} \\ 1 \\ 6 \\ 2 \\ 4 \\ 5 \\ 8 \\ 3 \\ 7 \end{array} \begin{array}{c} \begin{array}{cc|cccc|cc} 1 & 6 & 2 & 4 & 5 & 8 & 3 & 7 \end{array} \\ \left[\begin{array}{cc|cccc|cc} & & \alpha_{12} & \alpha_{14} & \alpha_{15} & & & \\ & & & & \alpha_{65} & \alpha_{68} & & \\ \hline & & & & & & \alpha_{23} & \\ & & & & & & \alpha_{43} & \alpha_{47} \\ & & & & & & \alpha_{53} & \alpha_{57} \\ & & & & & & & \alpha_{87} \\ \hline & \alpha_{36} & & & & & & \\ \alpha_{71} & \alpha_{76} & & & & & & \end{array}\right] \end{array} \tag{1.27}$$

となる．これは式 (1.25) の形である． ◁

1.2 行列と 2 部グラフ

1.1 節では，行番号と列番号の間に対応関係がある正方行列のグラフ表現を扱ったが，長方行列や，正方行列でも行番号と列番号の間に自然な対応関係がない場合には，2 部グラフによる表現が適切である．

1.2.1 グラフ表現

与えられた $m \times n$ 型行列 $A = (a_{ij})$ の構造を表現するグラフ G は，

$$U = \{u_1, \ldots, u_m\}, \qquad V = \{v_1, \ldots, v_n\}$$

の和集合 $U \cup V$ を点集合とし，

$$E = \{(u_i, v_j) \mid a_{ij} \neq 0\} \tag{1.28}$$

を辺集合とする無向グラフとして定義される[*11]．点 u_i は行番号 i に，点 v_j は列番号 j に対応し，行列 A の非零要素の位置 (i,j) に対応して点 u_i と点 v_j を結ぶ辺 (u_i,v_j) がある．グラフ G は点集合が二つの部分 $(U,\ V)$ に分かれていて，すべての辺は U の点と V の点を結んでいる (U の点どうしや V の点どうしを結ぶ辺はない)．一般にこのようなグラフは **2 部グラフ**とよばれ，$G=(U,V;E)$ などと記される．

例 1.5　例 1.1 の行列 A [式 (1.3)] において，行番号と列番号の間に自然な対応関係がないとしよう．行集合を $\{1',2',3',4',5',6'\}$, 列集合を $\{1,2,3,4,5,6\}$ とすれば

$$A = \begin{array}{c} \\ 1' \\ 2' \\ 3' \\ 4' \\ 5' \\ 6' \end{array} \begin{array}{c} \begin{array}{cccccc} 1 & 2 & 3 & 4 & 5 & 6 \end{array} \\ \left[\begin{array}{cccccc} & \alpha_{12} & \alpha_{13} & & & \\ & \alpha_{22} & & & \alpha_{25} & \\ & & \alpha_{33} & & & \\ \alpha_{41} & & & \alpha_{44} & & \alpha_{46} \\ \alpha_{51} & & \alpha_{53} & & & \\ & & \alpha_{63} & \alpha_{64} & & \alpha_{66} \end{array}\right] \end{array} \tag{1.29}$$

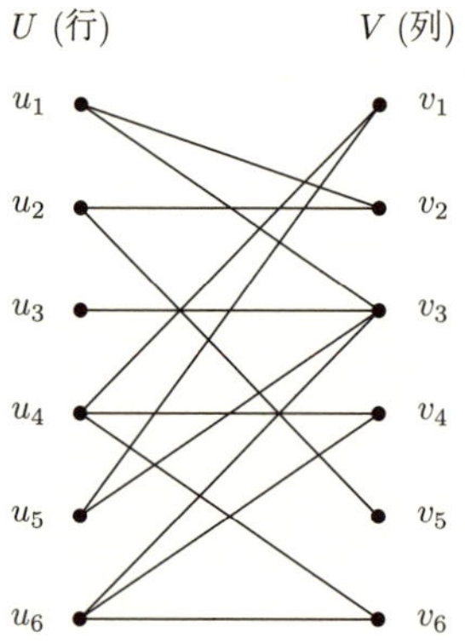

図 1.5　2 部グラフによる行列の表現 (例 1.5)

---

*11　**無向グラフ**というのは，辺に向きを付けないグラフという意味である．辺には向きを考えないので，式 (1.28) で (u_i,v_j) は (v_j,u_i) と書いてもよく，より正確には，順序を考えない単なる集合として $\{u_i,v_j\}$ と表記する方がよい．ここでは形を式 (1.2) に合わせて (u_i,v_j) と記した．

である．この行列の構造は，図 1.5 の 2 部グラフで表現される．このグラフの点集合は $U = \{u_1, u_2, u_3, u_4, u_5, u_6\}$ と $V = \{v_1, v_2, v_3, v_4, v_5, v_6\}$ の二つの部分 (図では左側が U，右側が V) から成り，辺集合は

$$
\begin{aligned}
E = \{&(u_1, v_2), (u_1, v_3), (u_2, v_2), (u_2, v_5), (u_3, v_3), (u_4, v_1), (u_4, v_4), (u_4, v_6),\\
&(u_5, v_1), (u_5, v_3), (u_6, v_3), (u_6, v_4), (u_6, v_6)\}
\end{aligned}
$$

である．　◁

1.2.2　ブロック三角化

1.1.3 項では，正方行列 A において行番号と列番号の間に対応関係がある場合について，$P^\top AP$ の形の変換によるブロック三角化を考察した．これとは対照的に，行番号と列番号の間に対応関係がない場合には，行番号と列番号を独立に並べ換えることが自然であり，二つの置換行列 P, Q を用いた

$$
P^\top AQ
$$

の形の変換による**ブロック三角化**を考えることになる．

たとえば，式 (1.29) の行列 A については，

$$
P^\top AQ = \begin{array}{c} \\ 4' \\ 6' \\ 2' \\ 1' \\ 5' \\ 3' \end{array}
\begin{array}{c} \begin{array}{cccccc} 4 & 6 & 5 & 2 & 1 & 3 \end{array} \\
\left[\begin{array}{cc|c|c|c|c}
\alpha_{44} & \alpha_{46} & & & \alpha_{41} & \\
\alpha_{64} & \alpha_{66} & & & & \alpha_{63} \\ \hline
 & & \alpha_{25} & \alpha_{22} & & \\ \hline
 & & & \alpha_{12} & & \alpha_{13} \\ \hline
 & & & & \alpha_{51} & \alpha_{53} \\ \hline
 & & & & & \alpha_{33}
\end{array}\right] \end{array}
\tag{1.30}
$$

のようにブロック三角化される [例 1.2 の式 (1.15) と比較されたい]．対角ブロック

$$
B_1 = \begin{bmatrix} \alpha_{44} & \alpha_{46} \\ \alpha_{64} & \alpha_{66} \end{bmatrix},\ B_2 = \begin{bmatrix} \alpha_{25} \end{bmatrix},\ B_3 = \begin{bmatrix} \alpha_{12} \end{bmatrix},\ B_4 = \begin{bmatrix} \alpha_{51} \end{bmatrix},\ B_5 = \begin{bmatrix} \alpha_{33} \end{bmatrix}
$$

の行集合と列集合の組 $R_k \times C_k$ は，$k = 1, \ldots, 5$ の順に

$$
\{4', 6'\} \times \{4, 6\}, \quad \{2'\} \times \{5\}, \quad \{1'\} \times \{2\}, \quad \{5'\} \times \{1\}, \quad \{3'\} \times \{3\}
$$

で与えられる．

このとき，対角ブロック $B_1, \ldots, B_5$ の間には，上三角部分の非零要素の有無によって**半順序** $\succeq$ が定義される．たとえば，

- α_{41} が $R_1 \times C_4$ のブロックにあるから $B_1 \succeq B_4$,
- α_{22} が $R_2 \times C_3$ のブロックにあるから $B_2 \succeq B_3$,
- α_{13} が $R_3 \times C_5$ のブロックにあるから $B_3 \succeq B_5$,
- $R_1 \times C_2$ のブロックには非零要素がないから B_1 と B_2 は直接の順序関係をもたない，
- $R_2 \times C_5$ のブロックには非零要素がないが，上に述べた $B_2 \succeq B_3$, $B_3 \succeq B_5$ と半順序関係 $\succeq$ の推移律によって，$B_2 \succeq B_5$ が成り立つ，

という具合である．このようにして，半順序

$$B_1 \succeq B_4 \succeq B_5, \qquad B_2 \succeq B_3 \succeq B_5$$

が定められる．なお，式 (1.30) に対応して，図 1.5 の 2 部グラフは図 1.6 のように分解される．

ここでは (構造的に) 正則な正方行列に対して分解の概略を説明したが，この形のブロック三角化は (構造的に) 正則でない正方行列や長方行列 A に対しても定義され，**Dulmage–Mendelsohn** (ダルメジ–メンデルゾーン) **分解** (あるいは **DM**

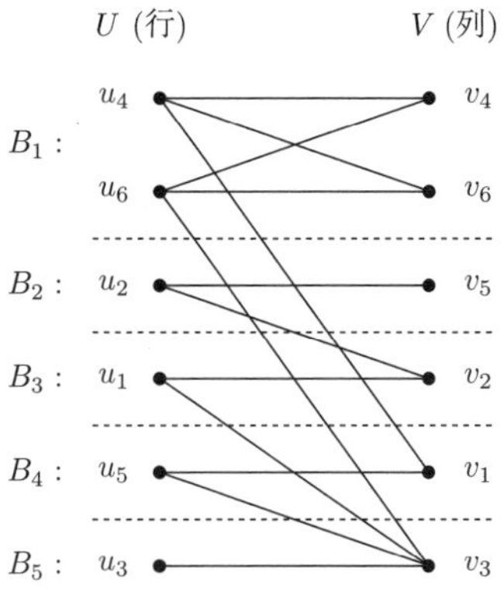

図 **1.6**　DM 分解 (例 1.5)

分解) とよばれている．最も細かい分解が一意的に定まることや，グラフ理論にもとづく効率的なアルゴリズムによって求められることが知られている．詳しくは文献 [9] の 6 章，文献 [26] の 2.4 節を参照されたい．

注意 1.6　辺集合 E の部分集合 M で，M に属する辺の**端点**がすべて異なるものを**マッチング**といい，辺の本数 $|M|$ が最大のものを**最大マッチング**とよぶ．たとえば，図 1.5 の 2 部グラフに対して，

$$M = \{(u_4, v_4), (u_6, v_6), (u_2, v_5), (u_1, v_2), (u_5, v_1), (u_3, v_3)\}$$

(図 1.6 の水平の辺) は最大マッチングであり，$|M| = 6$ となっている．点集合 U の部分集合 X に対して，X の点と辺でつながれている V の点の集合を $\Gamma(X)$ と表す．たとえば，図 1.5 の 2 部グラフでは，$X = \{u_1, u_2\}$ に対して $\Gamma(X) = \{v_2, v_3, v_5\}$ である．行列 A を表現する 2 部グラフにおいては，

$$\Gamma(X) = \{v_j \mid \exists i : u_i \in X, a_{ij} \neq 0\}$$

である．このとき，最大マッチングの大きさが $|\Gamma(X)| - |X| + |U|$ の最小値に等しいこと，すなわち

$$\max_{M}\{|M| \mid M \text{ はマッチング }\} = \min_{X}\{|\Gamma(X)| - |X| + |U|\} \tag{1.31}$$

が成り立つことが知られている (DM 分解もこの関係式にもとづいて構成される)．これより **Hall** (ホール) **の定理**：

> n 次正方行列 A に対して，$a_{i\sigma(i)} \neq 0$ $(i = 1, \ldots, n)$ を満たす置換 σ が存在するための必要十分条件は，任意の X に対して $|\Gamma(X)| \geqq |X|$ が成り立つことである

が導かれる．なお，この定理は 2.5.2 項で利用される．　◁

2 非 負 行 列

本章では，非負行列の固有値と固有ベクトルに関する基本定理である Perron–Frobenius の定理を述べ，その主要な応用として，確率行列 (とくに Markov 連鎖の推移確率行列) の扱い方を示す．その際に，1 章で説明した行列構造の有向グラフ表現が有効に用いられる．さらに，M 行列の基本的な性質と二重確率行列に関する Birkhoff の定理についても述べる．

2.1 非 負 行 列

2.1.1 定　　義

非負の実数を要素とする行列を**非負行列**とよぶ．すなわち，$m \times n$ 型行列 $A = (a_{ij})$ に対して

$$a_{ij} \geqq 0 \qquad (i = 1, \ldots, m;\ j = 1, \ldots, n) \tag{2.1}$$

が成り立つとき，A を非負行列という．また，

$$a_{ij} > 0 \qquad (i = 1, \ldots, m;\ j = 1, \ldots, n) \tag{2.2}$$

が成り立つとき，A を**正行列**という．行列 A が非負行列，正行列であることを，それぞれ

$$A \geqq O, \qquad A > O$$

と表す．さらに，二つの行列 A, B に対して，$A - B$ が非負行列，正行列であることを，それぞれ

$$A \geqq B, \qquad A > B$$

と表す．同じことを，左辺と右辺を入れ替えて

$$B \leqq A, \qquad B < A$$

と表すこともある．

非負の実数を要素とするベクトルを**非負ベクトル**とよび，正の実数を要素とするベクトルを**正ベクトル**とよぶ．上に定義した記号 $\geqq$, $\leqq$, $>$, $<$ はベクトルに対しても用いる．

非負ベクトルの典型例として確率を表すベクトル，非負行列の典型例として Markov 連鎖の推移確率行列がある (2.3 節参照).

2.1.2 既　約　性

1.1.3 項において，行列の既約性を定義した．n 次正方行列 A が既約であることを，それに付随する有向グラフ $G(A)$ が強連結であることと定義し，既約でないとき可約とよんだのであった．この定義によると 1 次行列はすべて既約となるが，非負行列を考察する際には，$n=1$ の場合を特別扱いして，

$$n=1 \text{ のとき，} A \neq O \text{ ならば}\textbf{既約}\text{，} A = O \text{ ならば}\textbf{可約} \tag{2.3}$$

と定義するのが便利であり，この定義を採用している書物も多い．本書でも，本章の非負行列の議論においては，式 (2.3) のように定義を修正する．なお，$n \geqq 2$ のときには，今まで通りの定義である．

2.1.3 べき乗とグラフ

非負行列のべき乗の性質をしらべる際に，1.1 節で説明した有向グラフによる表現が有用である．以下，行列 $A=(a_{ij})$ を n 次非負行列とし，それに付随する有向グラフを $G(A)=(V,E)$ とする．式 (1.1), (1.2) を思い出すと

$$V=\{v_1,\ldots,v_n\}, \qquad E=\{(v_i,v_j) \mid a_{ij} \neq 0\}$$

である．

非負の整数 m に対して，A^m の (i,j) 要素を $a_{ij}^{(m)}$ と表し，

$$A^m = (a_{ij}^{(m)})$$

とおく [$A^0 = I$(単位行列) である]．行列 A^m が非負行列になることは当然であるが，どの要素が正になるのかを考えよう．

たとえば，A^3 の $(1,2)$ 要素 $a_{12}^{(3)}$ は

$$a_{12}^{(3)} = \sum_{k=1}^{n} \sum_{l=1}^{n} a_{1k} a_{kl} a_{l2} \tag{2.4}$$

と表現され，この右辺の各項は非負である．したがって，$a_{12}^{(3)} > 0$ となるための必要十分条件は，ある k, l に対して

$$a_{1k} > 0, \quad a_{kl} > 0, \quad a_{l2} > 0 \tag{2.5}$$

が成り立つことである．一方，条件 (2.5) は，有向グラフ $G(A)$ において，点 v_1 から点 v_2 に至る長さ 3 の有向道 $v_1 \to v_k \to v_l \to v_2$ が存在することと同値である．式 (2.4) の右辺の和において，非負性のお蔭で項の打ち消しが起こらないことがポイントである．

一般の m に対しても，A^m の (i,j) 要素は

$$a_{ij}^{(m)} = \sum_{k_1=1}^{n} \sum_{k_2=1}^{n} \cdots \sum_{k_{m-1}=1}^{n} a_{ik_1} a_{k_1 k_2} \cdots a_{k_{m-1} j} \tag{2.6}$$

と書けるので，上と同様の考察により，次の命題が得られる．

命題 2.1 A を n 次非負行列，m を非負整数とする．$a_{ij}^{(m)} > 0$ となるための必要十分条件は，付随するグラフ $G(A)$ において，i に対応する点 v_i から j に対応する点 v_j に至る長さ m の有向道が存在することである．

非負行列 A が既約のとき，グラフ $G(A)$ は強連結であるから，任意の (i,j) に対して，点 v_i から点 v_j に至る有向道が存在する．そのような一つの有向道の長さを m とすれば $a_{ij}^{(m)} > 0$ が成り立つ．

命題 2.2 n 次非負行列 A が既約とするとき，任意の (i,j) に対して，ある m (ただし $0 \leqq m \leqq n-1$) が存在して $a_{ij}^{(m)} > 0$ となる．

注意 2.1 命題 2.2 における m は一般に (i,j) に依存することに注意が必要である．すなわち，各 (i,j) に応じて $a_{ij}^{(m)} > 0$ となる $m = m_{ij}$ を選ぶことはできる

が，$a_{ij}^{(m)} > 0$ がすべての (i,j) に対して成り立つような一つの m が存在するとは限らない．言い換えれば，$A^m > O$ となる m は存在するとは限らない．たとえば

$$A = \begin{bmatrix} 0 & 1 \\ 1 & 0 \end{bmatrix}$$

は既約な非負行列であるが，

$$A^{2k+1} = \begin{bmatrix} 0 & 1 \\ 1 & 0 \end{bmatrix}, \qquad A^{2k} = \begin{bmatrix} 1 & 0 \\ 0 & 1 \end{bmatrix}$$

である．一般に，$A^m > O$ となる m が存在するためには，A が原始的 (周期が 1) であることが必要かつ十分である (文献 [8] の 239〜240 頁参照)．　◁

次の命題は，A が既約な非負行列ならば，十分大きなすべての m に対して $(I+A)^m$ のすべての要素が正になることを述べている．

命題 2.3 既約な n 次非負行列 A に対して，$m \geqq n-1$ ならば

$$(I+A)^m > O$$

が成り立つ．

(証明)　二項係数 $\begin{pmatrix} m \\ k \end{pmatrix} = \dfrac{m!}{k!(m-k)!}$ を用いて

$$(I+A)^m = \sum_{k=0}^{m} \begin{pmatrix} m \\ k \end{pmatrix} A^k$$

と展開して考える．行列要素の非負性により，

$$\begin{aligned} & (I+A)^m > O \\ & \Longleftrightarrow \text{ 各 } (i,j) \text{ に対して，ある } k \ (0 \leqq k \leqq m) \text{ が存在して } a_{ij}^{(k)} > 0 \end{aligned}$$

という関係が成り立つ．この右辺は，$m \geqq n-1$ ならば成立する (命題 2.2)．　■

2.2 Perron–Frobenius の定理

2.2.1 定　　理

非負行列の固有値に関する重要な定理である **Perron–Frobenius** (ペロン–フロベニウス) **の定理**を述べる[*1].

定理 2.1 (Perron–Frobenius の定理) 既約な非負行列 A は，次の性質をもつ正の固有値 α をもつ.

(1) α に対応する固有ベクトルとして，要素がすべて正のベクトルがとれる.
(2) A のその他の固有値の絶対値は α を超えない.
(3) α は単純固有値 (固有方程式の単純根) である.

(証明) 証明は 2.2.2 項で与える. ■

定理 2.1 の (2) より，α は A のスペクトル半径 $\rho(A)$ に等しい (**スペクトル半径**とは，固有値の絶対値の最大値のことである). したがって，定理 2.1 で存在が保証されている正の実数 α は $\alpha = \rho(A)$ と一意的に決まる. さらに，(3) により α は単純固有値だから，対応する固有ベクトルも (スカラー倍を除いて) 一意的に決まる. なお，$\alpha > 0$ で $\alpha = \rho(A)$ だから $\rho(A) > 0$ である.

非負行列 A が既約でない場合に Perron–Frobenius の定理 (定理 2.1) は次の形に拡張される.

定理 2.2 正方形の非負行列 A は，次の性質をもつ非負の固有値 α をもつ.

(1) α に対応する固有ベクトルとして，要素がすべて非負のベクトルがとれる.
(2) A のその他の固有値の絶対値は α を超えない.

(証明) 証明は 2.2.3 項で与える. ■

定理 2.2 の (2) より，α は A のスペクトル半径 $\rho(A)$ に等しい. 既約の場合には $\alpha = \rho(A)$ は単純固有値であったが，一般の場合にはこれは成り立たない. たとえば，2 次以上の単位行列がその例となっている.

---

*1 **Perron** (ペロン) が正行列について定理を示し，それとは独立に **Frobenius** (フロベニウス) が一般の場合の定理を示した.

定理 2.2 に述べた固有値は，非負行列 A の **Perron–Frobenius** (ペロン–フロベニウス) **根**とよばれる．これを $\lambda_{\mathrm{PF}}(A)$ と表すことにすると，

$$\lambda_{\mathrm{PF}}(A) = \rho(A) \tag{2.7}$$

が成り立つ．次の定理は Perron–Frobenius 根 $\lambda_{\mathrm{PF}}(A)$ の単調性を示す重要な定理である．

定理 2.3 既約な非負行列 A と，$A \geqq B$ を満たす非負行列 B に対して，$\lambda_{\mathrm{PF}}(A) \geqq \lambda_{\mathrm{PF}}(B)$ が成り立つ．ここで，$\lambda_{\mathrm{PF}}(A) = \lambda_{\mathrm{PF}}(B)$ となるのは $A = B$ の場合に限られる．

(証明) 2.2.2 項に示す命題 2.7 と式 (2.7) による．■

注意 2.2 2.1.2 項で述べたように，$n \geqq 2$ のとき，行列 A の既約性は付随するグラフ $G(A)$ の強連結性と等価である．ただし，1 次行列 ($n = 1$) の場合は特別で，$A \neq O$ ならば既約，$A = O$ ならば可約と約束した．◁

注意 2.3 実数 α が定理 2.1 の性質 (1) をもつとすると，性質 (2) はそこから必然的に導かれる．すなわち，ある正ベクトル $\boldsymbol{x}$ に対して $A\boldsymbol{x} = \alpha\boldsymbol{x}$ ならば，$\alpha = \rho(A)$ であることが導かれる (2.2.2 項の命題 2.5)．◁

注意 2.4 既約な非負行列において，正の固有値は複数個ありうる．たとえば，行列

$$A = \begin{bmatrix} 2 & 1 \\ 1 & 2 \end{bmatrix}$$

の固有値は $\alpha_1 = 3$ と $\alpha_2 = 1$ で，固有ベクトルについては

$$\begin{bmatrix} 2 & 1 \\ 1 & 2 \end{bmatrix}\begin{bmatrix} 1 \\ 1 \end{bmatrix} = 3 \cdot \begin{bmatrix} 1 \\ 1 \end{bmatrix}, \quad \begin{bmatrix} 2 & 1 \\ 1 & 2 \end{bmatrix}\begin{bmatrix} 1 \\ -1 \end{bmatrix} = 1 \cdot \begin{bmatrix} 1 \\ -1 \end{bmatrix}$$

である．固有値 $\alpha_1 = 3$ に対応する固有ベクトル $[1,1]^{\top}$ は正であるが，$\alpha_2 = 1$ に対応する固有ベクトル $[1,-1]^{\top}$ は正でない．定理 2.1 の α として適格なのは α_1 の方である．◁

注意 2.5 絶対値が $\rho(A)$ に等しい固有値，すなわち

$$|\lambda| = \rho(A) \tag{2.8}$$

である固有値 λ について考えよう．Perron–Frobenius 根 $\lambda_{\mathrm{PF}}(A)$ はこのような λ の一つであるが，他にもありうる．たとえば，行列

$$A = \begin{bmatrix} 0 & 1 & 0 \\ 0 & 0 & 1 \\ 1 & 0 & 0 \end{bmatrix}$$

の固有値は 1, $\exp(2\pi \mathrm{i}/3)$, $\exp(4\pi \mathrm{i}/3)$ であり，条件 (2.8) を満たす λ は 3 個ある．一般に，既約な非負行列 A の周期が σ のとき，条件 (2.8) を満たす λ はちょうど σ 個あり，$\zeta = \exp(2\pi \mathrm{i}/\sigma)$ として，

$$\lambda^{(k)} = \rho(A) \cdot \zeta^k \qquad (k = 0, 1, \ldots, \sigma - 1) \tag{2.9}$$

となることが知られている．対応する固有ベクトルも簡単につくることができる．たとえば，周期 $\sigma = 4$ のとき，行列 A は

$$A = \begin{bmatrix} O & A_{12} & O & O \\ O & O & A_{23} & O \\ O & O & O & A_{34} \\ A_{41} & O & O & O \end{bmatrix}$$

の形である [式 (1.26) 参照] が，一般の σ のときも同様の形になっているとしてよい．Perron–Frobenius 根 $\lambda_{\mathrm{PF}}(A)$ に対応する固有ベクトル $\boldsymbol{x}$ をこれに合わせて分割して $\boldsymbol{x} = (\boldsymbol{x}_1, \boldsymbol{x}_2, \ldots, \boldsymbol{x}_\sigma)$ とすると*2，$\lambda^{(k)}$ に対応する固有ベクトルは

$$\boldsymbol{x}^{(k)} = (\boldsymbol{x}_1,\ \zeta^k \boldsymbol{x}_2,\ \zeta^{2k} \boldsymbol{x}_3, \ldots,\ \zeta^{(\sigma-1)k} \boldsymbol{x}_\sigma)$$

で与えられる． ◁

2.2.2 既約な場合の証明

本項では，定理 2.1(Perron–Frobenius の定理) を証明する．核心は次の命題である．

*2 本来は $\boldsymbol{x} = (\boldsymbol{x}_1^\top, \boldsymbol{x}_2^\top, \ldots, \boldsymbol{x}_\sigma^\top)^\top$ と記すべきであるが，煩雑なので転置記号は省略する．

命題 2.4 既約な非負行列 A は，正の固有値に対応する正の固有ベクトルをもつ．すなわち，ある $\alpha > 0$ と $\boldsymbol{x} > \boldsymbol{0}$ が存在して $A\boldsymbol{x} = \alpha\boldsymbol{x}$ が成り立つ．

(証明) 固有ベクトルの条件 $A\boldsymbol{z} - \lambda\boldsymbol{z} = \boldsymbol{0}$ を弱めた不等式条件 $A\boldsymbol{z} - \lambda\boldsymbol{z} \geqq \boldsymbol{0}$ を導入して，任意の非負ベクトル $\boldsymbol{z}$ $(\neq \boldsymbol{0})$ に対して

$$\mu(\boldsymbol{z}) = \max\{\lambda \mid A\boldsymbol{z} - \lambda\boldsymbol{z} \geqq \boldsymbol{0}\}$$

と定義する．上式の右辺で $\lambda = 0$ は不等式条件を満たすので $\mu(\boldsymbol{z}) \geqq 0$ であり，

$$\mu(\boldsymbol{z}) = \min_{i:z_i>0} \frac{(A\boldsymbol{z})_i}{z_i}$$

と書けることからもわかるように，$\mu(\boldsymbol{z})$ は有限値 (無限大でない値) である．

次に，$\boldsymbol{z}$ を動かして $\mu(\boldsymbol{z})$ を最大にすることを考えて，

$$\alpha = \sup_{\boldsymbol{z}\geqq\boldsymbol{0},\ \boldsymbol{z}\neq\boldsymbol{0}} \mu(\boldsymbol{z})$$

と定義する．このとき，次のことに注意する．

(1) 任意の $\boldsymbol{z} \geqq \boldsymbol{0}$ $(\boldsymbol{z} \neq \boldsymbol{0})$ に対して，その成分の最大のものを z_{i^*} とすると

$$\mu(\boldsymbol{z}) = \min_{i:z_i>0} \frac{(A\boldsymbol{z})_i}{z_i} \leqq \frac{\sum_{j=1}^{n} a_{i^*j} z_j}{z_{i^*}} \leqq \max_{1\leqq i\leqq n} \sum_{j=1}^{n} a_{ij}$$

が成り立つ．したがって，α は有限値である．

(2) 正の実数 c に対して $\mu(c\boldsymbol{z}) = \mu(\boldsymbol{z})$ が成り立つので

$$\alpha = \sup_{\boldsymbol{z}\geqq\boldsymbol{0},\ \|\boldsymbol{z}\|=1} \mu(\boldsymbol{z})$$

と書き直せる．したがって，$S = \{\boldsymbol{z} \mid \boldsymbol{z} \geqq \boldsymbol{0},\ \|\boldsymbol{z}\| = 1\}$ に含まれる点列 $\boldsymbol{x}_1, \boldsymbol{x}_2, \ldots, \boldsymbol{x}_k, \ldots$ で $\mu(\boldsymbol{x}_k) \to \alpha$ を満たすものが存在する．S は有界閉集合（コンパクト集合）だから，点列 $(\boldsymbol{x}_k)$ は収束部分列 $\boldsymbol{x}_{k(1)}, \boldsymbol{x}_{k(2)}, \ldots, \boldsymbol{x}_{k(l)}, \ldots$ をもち，その極限 $\boldsymbol{x} = \lim_{l\to\infty} \boldsymbol{x}_{k(l)}$ は S に含まれる[*3]．また，不等式

*3 一般に，コンパクト集合の点列は収束部分列をもつ．$\mathbb{R}^n$ においては，コンパクト集合であることと有界閉集合であることは等価であることに注意されたい．なお，関数 $\mu(\boldsymbol{z})$ は連続関数とは限らないので，収束部分列を用いた議論が必要となっている．

$A\boldsymbol{x}_{k(l)} - \mu(\boldsymbol{x}_{k(l)})\boldsymbol{x}_{k(l)} \geqq \mathbf{0}$ において $l \to \infty$ とすると $A\boldsymbol{x} - \alpha\boldsymbol{x} \geqq \mathbf{0}$ が得られる．したがって

$$A\boldsymbol{x} - \alpha\boldsymbol{x} \geqq \mathbf{0}, \qquad \boldsymbol{x} \geqq \mathbf{0}, \qquad \boldsymbol{x} \neq \mathbf{0}$$

である．

(3) $\alpha > 0$ である．なぜならば，A の既約性により A の行和はすべて正であり，一方，$\mathbf{1} = (1,1,\ldots,1)^\top$ に対して $\mu(\mathbf{1})$ は A の行和の最小値に等しいので，$\alpha \geqq \mu(\mathbf{1}) > 0$ となるからである．

上の α と $\boldsymbol{x}$ に対して

$$A\boldsymbol{x} - \alpha\boldsymbol{x} = \mathbf{0}, \qquad \boldsymbol{x} > \mathbf{0}$$

が成り立つことを以下に示そう．行列 A の既約性と命題 2.3(2.1.3 項) により $(I+A)^{n-1} > O$ が成り立つので，$\boldsymbol{y} = (I+A)^{n-1}\boldsymbol{x}$ とおくと $\boldsymbol{y} > \mathbf{0}$ となる．

$$A\boldsymbol{y} - \alpha\boldsymbol{y} = (I+A)^{n-1}(A\boldsymbol{x} - \alpha\boldsymbol{x})$$

である．仮に $A\boldsymbol{x} - \alpha\boldsymbol{x} \neq \mathbf{0}$ とすると，$A\boldsymbol{y} - \alpha\boldsymbol{y} > \mathbf{0}$ となり，したがって，$\mu(\boldsymbol{y}) > \alpha$ となる．しかしこれは α の定義に矛盾する．ゆえに $A\boldsymbol{x} - \alpha\boldsymbol{x} = \mathbf{0}$ である．最後に，$\boldsymbol{y} = (I+A)^{n-1}\boldsymbol{x} = (1+\alpha)^{n-1}\boldsymbol{x}$ と $\boldsymbol{y} > \mathbf{0}$ により $\boldsymbol{x} > \mathbf{0}$ が示される． ■

命題 2.5 $A\boldsymbol{x} = \alpha\boldsymbol{x}$, $A \geqq O$, $\boldsymbol{x} > \mathbf{0}$ ならば，$\alpha = \rho(A)$ である．

(証明) 明らかに $\alpha \leqq \rho(A)$ である．逆向きの不等式を示そう．

$$X = \mathrm{diag}\,(x_1, x_2, \ldots, x_n), \qquad B = X^{-1}AX$$

とおくと，行列 B の (i,j) 要素 b_{ij} は $b_{ij} = a_{ij}x_j/x_i \geqq 0$ で与えられ，第 i 行の和は

$$\sum_{j=1}^{n} b_{ij} = \frac{1}{x_i}\sum_{j=1}^{n} a_{ij}x_j = \frac{1}{x_i}(\alpha x_i) = \alpha$$

となる．したがって，下に示す一般的な命題 2.6 により

$$\rho(B) \ \leqq \ \max_{1 \leqq i \leqq n}\sum_{j=1}^{n} |b_{ij}| \ = \ \max_{1 \leqq i \leqq n}\sum_{j=1}^{n} b_{ij} \ = \ \alpha$$

である．一方，$\rho(B) = \rho(A)$ であるから，$\rho(A) \leqq \alpha$ となる． ■

命題 2.6 複素数を要素とする n 次正方行列 $C=(c_{ij})$ に対して,

$$\rho(C) \leqq \max_{1 \leqq i \leqq n} \sum_{j=1}^{n} |c_{ij}| \tag{2.10}$$

が成り立つ.

(証明) 固有値 λ と対応する固有ベクトル $\boldsymbol{z}$ を考える. $\boldsymbol{z}$ の成分で絶対値が最大のものを z_k とすると, $z_k \neq 0$ であり, $\lambda \boldsymbol{z} = C\boldsymbol{z}$ の第 k 成分の等式

$$\lambda z_k = \sum_{j=1}^{n} c_{kj} z_j$$

より

$$|\lambda| = \left| \sum_{j=1}^{n} c_{kj} \frac{z_j}{z_k} \right| \leqq \sum_{j=1}^{n} |c_{kj}| \frac{|z_j|}{|z_k|} \leqq \sum_{j=1}^{n} |c_{kj}|$$

が成り立つ. これがすべての固有値 λ に対して成り立つので, 式 (2.10) が成り立つ. ■

最後に, $\alpha = \rho(A)$ が単純固有値であることを示そう. 準備として, まず, 次の基本的な命題を示す.

命題 2.7 既約な非負行列 A と, $A \geqq B$ を満たす非負行列 B に対して, $\rho(A) \geqq \rho(B)$ が成り立つ. ここで, $\rho(A) = \rho(B)$ となるのは $A = B$ の場合に限られる.

(証明) $A^\top$ に命題 2.4, 命題 2.5 を適用すると, ある $\boldsymbol{w} > \boldsymbol{0}$ に対して

$$A^\top \boldsymbol{w} = \rho(A^\top)\boldsymbol{w} = \rho(A)\boldsymbol{w} \tag{2.11}$$

となる. B の任意の固有値 λ と対応する固有ベクトル $\boldsymbol{y} = (y_1, y_2, \ldots, y_n)^\top$ をとり, $\boldsymbol{v} = (|y_1|, |y_2|, \ldots, |y_n|)^\top$ とおく. 式 (2.11) と $\boldsymbol{v}$ の内積をつくって

$$\boldsymbol{w}^\top A \boldsymbol{v} = \rho(A)\boldsymbol{w}^\top \boldsymbol{v} \tag{2.12}$$

となる. また, $A \geqq B$, $\boldsymbol{w} > \boldsymbol{0}$, $\boldsymbol{v} \geqq \boldsymbol{0}$ であるから

$$\boldsymbol{w}^\top A \boldsymbol{v} \geqq \boldsymbol{w}^\top B \boldsymbol{v} \tag{2.13}$$

が成り立つ．一方，$B\boldsymbol{y} = \lambda \boldsymbol{y}$ より $B\boldsymbol{v} \geqq |\lambda|\boldsymbol{v}$ であるから

$$\boldsymbol{w}^\top B\boldsymbol{v} \geqq |\lambda|\boldsymbol{w}^\top \boldsymbol{v} \tag{2.14}$$

が成り立つ．式 (2.12), (2.13), (2.14) より

$$\rho(A)\boldsymbol{w}^\top \boldsymbol{v} = \boldsymbol{w}^\top A\boldsymbol{v} \geqq \boldsymbol{w}^\top B\boldsymbol{v} \geqq |\lambda|\boldsymbol{w}^\top \boldsymbol{v} \tag{2.15}$$

が導かれる．ここで $\boldsymbol{w}^\top \boldsymbol{v} > 0$ だから $\rho(A) \geqq |\lambda|$ となる．λ は B の任意の固有値を表していたから，これは $\rho(A) \geqq \rho(B)$ を示している．

等号 $\rho(A) = \rho(B)$ が成り立つ場合を考えよう．固有値 λ として $|\lambda| = \rho(B)$ を満たすものをとると，式 (2.15) の不等号はすべて等号になる．したがって

$$\boldsymbol{w}^\top (A\boldsymbol{v} - B\boldsymbol{v}) = 0, \qquad \boldsymbol{w}^\top (B\boldsymbol{v} - |\lambda|\boldsymbol{v}) = 0$$

であるが，ここで $\boldsymbol{w} > \boldsymbol{0}$, $A\boldsymbol{v} - B\boldsymbol{v} \geqq \boldsymbol{0}$, $B\boldsymbol{v} - |\lambda|\boldsymbol{v} \geqq \boldsymbol{0}$ であるから，

$$A\boldsymbol{v} = B\boldsymbol{v} = \rho(A)\boldsymbol{v}$$

である．一方，行列 A の既約性と命題 2.3(2.1.3 項) により $(I + A)^{n-1} > O$ が成り立つ．したがって

$$\boldsymbol{0} < (I + A)^{n-1}\boldsymbol{v} = (1 + \rho(A))^{n-1}\boldsymbol{v}$$

となり $\boldsymbol{v} > \boldsymbol{0}$ である．これと $(A - B)\boldsymbol{v} = \boldsymbol{0}$ より $A = B$ が導かれる． ■

命題 2.8 既約な非負行列 A に対して，$\alpha = \rho(A)$ は A の単純固有値である．

(証明) 特性多項式 $\phi(t) = \det(tI - A)$ を考える．行列 A の第 i 行と第 i 列を除いた $n - 1$ 次主小行列を B_i として $\phi_i(t) = \det(tI - B_i)$ とおくと，$\phi(t)$ の微分は

$$\phi'(t) = \sum_{i=1}^{n} \phi_i(t) \tag{2.16}$$

で与えられる (注意 2.6 参照)．行列 A の第 i 行と第 i 列のすべての要素を 0 に置き換えた n 次行列を C_i とすると，命題 2.7 より $\rho(C_i) < \rho(A)$ であり，また，当然 $\rho(B_i) = \rho(C_i)$ である．一方，方程式 $\phi_i(t) = 0$ の最大の実根を τ_i とすれば，

τ_i は B_i の固有値であるから $\tau_i \leqq \rho(B_i)$ である (実根がないときには $\tau_i = 0$ とおく)．したがって，

$$\tau_i \leqq \rho(B_i) = \rho(C_i) < \rho(A)$$

が成り立つ．τ_i より大きい実根は存在せず，$t \to +\infty$ のとき $\phi_i(t) \to +\infty$ であるから，任意の $t > \tau_i$ に対して $\phi_i(t) > 0$ である．とくに $t = \rho(A)$ とすれば $\phi_i(\rho(A)) > 0$ が任意の i に対して成り立つことがわかる．これと式 (2.16) より $\phi'(\rho(A)) > 0$ となるので，$\rho(A)$ は $\phi(t) = 0$ の単根，すなわち A の単純固有値である． ■

以上で，定理 2.1(Perron–Frobenius の定理) が証明された．

注意 2.6 一般に，パラメータ t を含む n 次行列 $A(t)$ の行列式 $\det A(t)$ の微分は，行列 $A(t)$ の第 j 列だけを t で微分した行列を $A^{(j)}(t)$ とするとき，

$$\frac{\mathrm{d}}{\mathrm{d}t} \det A(t) = \sum_{j=1}^{n} \det A^{(j)}(t)$$

と表される (行列式の多重線形性による)．たとえば，$n = 2$ のときには

$$\frac{\mathrm{d}}{\mathrm{d}t} \det \begin{bmatrix} a_{11}(t) & a_{12}(t) \\ a_{21}(t) & a_{22}(t) \end{bmatrix} = \det \begin{bmatrix} a'_{11}(t) & a_{12}(t) \\ a'_{21}(t) & a_{22}(t) \end{bmatrix} + \det \begin{bmatrix} a_{11}(t) & a'_{12}(t) \\ a_{21}(t) & a'_{22}(t) \end{bmatrix}$$

である． ◁

2.2.3 既約でない場合の証明

定理 2.2(既約でない場合) を定理 2.1(既約の場合) にもとづいて証明する．次の二つの証明法を示す．

(1) 行列 A の零要素を正の数 $\varepsilon > 0$ に置き換えることによって既約な行列 A_ε をつくり，定理 2.1 を適用する．そして，$\varepsilon \to 0$ の極限を考える．

(2) ブロック三角化 (1.1.3 項) によって既約成分に分解し，スペクトル半径に対応する既約成分 (対角ブロック) に定理 2.1 を適用して，その対角ブロックに対応する固有ベクトル成分をつくる．そして，固有ベクトルの他の成分を漸化式によって具体的に構成する．

線形代数の教科書には，第 1 の形の証明を与えたものが多い．議論が短くて済む反面，極限操作と連続性に関する知識が必要である．第 2 の証明法は，既約成分の組合せによって全体が構成される様子を陽に記述したものであり，工学システムの解析において，より具体的な知見を与える．

a. 極限操作による証明

行列 A のすべての零要素を正の数 $\varepsilon > 0$ に置き換えた行列を A_ε とする．行列 A_ε は (すべての要素が正であるから) 既約であり，Perron–Frobenius の定理 (定理 2.1) が適用できる．したがって，$\alpha_\varepsilon = \rho(A_\varepsilon)$ は A_ε の単純固有値であり，さらに，要素がすべて正のベクトル $\boldsymbol{x}_\varepsilon > \boldsymbol{0}$ が存在して，

$$A_\varepsilon \boldsymbol{x}_\varepsilon = \alpha_\varepsilon \boldsymbol{x}_\varepsilon \tag{2.17}$$

が成り立つ．ここで，$\|\boldsymbol{x}_\varepsilon\| = 1$ と規格化しておけば，$\boldsymbol{x}_\varepsilon$ は一意に定まる．

さて，$\varepsilon \to 0$ の極限を考えよう．当然，

$$\lim_{\varepsilon \to 0} A_\varepsilon = A$$

が成り立つ．一般に，固有値は行列要素の連続関数だから，

$$\lim_{\varepsilon \to 0} \rho(A_\varepsilon) = \rho(A)$$

が成り立つ．したがって，$\alpha = \rho(A)$ とおけば $\lim_{\varepsilon \to 0} \alpha_\varepsilon = \alpha$ である．ベクトル $\boldsymbol{x}_\varepsilon$ は $\|\boldsymbol{x}_\varepsilon\| = 1$ と規格化されており，単位球面は有界閉集合 (コンパクト集合) だから，0 に収束する ε の列 $\varepsilon_1 > \varepsilon_2 > \cdots > \varepsilon_k > \cdots$ が存在して

$$\lim_{k \to \infty} \boldsymbol{x}_{\varepsilon_k} = \boldsymbol{x}$$

が存在する．このとき，$\boldsymbol{x} \geqq \boldsymbol{0}$ であって $A\boldsymbol{x} = \alpha \boldsymbol{x}$ が成り立つ． (証明終)

b. ブロック三角化による証明

与えられた行列の行と列の番号を付けかえることによって，

$$A = \begin{bmatrix} A_{11} & A_{12} & \cdots & A_{1p} \\ O & A_{22} & \cdots & A_{2p} \\ \vdots & \ddots & \ddots & \vdots \\ O & \cdots & O & A_{pp} \end{bmatrix} \tag{2.18}$$

の形であると仮定してよい．ここで，対角ブロック $A_{11},\ldots,A_{pp}$ は既約な非負行列または 1 次の零行列である．

スペクトル半径について

$$\rho(A) = \max_{1 \leqq k \leqq p} \rho(A_{kk})$$

という関係がある ($A_{11},\ldots,A_{pp}$ の固有値の和集合が A の固有値の全体であることに注意)．この右辺の最大値を与える k の中で番号の最小のものを q とすると，

$$\rho(A_{kk}) < \rho(A_{qq}) = \rho(A) \qquad (k = 1,\ldots,q-1) \tag{2.19}$$

が成り立つ．

最初に $\rho(A) = 0$ の場合を済ませておこう．このとき，対角ブロック $A_{11},\ldots,A_{pp}$ はすべて 1 次の零行列であり，とくに，A の第 1 列は $\mathbf{0}$ である．したがって，$\alpha = 0$ と $\boldsymbol{x} = (1,0,\ldots,0)^\top$ に対して $A\boldsymbol{x} = \alpha\boldsymbol{x}$ が成り立つ．

以下，$\rho(A) > 0$ の場合を考える．$\alpha = \rho(A)$ とおくと，$\alpha = \rho(A_{qq})$ である．Perron–Frobenius の定理 (定理 2.1) を A_{qq} に適用すると，ある正ベクトル $\boldsymbol{x}_q > \mathbf{0}$ が存在して

$$A_{qq}\boldsymbol{x}_q = \alpha\boldsymbol{x}_q \tag{2.20}$$

となる．この $\boldsymbol{x}_q$ を用いて，$k = q-1, q-2,\ldots,1$ の順に

$$A_{kk}\boldsymbol{x}_k + \sum_{l=k+1}^{q} A_{kl}\boldsymbol{x}_l = \alpha\boldsymbol{x}_k \tag{2.21}$$

を解いて非負ベクトル $\boldsymbol{x}_{q-1},\boldsymbol{x}_{q-2},\ldots,\boldsymbol{x}_1$ を定めることができる (これは最後に示す)．さらに，$k = q+1, q+2,\ldots,p$ に対して $\boldsymbol{x}_k = \mathbf{0}$ とおき，$\boldsymbol{x}_1,\ldots,\boldsymbol{x}_{q-1}$, $\boldsymbol{x}_q$, $\boldsymbol{x}_{q+1},\ldots,\boldsymbol{x}_p$ をつなげたベクトルを $\boldsymbol{x}$ とすると，$\boldsymbol{x}$ は ($\mathbf{0}$ でない) 非負ベクトルであって，式 (2.20), (2.21) より $A\boldsymbol{x} = \alpha\boldsymbol{x}$ が成り立つ．

最後に，式 (2.21) から非負ベクトル $\boldsymbol{x}_k$ が定められる理由を述べる．$k = q-1, q-2,\ldots,1$ の順に，帰納法により，$\boldsymbol{x}_k \geqq \mathbf{0}$ となることを示そう．式 (2.21) は

$$(\alpha I - A_{kk})\boldsymbol{x}_k = \sum_{l=k+1}^{q} A_{kl}\boldsymbol{x}_l$$

と書き直せる．$\alpha > \rho(A_{kk})$ と $A_{kk} \geqq O$ により，$\alpha I - A_{kk}$ は (正則な)M 行列であり，$(\alpha I - A_{kk})^{-1}$ は非負行列となる (2.4.3 項参照)．一方，帰納法の仮定によ

り，右辺 $\sum_{l=k+1}^{q} A_{kl}\boldsymbol{x}_l$ は非負ベクトルである．したがって，$\boldsymbol{x}_k \geqq \boldsymbol{0}$ である．

(証明終)

2.3 確率行列

2.3.1 定義

各行の要素の和が 1 である非負行列を**確率行列**という．すなわち，$m \times n$ 型非負行列 $P = (p_{ij})$ に対して

$$\sum_{j=1}^{n} p_{ij} = 1 \qquad (i = 1, \ldots, m) \tag{2.22}$$

が成り立つとき，P を確率行列という．ベクトル $\boldsymbol{1} = (1, 1, \ldots, 1)^\top$ を用いると，この式は

$$P\boldsymbol{1} = \boldsymbol{1} \tag{2.23}$$

と書き直すことができる．

P を正方形の確率行列とすると，式 (2.23) より，$\boldsymbol{x} = \boldsymbol{1}$ は固有値 $\lambda = 1$ に対応する P の固有ベクトルである．一方，命題 2.6 によりスペクトル半径 $\rho(P)$ は 1 以下であることがわかる．したがって，

$$\rho(P) = 1 \tag{2.24}$$

が成り立つ．すると，定理 2.2(Perron–Frobenius の定理の拡張版) により，固有値 1 に対する非負の左固有ベクトルの存在がわかる．すなわち，ある非負の横ベクトル $\boldsymbol{y} \neq \boldsymbol{0}$ が存在して，

$$\boldsymbol{y}P = \boldsymbol{y} \tag{2.25}$$

が成り立つ．

2.3.2 Markov 連鎖

a. ランダムウォーク

一列に並んだ n 個の場所

をランダムに動きまわる人 (酔払いのような人) がいるとしよう．現在いる場所の隣の場所に等確率で移動するが，場所 1 の次は必ず場所 2 に移り，場所 n の次は場所 $n-1$ に移るか場所 n に留まるかが等確率で決まるものとする．このとき，場所 i から場所 j に移る確率 p_{ij} を並べた $n \times n$ 型行列 $P=(p_{ij})$ は

$$P = \begin{bmatrix} & 1 & & & \\ 0.5 & & 0.5 & & \\ & 0.5 & & 0.5 & \\ & & 0.5 & & 0.5 \\ & & & 0.5 & 0.5 \end{bmatrix}$$

のようになる ($n=5$ の場合を示した)．この行列 P は確率行列である．

b. 推移確率行列

上のランダムウォークのように，あるシステムに有限個の状態 $\{1,2,\ldots,n\}$ があり，そのシステムの状態は離散的な時刻 $k=0,1,2,\ldots$ において確率的に変化するとしよう．状態 i から状態 j に移る確率 p_{ij} は時刻 k に依らないと仮定する[*4]．この確率を並べた行列 $P=(p_{ij})$ は，**推移確率行列**あるいは**遷移確率行列**とよばれるもので，この行列の性質をしらべることによってシステムの特性が明らかになる．

確率 p_{ij} は非負の実数だから

$$p_{ij} \geqq 0 \qquad (i,j=1,\ldots,n) \tag{2.26}$$

であり，システムがある時刻で状態 i にあるとき，次の時刻では $j=1,\ldots,n$ のいずれかの状態になるから

*4　このようなものを **Markov** (マルコフ) **連鎖**という．詳しくは，文献 [29, 30] を参照のこと．

$$\sum_{j=1}^{n} p_{ij} = 1 \qquad (i = 1, \ldots, n) \tag{2.27}$$

が成り立つ．したがって，行列 $P = (p_{ij})$ は確率行列である．

時刻 k において状態 i にある確率を $p_i^{(k)}$ とし，これを並べた横ベクトルを

$$\boldsymbol{p}^{(k)} = (p_1^{(k)}, \ldots, p_n^{(k)})$$

とする．当然，

$$p_i^{(k)} \geqq 0 \qquad (i = 1, \ldots, n), \tag{2.28}$$

$$\sum_{i=1}^{n} p_i^{(k)} = 1 \tag{2.29}$$

が成り立つ．一般に，各要素が非負の実数で，要素の和が 1 に等しいベクトルを**確率ベクトル**という．したがって，各 k に対して $\boldsymbol{p}^{(k)}$ は確率ベクトルである．

状態推移の確率は行列 $P = (p_{ij})$ で表されるので

$$p_j^{(k+1)} = \sum_{i=1}^{n} p_i^{(k)} p_{ij} \qquad (j = 1, \ldots, n;\ k = 0, 1, 2, \ldots) \tag{2.30}$$

が成り立つ．この式の右辺において，$p_i^{(k)} p_{ij}$ は，システムが時刻 k において状態 i にあって，そこから変化して状態 j になる確率を表している．時刻 $k+1$ において状態が j である確率 $p_j^{(k+1)}$ は，この確率 $p_i^{(k)} p_{ij}$ を $i = 1, \ldots, n$ に対して足し合わせたものに等しいというのが，式 (2.30) の意味である．式 (2.30) をベクトル形式で書くと

$$\boldsymbol{p}^{(k+1)} = \boldsymbol{p}^{(k)} P \qquad (k = 0, 1, 2, \ldots) \tag{2.31}$$

となる．この漸化式より

$$\boldsymbol{p}^{(k)} = \boldsymbol{p}^{(0)} P^k \qquad (k = 0, 1, 2, \ldots) \tag{2.32}$$

が得られる．

時刻 $k \to \infty$ のときの $\boldsymbol{p}^{(k)}$ の極限が存在するとき，これを**極限分布**とよび，

$$\boldsymbol{p}^{(\infty)} = \lim_{k \to \infty} \boldsymbol{p}^{(k)} \tag{2.33}$$

と表すことにする．極限分布が存在するならば，式 (2.31) で $k \to \infty$ とすることにより，

$$\boldsymbol{p}^{(\infty)} = \boldsymbol{p}^{(\infty)} P \tag{2.34}$$

が成り立つことがわかる．

状態推移によって変わらない確率分布を**定常分布**という．すなわち，

$$\boldsymbol{\pi} = \boldsymbol{\pi} P \tag{2.35}$$

を満たす確率ベクトル $\boldsymbol{\pi}$ によって表される分布が定常分布である．式 (2.34) は，極限分布が定常分布であることを示している．

ここで，次のようなことが問題となる．

- 定常分布は存在するか．存在する場合に，一意的に定まるか．(定常分布の存在と一意性)
- 任意の初期分布 $\boldsymbol{p}^{(0)}$ に対して，極限分布は存在するか．極限分布は初期分布にどのように依存するか．(極限分布の存在と初期分布への依存性)

c. 定 常 分 布

定常分布について，まず簡単な例を見てから，一般の場合を考えよう．

例 2.1　2.3.2 項の最初に示したランダムウォークでは

$$\boldsymbol{\pi} = \left(\frac{1}{2n-1}, \frac{2}{2n-1}, \ldots, \frac{2}{2n-1}, \frac{2}{2n-1} \right)$$

が一意的に定まる定常分布である．実際，$\boldsymbol{\pi} = \boldsymbol{\pi} P$ を成分ごとに書き下してみると，

$$\begin{aligned}
\pi_1 &= \frac{1}{2}\pi_2, \\
\pi_2 &= \pi_1 + \frac{1}{2}\pi_3, \\
\pi_i &= \frac{1}{2}\pi_{i-1} + \frac{1}{2}\pi_{i+1} \qquad (i = 3, \ldots, n-1), \\
\pi_n &= \frac{1}{2}\pi_{n-1} + \frac{1}{2}\pi_n
\end{aligned}$$

となるが，これと規格化条件 $\displaystyle\sum_{i=1}^{n} \pi_i = 1$ より，上の $\boldsymbol{\pi}$ が定められる．　◁

例 2.2 推移確率行列が $P = \begin{bmatrix} 1 & 0 \\ 0 & 1 \end{bmatrix}$ であるとすると，任意の確率ベクトルが定常分布を与える．したがって，定常分布は一意的に定まるとは限らない． $\triangleleft$

すでに述べたように，Perron–Frobenius の定理の拡張版 (定理 2.2) により，式 (2.25) を満たす非負の横ベクトル $\boldsymbol{y} \neq \boldsymbol{0}$ が存在する．定数 $c = \sum_{i=1}^{n} y_i$ を用いて $\boldsymbol{\pi} = \boldsymbol{y}/c$ と規格化すれば，$\boldsymbol{\pi}$ は確率ベクトルであり，定常分布の条件式 $\boldsymbol{\pi} = \boldsymbol{\pi} P$ を満たす．ゆえに，定常分布はつねに存在する．

例 2.2 に見たように，一般には，定常分布は一意に定まらない．しかし，P が既約の場合には，Perron–Frobenius の定理 (定理 2.1) により，定常分布 $\boldsymbol{\pi}$ が一意に定まり，さらに，$\boldsymbol{\pi}$ が正ベクトルであることがわかる．これを定理として述べておこう．なお，上の例 2.1 はこの場合である．

定理 2.4

(1) 任意の推移確率行列 P に対して，定常分布 $\boldsymbol{\pi}$ が存在する．
(2) 推移確率行列 P が既約ならば，定常分布 $\boldsymbol{\pi}$ は一意に定まり，その要素 π_i はすべて正である．

注意 2.7 P が既約でない場合の定常分布を考える．記号が煩雑になるのを避けるため，確率行列 P が

$$P = \begin{bmatrix} P_{11} & O & P_{13} & P_{14} \\ O & P_{22} & O & P_{24} \\ O & O & P_{33} & O \\ O & O & O & P_{44} \end{bmatrix} \tag{2.36}$$

の形にブロック三角化 (強連結成分分解) される場合を考えよう．ここで，対角ブロック $P_{11}, P_{22}, P_{33}, P_{44}$ は既約な非負行列であり，P_{13}, P_{14}, P_{24} は O でない非負行列を表す．このとき，P の既約ブロック間の半順序を表すグラフは図 2.1 のようになっている (1.1.3 項参照)．ここで，極小ブロック[*5]である P_{33} と P_{44} は確率行列 (各行和が 1) であることを注意しておく．

*5　一般に半順序集合において，ある要素より「小さい」他の要素が存在しないとき，その要素は極小であるという．

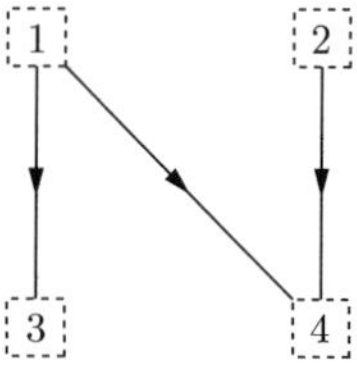

図 **2.1**　式 (2.36) の P の半順序

確率行列 P の定常分布を $\boldsymbol{\pi} = (\boldsymbol{\pi}_1, \boldsymbol{\pi}_2, \boldsymbol{\pi}_3, \boldsymbol{\pi}_4)$ とおき，$\boldsymbol{\pi} = \boldsymbol{\pi} P$ を書き下すと

$$\boldsymbol{\pi}_1 = \boldsymbol{\pi}_1 P_{11}, \tag{2.37}$$

$$\boldsymbol{\pi}_2 = \boldsymbol{\pi}_2 P_{22}, \tag{2.38}$$

$$\boldsymbol{\pi}_3 = \boldsymbol{\pi}_3 P_{33} + \boldsymbol{\pi}_1 P_{13}, \tag{2.39}$$

$$\boldsymbol{\pi}_4 = \boldsymbol{\pi}_4 P_{44} + \boldsymbol{\pi}_1 P_{14} + \boldsymbol{\pi}_2 P_{24} \tag{2.40}$$

となる．ここで，定理 2.3 と式 (2.7) により，$\rho(P_{11}) < 1$, $\rho(P_{22}) < 1$ が成り立つので，式 (2.37)，(2.38) より $\boldsymbol{\pi}_1 = \mathbf{0}$, $\boldsymbol{\pi}_2 = \mathbf{0}$ が導かれる ($\mathbf{0}$ は横ベクトルとする)．これを式 (2.39)，(2.40) に代入すると

$$\boldsymbol{\pi}_3 = \boldsymbol{\pi}_3 P_{33}, \qquad \boldsymbol{\pi}_4 = \boldsymbol{\pi}_4 P_{44}$$

となる．P_{33} と P_{44} は既約な確率行列であるから，定理 2.4 により，それぞれの定常分布 $\boldsymbol{\pi}^{(3)}$, $\boldsymbol{\pi}^{(4)}$ が一意的に存在する．さらに，定理 2.1 (3) により，固有値 1 は単純固有値だから，ある $\alpha_3 \geqq 0$, $\alpha_4 \geqq 0$ によって

$$\boldsymbol{\pi}_3 = \alpha_3 \boldsymbol{\pi}^{(3)}, \qquad \boldsymbol{\pi}_4 = \alpha_4 \boldsymbol{\pi}^{(4)}$$

となる．以上より，確率行列 P の定常分布は

$$\boldsymbol{\pi} = \left(\mathbf{0}, \mathbf{0}, \alpha_3 \boldsymbol{\pi}^{(3)}, \alpha_4 \boldsymbol{\pi}^{(4)}\right) \tag{2.41}$$

の形となる．ここで，$\alpha_3 \geqq 0$, $\alpha_4 \geqq 0$ であり，確率の和が 1 であることに対応して $\alpha_3 + \alpha_4 = 1$ である．

一般の場合にも，定常分布 $\boldsymbol{\pi}$ はブロック三角化 (強連結成分分解) を用いて表現することができる．既約ブロックの番号を $1, 2, \ldots, p$ とし，そのうち極小のブ

ロックが $q+1, q+2, \ldots, p$ であるとする．$k=q+1, q+2, \ldots, p$ に対して，既約ブロック k に対応する定常分布を $\boldsymbol{\pi}^{(k)}$ とすると，

$$\boldsymbol{\pi} = (\mathbf{0}, \ldots, \mathbf{0}, \alpha_{q+1}\boldsymbol{\pi}^{(q+1)}, \ldots, \alpha_p \boldsymbol{\pi}^{(p)})$$

である．ただし，各 k に対して $\alpha_k \geqq 0$ であり，$\displaystyle\sum_{k=q+1}^{p} \alpha_k = 1$ とする．このように，強連結成分分解における半順序によって定常分布が表現される．◁

d. 極 限 分 布

次に，極限分布について考察しよう．すでに述べたように，

- 任意の初期分布 $\boldsymbol{p}^{(0)}$ に対して極限分布 $\boldsymbol{p}^{(\infty)}$ が存在するか，
- 極限分布 $\boldsymbol{p}^{(\infty)}$ は初期分布 $\boldsymbol{p}^{(0)}$ にどのように依存するか

が問題である．

式 (2.34) で見たように，極限分布が存在すれば，それは定常分布である．逆に，任意の定常分布 $\boldsymbol{\pi}$ に対して，初期分布を $\boldsymbol{p}^{(0)} = \boldsymbol{\pi}$ とすれば $\boldsymbol{p}^{(\infty)} = \boldsymbol{\pi}$ となる．しかし，必ずしも任意の $\boldsymbol{p}^{(0)}$ に対して極限分布 $\boldsymbol{p}^{(\infty)}$ が存在するわけではない．

例 2.3 推移確率行列が

$$P = \begin{bmatrix} 0 & 1 & 0 \\ 0 & 0 & 1 \\ 1 & 0 & 0 \end{bmatrix}$$

であるとしよう．$\boldsymbol{p}^{(0)} = (a, b, c)$ とすると，

$$\boldsymbol{p}^{(3k)} = (a, b, c), \qquad \boldsymbol{p}^{(3k+1)} = (c, a, b), \qquad \boldsymbol{p}^{(3k+2)} = (b, c, a)$$

となるので，$(a, b, c) \neq (1/3, 1/3, 1/3)$ ならば極限分布 $\boldsymbol{p}^{(\infty)}$ は存在しない．この P は既約であるが，原始的でない (周期が 3 である) ことに注意されたい．◁

上の例のように，極限分布は必ずしも存在しない．次の定理は，P が既約で原始的ならば，任意の初期分布に対して極限分布が存在し，それが初期分布に依らずに確定することを示している．

定理 2.5 推移確率行列 P は既約で原始的とし，その定常分布を $\boldsymbol{\pi}$ とする[*6].

(1)

$$\lim_{k\to\infty} P^k = \mathbf{1}\boldsymbol{\pi} = \begin{bmatrix} \pi_1 & \pi_2 & \cdots & \pi_n \\ \pi_1 & \pi_2 & \cdots & \pi_n \\ \vdots & \vdots & & \vdots \\ \pi_1 & \pi_2 & \cdots & \pi_n \end{bmatrix} \tag{2.42}$$

が成り立つ．

(2) 任意の初期分布 $\boldsymbol{p}^{(0)}$ に対して，極限分布 $\boldsymbol{p}^{(\infty)}$ が存在して $\boldsymbol{p}^{(\infty)} = \boldsymbol{\pi}$ が成り立つ．とくに，極限分布は初期分布に依存しない．

(証明) (1) 式 (2.24) に示したように $\rho(P) = 1$ である．P は既約だから単純固有値 1 をもち (定理 2.1)，さらに，P は原始的だから，絶対値が 1 に等しい固有値は 1 に限られる (注意 2.5)．P の Jordan(ジョルダン) 標準形により，正則行列 S と $\rho(J) < 1$ なる行列 J が存在して，

$$SPS^{-1} = \begin{bmatrix} 1 & \mathbf{0}^\top \\ \mathbf{0} & J \end{bmatrix}$$

が成り立つ．固有値 1 が単純固有値で，$\boldsymbol{\pi} = \boldsymbol{\pi}P$, $P\mathbf{1} = \mathbf{1}$, $\boldsymbol{\pi}\mathbf{1} = 1$ であるから，S の第 1 行は $\boldsymbol{\pi}$ に等しく，S^{-1} の第 1 列は $\mathbf{1}$ に等しいと仮定してよい：

$$S = \begin{bmatrix} \boldsymbol{\pi} \\ \hline * \end{bmatrix}, \qquad S^{-1} = \left[\begin{array}{c|c} \mathbf{1} & * \end{array}\right].$$

また，$\rho(J) < 1$ より $\lim_{k\to\infty} J^k = O$ である．これらのことを用いて計算すると

$$\lim_{k\to\infty} P^k = S^{-1}\left[\lim_{k\to\infty}(SPS^{-1})^k\right] S = \left[\begin{array}{c|c} \mathbf{1} & * \end{array}\right] \begin{bmatrix} 1 & \mathbf{0}^\top \\ \mathbf{0} & O \end{bmatrix} \begin{bmatrix} \boldsymbol{\pi} \\ \hline * \end{bmatrix} = \mathbf{1}\boldsymbol{\pi}$$

となる．

(2) 任意の $\boldsymbol{p}^{(0)}$ に対して $\boldsymbol{p}^{(0)}\mathbf{1} = 1$ が成り立つので，式 (2.42) から

$$\boldsymbol{p}^{(\infty)} = \lim_{k\to\infty} \boldsymbol{p}^{(k)} = \lim_{k\to\infty} \boldsymbol{p}^{(0)} P^k = \boldsymbol{p}^{(0)} \lim_{k\to\infty} P^k = \boldsymbol{p}^{(0)}\mathbf{1}\boldsymbol{\pi} = \boldsymbol{\pi}$$

---

*6　定理 2.4 により，P が既約ならば定常分布は一意に決まることに注意．

と計算される. ■

注意 2.8 例 2.3 において，周期 3 の推移確率行列 $P = \begin{bmatrix} 0 & 1 & 0 \\ 0 & 0 & 1 \\ 1 & 0 & 0 \end{bmatrix}$ が極限分布をもたないことを見た．注意 2.5(2.2.1 項) における固有値解析の結果を用いると，この行列 P が極限分布をもたない理由を以下のように説明できる．P の固有値は 1, $\zeta = \exp(2\pi\mathrm{i}/3)$, $\overline{\zeta} = \exp(-2\pi\mathrm{i}/3)$ であり，

$$S = \begin{bmatrix} 1 & 1 & 1 \\ 1 & \overline{\zeta} & \zeta \\ 1 & \zeta & \overline{\zeta} \end{bmatrix}, \qquad S^{-1} = \frac{1}{3}\begin{bmatrix} 1 & 1 & 1 \\ 1 & \zeta & \overline{\zeta} \\ 1 & \overline{\zeta} & \zeta \end{bmatrix}$$

を用いて

$$SPS^{-1} = \begin{bmatrix} 1 & 0 & 0 \\ 0 & \zeta & 0 \\ 0 & 0 & \overline{\zeta} \end{bmatrix}, \qquad (SPS^{-1})^k = \begin{bmatrix} 1 & 0 & 0 \\ 0 & \zeta^k & 0 \\ 0 & 0 & \overline{\zeta}^k \end{bmatrix}$$

となる．

$$\boldsymbol{p}^{(k)} = \boldsymbol{p}^{(0)} P^k = (\boldsymbol{p}^{(0)} S^{-1}) \cdot (SPS^{-1})^k \cdot S$$

であるから，$\boldsymbol{p}^{(k)}$ が極限をもつための必要十分条件は，

$$\boldsymbol{p}^{(0)} S^{-1} = \frac{1}{3}\left(a+b+c,\ a+b\zeta+c\overline{\zeta},\ a+b\overline{\zeta}+c\zeta\right)$$

の第 2 成分 = 第 3 成分 = 0 である．この条件は $(a,b,c) = (1/3, 1/3, 1/3)$ と同値である．これは例 2.3 における結論と一致している． ◁

2.4　M　行　列

2.4.1　定　義

正則な実行列で，対角要素がすべて正，非対角要素がすべて非正 (0 または負)，逆行列が非負行列であるものを **M 行列**とよぶ[*7]．すなわち，$n \times n$ 型正則行列

*7　より一般に，正則でない M 行列も定義できるが，本書では正則な場合に限る．

$B = (b_{ij})$ に対して

$$b_{ii} > 0 \qquad (i = 1, \ldots, n), \tag{2.43}$$

$$b_{ij} \leqq 0 \qquad (i \neq j;\ i, j = 1, \ldots, n), \tag{2.44}$$

$$B^{-1} \geqq O \tag{2.45}$$

が成り立つとき，B を M 行列という．

M 行列は，連立方程式の解の非負性や単調性を議論するのに便利な概念であり，数値解析，制御工学，経済学などにおいて重要である．まず次項で例を見たあとに，その後で M 行列の数学的性質を述べる．

2.4.2 例

例 2.4 代表的な微分方程式である **Poisson** (ポアソン) **方程式**

$$-\triangle u = f$$

を考える．ここで $\triangle$ は**ラプラシアン** (Laplacian) を表し，空間が 1 次元の場合には

$$\triangle = \frac{\mathrm{d}^2}{\mathrm{d}x^2}$$

である．この方程式を数値的に解くためには，微分を差分で置き換えるなどして離散化することになる．空間が 1 次元の場合に，区間を等分した差分を用いると，

$$B = \begin{bmatrix} 2 & -1 & & \\ -1 & 2 & -1 & \\ & -1 & 2 & -1 \\ & & -1 & 2 \end{bmatrix} \tag{2.46}$$

のような係数行列が得られる (これは区間を 4 等分した場合であり，Dirichlet(ディリクレ) 境界条件を想定している)．この行列 B は M 行列である．実際，B の対角要素は正，非対角要素は非正で，逆行列は

$$B^{-1} = \frac{1}{5} \begin{bmatrix} 4 & 3 & 2 & 1 \\ 3 & 6 & 4 & 2 \\ 2 & 4 & 6 & 3 \\ 1 & 2 & 3 & 4 \end{bmatrix}$$

となる．行列 B は微分作用素の近似なので，その逆行列である B^{-1} は積分作用素に対応する．このことからも，B^{-1} が非負行列になることは自然である．◁

例 2.5 M 行列は電気回路 (正の線形抵抗から成る回路) から自然に生じる．図 2.2 のように，5 本の枝 (線形抵抗) と四つの節点からなる電気回路を考えよう．各枝の**コンダクタンス** (抵抗値の逆数) を $g_j > 0$ $(j = 1, \ldots, 5)$ とし，節点 k の電位を p_k と表す $(k = 0, 1, 2, 3)$．ただし，節点 0 は接地されているとし，$p_0 = 0$ とする．また，節点 k において回路に外から流入する電流を x_k とする $(k = 1, 2, 3)$．このとき，節点 0 において流出する電流は $x_1 + x_2 + x_3$ となる．枝電圧 $\boldsymbol{v} = (v_1, \ldots, v_5)^\top$ と節点電位 $\boldsymbol{p} = (p_1, p_2, p_3)^\top$ の間には，

$$N = \begin{bmatrix} -1 & 1 & 0 & 0 & -1 \\ 1 & 0 & 0 & -1 & 0 \\ 0 & -1 & 1 & 0 & 0 \end{bmatrix} \tag{2.47}$$

として，

$$\boldsymbol{v} = N^\top \boldsymbol{p}$$

の関係がある．コンダクタンス g_j を対角要素にもつ対角行列を $G = \mathrm{diag}\,(g_1, \ldots, g_5)$ とすると，Ohm (オーム) の法則より，枝電流 $\boldsymbol{i} = (i_1, \ldots, i_5)^\top$ は

$$\boldsymbol{i} = G\boldsymbol{v}$$

と書ける．また，電流保存則より

$$N\boldsymbol{i} = \boldsymbol{x}$$

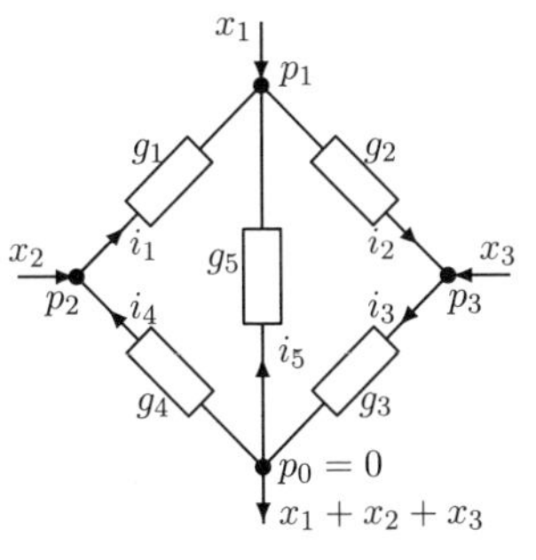

図 **2.2** 抵抗回路

が成り立つ．以上から，節点電位 $\boldsymbol{p}$ と流入電流 $\boldsymbol{x} = (x_1, x_2, x_3)^\top$ の間の関係式

$$NGN^\top \boldsymbol{p} = \boldsymbol{x}$$

が得られる．この係数行列

$$B = NGN^\top = \begin{bmatrix} g_1 + g_2 + g_5 & -g_1 & -g_2 \\ -g_1 & g_1 + g_4 & 0 \\ -g_2 & 0 & g_2 + g_3 \end{bmatrix} \tag{2.48}$$

は**節点コンダクタンス行列**とよばれるもので，M 行列である．逆行列 B^{-1} が非負行列であることは，ある節点に流入する電流を増やすとすべての節点の電位は高くなる (低くはならない) という自然な単調性を表している．　$\triangleleft$

例 2.6　M 行列は経済の分野にも現れる．特定の期間 (ふつうは 1 年) について，ある地域もしくは国の経済を考え，各産業部門 (たとえば，農林水産業，鉱業，電気機械など) の産出物が，他の産業部門 (自己部門も含む) で原材料としてどれくらい利用されるかを考える．

以下，抽象化して，n 個の産業部門があるとし，それぞれを第 1 産業，第 2 産業，…，第 n 産業とよぶことにする．第 i 産業の総産出量を x_i とし，そのうち第 j 産業が原材料として利用する量を x_{ij} とする．産業以外での利用 (最終需要とよばれ，たとえば，家計における消費，政府からの需要などを含む) は，まとめて c_i と書くことにする．このとき，次の式が成り立つ：

$$\begin{aligned} &x_{11} + x_{12} + \cdots + x_{1j} + \cdots + x_{1n} + c_1 = x_1 \quad (\text{第 1 産業総産出量}), \\ &x_{21} + x_{22} + \cdots + x_{2j} + \cdots + x_{2n} + c_2 = x_2 \quad (\text{第 2 産業総産出量}), \\ &\qquad\qquad\qquad\qquad \vdots \\ &x_{n1} + x_{n2} + \cdots + x_{nj} + \cdots + x_{nn} + c_n = x_n \quad (\text{第 } n \text{ 産業総産出量}). \end{aligned} \tag{2.49}$$

この式は産出物がどのように原材料として使われていったかを見たものであるが，これとは逆に，産出物は原材料が投入されてできたものであるという見方もある．

第 j 産業は $x_{1j}, x_{2j}, \ldots, x_{nj}$ という量の原材料を投入して x_j という量を産出しているという見方をしたとき，$x_{1j}, x_{2j}, \ldots, x_{nj}$ と x_j の関係は (第 1 次近似としては) 比例していて

$$x_{1j} = a_{1j} x_j, \quad x_{2j} = a_{2j} x_j, \quad \ldots, \quad x_{nj} = a_{nj} x_j \tag{2.50}$$

の形であると考えるのが自然であろう．このモデル化は，産出量を倍にしたければ，それぞれの投入量を倍にすればよいであろうと考えることに対応している．比例定数 a_{ij} は，当然，非負の定数であり，**投入係数**とよばれる．

式 (2.49) に式 (2.50) の関係を代入すると

$$
\begin{aligned}
(1-a_{11})x_1 - a_{12}x_2 - \cdots - a_{1n}x_n &= c_1, \\
-a_{21}x_1 + (1-a_{22})x_2 - \cdots - a_{2n}x_n &= c_2, \\
&\vdots \\
-a_{n1}x_1 - a_{n2}x_2 - \cdots + (1-a_{nn})x_n &= c_n
\end{aligned}
\tag{2.51}
$$

となる．この式は，**Leontief** (レオンチェフ) によって創始された**産業連関分析** (**投入産出分析**) の基本方程式である．行列 $A=(a_{ij})$ は，**投入係数行列**とよばれる．投入係数 a_{ij} の具体的な値は，ある年の x_{ij}, x_i のデータから

$$\widehat{a}_{ij} = x_{ij}/x_i$$

として推定される．式 (2.51) に現れる c_i, x_i は，その意味から，当然，非負であるが，もし $c_i > 0$, $x_i \geqq 0$ $(i=1,\dots,n)$ で式 (2.51) を満たすものがあれば，次項に述べる定理 2.6 の条件 (c) が成り立ち，係数行列 $I-A$ は M 行列となる． ◁

2.4.3 数 学 的 性 質

M 行列であるための必要十分条件がいくつか知られている．とくに，下の定理の (e) によれば「M 行列とは，非負行列 A と実数 $s > \rho(A)$ によって $sI-A$ と表される行列である」と言い換えることができる．ここで $\rho(A)$ は行列 A のスペクトル半径である．

定理 2.6 対角要素が正，非対角要素が非正という符号パターン [式 (2.43), (2.44)] をもつ $n \times n$ 型行列 $B=(b_{ij})$ に対して，次の条件 (a)~(g) は同値である．

(a) B が正則で $B^{-1} \geqq O$.
(b) 任意の (n 次元) 非負ベクトル $\boldsymbol{c}$ に対して，$B\boldsymbol{x}=\boldsymbol{c}$ を満たす非負ベクトル $\boldsymbol{x}$ が存在する．

(c) ある正ベクトル $\boldsymbol{c}$ に対して，$B\boldsymbol{x} = \boldsymbol{c}$ を満たす非負ベクトル $\boldsymbol{x}$ が存在する．

(d) ある正ベクトル $\boldsymbol{c}$ に対して，$B\boldsymbol{x} = \boldsymbol{c}$ を満たす正ベクトル $\boldsymbol{x}$ が存在する．

(e) $s = \max_{1 \leqq i \leqq n} b_{ii}$, $A = sI - B$ とおくとき $\rho(A) < s$.

(f) B のすべての首座小行列式[*8]の値が正である．

(g) B は次の条件を満たす L と U の積に LU 分解[*9]$(B = LU)$ される：

- L は，対角要素が 1，非対角要素が非正の下三角行列，
- U は，対角要素が正，非対角要素が非正の上三角行列．

(証明) [(a) ⇒ (b) ⇒ (c) ⇒ (d) ⇒ (e) ⇒ (a)] と [(d) ⇒ (f) ⇒ (g) ⇒ (a)] を示す．

[(a) ⇒ (b)] B が正則だから，$\boldsymbol{x} = B^{-1}\boldsymbol{c}$ とすれば $B\boldsymbol{x} = \boldsymbol{c}$ となる．$B^{-1} \geqq O$, $\boldsymbol{c} \geqq \boldsymbol{0}$ より $\boldsymbol{x} \geqq \boldsymbol{0}$ である．

[(b) ⇒ (c)] 自明である．

[(c) ⇒ (d)] (c) により，$B\boldsymbol{y} = \boldsymbol{d}$ を満たす $\boldsymbol{d} > \boldsymbol{0}$, $\boldsymbol{y} \geqq \boldsymbol{0}$ がとれる．正の数 α に対して $\boldsymbol{x} = \boldsymbol{y} + \alpha\boldsymbol{1} > \boldsymbol{0}$ であり，α を十分小さくすれば

$$B\boldsymbol{x} = B(\boldsymbol{y} + \alpha\boldsymbol{1}) = \boldsymbol{d} + \alpha(B\boldsymbol{1}) > \boldsymbol{0}$$

となる．したがって，$\boldsymbol{c} = \boldsymbol{d} + \alpha(B\boldsymbol{1})$ に対して (d) が成り立つ．

[(d) ⇒ (e)] $s > 0$ で，$A = sI - B$ は非負行列である．(d) より，$(sI - A)\boldsymbol{x} = \boldsymbol{c}$ を満たす正ベクトル $\boldsymbol{x}, \boldsymbol{c}$ が存在する．$\overline{A} = s^{-1}A$, $\boldsymbol{y} = s^{-1}\boldsymbol{c}$ とおくと，$(I - \overline{A})\boldsymbol{x} = \boldsymbol{y}$, $\boldsymbol{y} > \boldsymbol{0}$ である．

$$\boldsymbol{y} + \overline{A}\boldsymbol{y} + \overline{A}^2\boldsymbol{y} + \cdots + \overline{A}^p\boldsymbol{y} = \boldsymbol{x} - \overline{A}^{p+1}\boldsymbol{x} \leqq \boldsymbol{x}$$

の左辺の各項は非負ベクトルであるから，$p \to \infty$ のとき $\overline{A}^p\boldsymbol{y} \to \boldsymbol{0}$ が成り立ち，さらに，$\boldsymbol{y}$ は正ベクトルであることより，$\overline{A}^p \to O$ が導かれる．ゆえに $\rho(\overline{A}) < 1$，すなわち $\rho(A) < s$ である．

[(e) ⇒ (a)] $\rho(A) < s$ より $B = sI - A$ は正則である．$\overline{A} = s^{-1}A$ とすると，$\rho(\overline{A}) < 1$ だから

$$B^{-1} = s^{-1}(I - \overline{A})^{-1} = s^{-1}(I + \overline{A} + \overline{A}^2 + \overline{A}^3 + \cdots)$$

---

*8　行番号と列番号の集合がともに同じ k 個の番号 $i_1 < i_2 < \cdots < i_k$ に対応する小行列を k 次**主小行列**という．ここで $i_1 = 1, i_2 = 2, \ldots, i_k = k$ である場合を k 次**首座小行列**という．また，主小行列の行列式を**主小行列式**，首座小行列の行列式を**首座小行列式**という．

*9　LU 分解については，注意 2.9 参照．

は収束する．$\overline{A}$ は非負行列だから，右辺の各項は非負行列であり，したがって $B^{-1} \geqq O$ である．

[(d) ⇒ (f)] $B\boldsymbol{x} = \boldsymbol{c}$, $\boldsymbol{x} > \boldsymbol{0}$, $\boldsymbol{c} > \boldsymbol{0}$ とする．B の k 次首座小行列を B_k, $\boldsymbol{y} = (x_1, \ldots, x_k)^\top$ とすると，$i = 1, \ldots, k$ に対して

$$(B_k\boldsymbol{y}) \text{ の第 } i \text{ 成分} = c_i - \sum_{j=k+1}^{n} b_{ij}x_j \geqq c_i > 0$$

となり，k 次行列 B_k が条件 (d) を満たす．すでに [(d) ⇒ (e)] は示してあるので，$s_k = \max_{1 \leqq i \leqq k} b_{ii}$ に対して $\rho(s_kI - B_k) < s_k$ である．これは，B_k のすべての固有値が，複素平面上で s_k を中心とする半径 s_k の円の内部にあることを示しており，したがって，B_k の固有値の実部はすべて正である．行列式は固有値の積に等しいので，$\det B_k > 0$ となる．

[(f) ⇒ (g)] $U = (u_{ij})$ の対角要素については，LU 分解に関する周知の事実*10より

$$u_{11} = b_{11} > 0, \qquad u_{kk} = \det B_k / \det B_{k-1} > 0 \quad (k = 2, \ldots, n)$$

となる (B_k は B の k 次首座小行列)．$L = (\ell_{ij})$ の対角要素は，定義により，$\ell_{kk} = 1 > 0$ $(k = 1, \ldots, n)$ である．U, L の非対角要素の符号は，LU 分解の算法の更新式 (注意 2.9 参照)

$$b_{ij}^{(k+1)} = b_{ij}^{(k)} - \ell_{ik}u_{kj}$$

において，$b_{ij}^{(k)} \leqq 0$, $\ell_{ik} \leqq 0$, $u_{kj} \leqq 0$ より $b_{ij}^{(k+1)} \leqq 0$ となることによる．

[(g) ⇒ (a)] L, U の対角要素はすべて正だから，ともに正則である．さらに，L, U の符号パターンより，$L^{-1} \geqq O$, $U^{-1} \geqq O$ である．したがって，$B^{-1} = U^{-1}L^{-1} \geqq O$ となる． ■

注意 2.9 n 次正方行列 B の LU 分解 $B = LU$ の算法を示す (詳しくは，文献 [8, 26] などを参照のこと)．ここで，$L = (\ell_{ij})$ は対角要素が 1 の下三角行列 $[\ell_{ii} = 1, \ell_{ij} = 0\ (i < j)]$, $U = (u_{ij})$ は上三角行列 $[u_{ij} = 0\ (i > j)]$ である．最初に $B^{(1)} = B$ とおいて，下のようにして $B^{(2)}, \ldots, B^{(n)}$ を計算すると，ℓ_{ik} $(i > k)$, u_{kj} $(k \leqq j)$ が得られる．

*10 文献 [8] の 2.15.3 項あるいは文献 [26] の定理 2.3 などを参照のこと．

```
for k := 1 to n − 1 do
  begin
    for j := k to n do u_kj := b_kj^(k);
    for i := k + 1 to n do
      begin
        ℓ_ik := b_ik^(k) / u_kk;
        for j := k + 1 to n do b_ij^(k+1) := b_ij^(k) − ℓ_ik u_kj
      end
  end
```

◁

注意 2.10 対称行列が M 行列ならば，正定値である．このことは，定理 2.6 の (f) によってわかる． ◁

2.5 二重確率行列

2.5.1 定　　義

各行，各列の要素の和が 1 である非負行列を**二重確率行列**という．二重確率行列は正方行列である[*11]．すなわち，$n \times n$ 型行列 $A = (a_{ij})$ に対して

$$\sum_{j=1}^{n} a_{ij} = 1 \qquad (i = 1, \dots, n), \tag{2.52}$$

$$\sum_{i=1}^{n} a_{ij} = 1 \qquad (j = 1, \dots, n), \tag{2.53}$$

$$a_{ij} \geqq 0 \qquad (i, j = 1, \dots, n) \tag{2.54}$$

が成り立つとき，A を二重確率行列という．式 (2.52) は $A\mathbf{1} = \mathbf{1}$，式 (2.53) は $\mathbf{1}^\top A = \mathbf{1}^\top$ と書くこともできる．

---

*11　$\sum_i \left(\sum_j a_{ij} \right) = \sum_i 1 =$ 行数，$\sum_j \left(\sum_i a_{ij} \right) = \sum_j 1 =$ 列数 による．

たとえば

$$A = \begin{bmatrix} 0.7 & 0.3 & 0 \\ 0 & 0.2 & 0.8 \\ 0.3 & 0.5 & 0.2 \end{bmatrix} \tag{2.55}$$

は二重確率行列である．また，対称な確率行列は二重確率行列である．**置換行列**(各行各列にちょうど一つの 1 があり，他の要素は 0 である行列) も二重確率行列である．

2.5.2 Birkhoff の定理

いくつかの置換行列 $P_1, P_2, \ldots, P_k$ の加重平均

$$A = \sum_{i=1}^{k} w_i P_i \tag{2.56}$$

を考える．ただし，重みは

$$w_i \geqq 0 \ (i = 1, \ldots, k); \qquad \sum_{i=1}^{k} w_i = 1 \tag{2.57}$$

を満たすとする [一般に，条件 (2.57) を満たす重み w_i による線形結合を**凸結合**とよぶ]．このとき，A は二重確率行列になる．実際，式 (2.56) より，

$$A\mathbf{1} = \left(\sum_{i=1}^{k} w_i P_i \right) \mathbf{1} = \sum_{i=1}^{k} w_i (P_i \mathbf{1}) = \sum_{i=1}^{k} w_i \mathbf{1} = \mathbf{1}$$

であり，同様に $\mathbf{1}^\top A = \mathbf{1}^\top$ となるからである．

実は，この逆が成り立つことが知られていて，任意の二重確率行列は置換行列の凸結合として表すことができる．定理を述べる前に，例を見よう．

例 2.7 式 (2.55) の二重確率行列 A は

$$\begin{bmatrix} 0.7 & 0.3 & 0 \\ 0 & 0.2 & 0.8 \\ 0.3 & 0.5 & 0.2 \end{bmatrix} = 0.2 \begin{bmatrix} 1 & 0 & 0 \\ 0 & 1 & 0 \\ 0 & 0 & 1 \end{bmatrix} + 0.3 \begin{bmatrix} 0 & 1 & 0 \\ 0 & 0 & 1 \\ 1 & 0 & 0 \end{bmatrix} + 0.5 \begin{bmatrix} 1 & 0 & 0 \\ 0 & 0 & 1 \\ 0 & 1 & 0 \end{bmatrix}$$

のように，置換行列の凸結合に表現される． ◁

次の定理は **Birkhoff** (バーコフ) **の定理**とよばれる[*12].

定理 2.7 (Birkhoff の定理) 任意の二重確率行列は，置換行列の凸結合として表すことができる．

(証明) 注意 1.6 (1.2.2 項) に述べた Hall の定理を利用して，二重確率行列 A の非零要素の個数に関する帰納法で証明する．行列 A の行集合の部分集合 X に対して，$\Gamma(X) = \{j \mid \exists i \in X : a_{ij} \neq 0\}$ と定義する．このとき，任意の X に対して，$\Gamma(X)$ の要素数 $|\Gamma(X)|$ と X の要素数 $|X|$ の間に

$$|\Gamma(X)| = \sum_{j\in\Gamma(X)} \sum_{i=1}^{n} a_{ij} \geqq \sum_{j\in\Gamma(X)} \sum_{i\in X} a_{ij} = \sum_{i\in X} \sum_{j\in\Gamma(X)} a_{ij} = \sum_{i\in X} \sum_{j=1}^{n} a_{ij} = |X|$$

という関係が成り立つ．最初の等式で「列和 $= 1$」，最後の等式で「行和 $= 1$」を使っていることに注意されたい．Hall の定理より $a_{i\sigma(i)} \neq 0$ $(i = 1,\ldots,n)$ を満たす置換 σ が存在するので，それに対応する置換行列を P_1 とし，$a_{i\sigma(i)}$ $(i = 1,\ldots,n)$ の最小値を w_1 とおく．

もし $w_1 = 1$ ならば，$A = P_1$ であり，証明が終わる．$w_1 < 1$ のときは，

$$A' = \frac{1}{1 - w_1}(A - w_1 P_1)$$

は，A よりも非零要素数の少ない二重確率行列であるから，帰納法の仮定より，A' は置換行列の凸結合の形 $A' = \sum_{i=2}^{k} w'_i P_i$ に表される ($w'_i \geqq 0$ $(i = 2,\ldots,k)$, $\sum_{i=2}^{k} w'_i = 1$)．ここで $w_i = (1 - w_1)w'_i$ $(i = 2,\ldots,k)$ とおけば，

$$A = w_1 P_1 + (1 - w_1)A' = w_1 P_1 + (1 - w_1)\sum_{i=2}^{k} w'_i P_i = \sum_{i=1}^{k} w_i P_i,$$

$$\sum_{i=1}^{k} w_i = w_1 + (1 - w_1)\sum_{i=2}^{k} w'_i = w_1 + (1 - w_1) = 1$$

となるので，式 (2.56)，(2.57) が成り立つ．■

---

*12　**Birkhoff–von Neumann** (バーコフ–フォン・ノイマン) **の定理**ともよばれる．

条件 (2.52), (2.53), (2.54) を満たす (a_{ij}) の全体は，n^2 次元の空間 $\mathbb{R}^{n^2}$ における多面体を成す．これを $\mathcal{D}$ と表すことにする．このとき，定理 2.7 は次のように言い換えることができる*13．この事実は組合せ最適化[25]において有効に利用される．

定理 2.8 二重確率行列の成す多面体 $\mathcal{D}$ の端点は置換行列に対応する．

(証明) 二つの証明を示そう．

(i) A が多面体 $\mathcal{D}$ の端点とする．定理 2.7 により式 (2.56) が成り立つが，A が端点であることより，$w_i > 0$ となる i は一つである．したがって，$A = P_i$ は置換行列である．

(ii) 第 2 の証明として，後の章で述べる多面体論 (3 章) と整数行列 (4 章) の基本事項による証明を示す (定理 2.7 は使わない)．行列要素 a_{ij} を適当な順番に並べた n^2 次元ベクトルを $\boldsymbol{x}$ と表し，式 (2.52), (2.53) の条件をまとめて $B\boldsymbol{x} = \mathbf{1}$ と書く．この係数行列 B は $2n \times n^2$ 型行列で，そのランクは $2n-1$ である．実際，たとえば $n = 3$ のときには

$$B = \left[\begin{array}{ccc|ccc|ccc} \underline{1} & 1 & 1 & 0 & 0 & 0 & 0 & 0 & 0 \\ 0 & 0 & 0 & \underline{1} & 1 & 1 & 0 & 0 & 0 \\ 0 & 0 & 0 & 0 & 0 & 0 & 1 & 1 & 1 \\ \hline 1 & 0 & 0 & 1 & 0 & 0 & \underline{1} & 0 & 0 \\ 0 & 1 & 0 & 0 & 1 & 0 & 0 & \underline{1} & 0 \\ 0 & 0 & 1 & 0 & 0 & 1 & 0 & 0 & \underline{1} \end{array}\right]$$

の形であり，下線を引いた要素に対応する小行列が正則になる．多面体 $\mathcal{D}$ の端点 $\boldsymbol{x}$ は，B の正則な $2n-1$ 次小行列 C から $C\boldsymbol{y} = \mathbf{1}$ によって $2n-1$ 次元ベクトル $\boldsymbol{y}$ を定め，他の要素を 0 とおくことによって求められる．4.6.2 項の注意 4.7 により $\det C \in \{1, -1\}$ であるから，$\boldsymbol{y}$ は整数ベクトルである．これと $0 \leqq a_{ij} \leqq 1$ より，$\boldsymbol{y}$ の各要素は 0 または 1 であることがわかる．任意の (i, j) に対して $a_{ij} \in \{0, 1\}$ である二重確率行列は置換行列である．■

---

*13 多面体 $\mathcal{D}$ の**端点**とは，$\mathcal{D}$ に属する点 $\boldsymbol{x}$ で，相異なる 2 点 $\boldsymbol{y}, \boldsymbol{z} \in \mathcal{D}$ を用いて $\boldsymbol{x} = (\boldsymbol{y} + \boldsymbol{z})/2$ と表現できないものをいう (3.4 節参照)．

3 線形不等式系

この章では，線形不等式系とそれによって記述される領域 (多面体) の性質について述べる．Fourier–Motzkin の消去法を使って Farkas の補題を証明し，Farkas の補題を理論軸として，二者択一定理とその意義，線形不等式系の解の構造を解説する．最後に，これらの性質が線形計画法という最適化手法の数学的基礎を与えることを説明する．

3.1 線形不等式の形

工学において，不等式はさまざまな制約条件を表現する際に用いられる．さらに，制約条件の下で何らかの指標 (性能や利益などを表す目的関数) を最大にするような設計を行うことが多い．制約条件や目的関数を 1 次式でモデル化すると，このような状況は

$$\text{Maximize} \quad \sum_{j=1}^{n} c_j x_j \quad \text{subject to} \quad \sum_{j=1}^{n} a_{ij} x_j \leqq b_i \quad (i = 1, \ldots, m)$$

のような**最適化問題**として定式化される．一般に，線形の等式や不等式で表現された制約条件の下で，線形の目的関数を最大あるいは最小にする形の最適化問題を**線形計画**とよぶが，本章では，線形計画を念頭に置きながら，線形不等式系の数学的構造をしらべる．

1 次式を用いて表現される不等式・等式の形には

$$\sum_j a_{ij} x_j \leqq b_i, \tag{3.1}$$

$$\sum_j a_{ij} x_j \geqq b_i, \tag{3.2}$$

$$\sum_j a_{ij} x_j = b_i \tag{3.3}$$

の 3 種類があり，変数の符号制約には，

$$x_j \leqq 0, \tag{3.4}$$

$$x_j \geqq 0, \tag{3.5}$$

$$x_j \in \mathbb{R} \qquad (\text{符号制約なし}) \tag{3.6}$$

の 3 通りがある (最適化などの文脈では，等号付きの不等号が普通である)．不等式の記述の仕方には任意性があり，たとえば，左辺と右辺を入れ替えて不等式の向きを逆転したり，変数の符号を変えたりして，形を変えることができる．

理論的な取扱いのためには，不等式系の記述の仕方を (ある程度) 決めておいた方が便利であり，本章では，主に，次の三つの形を用いる：

$$A\boldsymbol{x} \leqq \boldsymbol{b}, \tag{3.7}$$

$$A\boldsymbol{x} \geqq \boldsymbol{b}, \tag{3.8}$$

$$A\boldsymbol{x} = \boldsymbol{b}, \qquad \boldsymbol{x} \geqq \boldsymbol{0}. \tag{3.9}$$

ここで，ベクトルどうしの不等式は，それぞれの成分についての不等式を意味する．たとえば $A\boldsymbol{x} \leqq \boldsymbol{b}$ は，すべての i に対して $\displaystyle\sum_j a_{ij}x_j \leqq b_i$ が成り立つことを意味している．

上の三つの形 (3.7), (3.8), (3.9) は，記述力の点からみると同等である．念のため，このことを確かめておこう．まず，

$$A\boldsymbol{x} \leqq \boldsymbol{b} \iff -A\boldsymbol{x} \geqq -\boldsymbol{b}$$

より，式 (3.7) は式 (3.8) の形に書ける．逆に式 (3.8) が式 (3.7) の形に書けることも明らかであろう．式 (3.9) を式 (3.7) の形に書くには

$$A\boldsymbol{x} = \boldsymbol{b},\ \boldsymbol{x} \geqq \boldsymbol{0} \iff \begin{bmatrix} A \\ -A \\ -I \end{bmatrix} \boldsymbol{x} \leqq \begin{bmatrix} \boldsymbol{b} \\ -\boldsymbol{b} \\ \boldsymbol{0} \end{bmatrix}$$

という関係を使えばよい．上式の右辺は式 (3.7) の形である．逆に，式 (3.7) を式 (3.9) の形に書くには，まず，新たな変数 $\boldsymbol{s}$ を導入して

$$A\boldsymbol{x} \leqq \boldsymbol{b} \iff A\boldsymbol{x} + \boldsymbol{s} = \boldsymbol{b},\ \ \boldsymbol{s} \geqq \boldsymbol{0}$$

と書き換え，さらに，符号制約のない変数 $\boldsymbol{x}$ を，符号制約のある新しい変数 $\boldsymbol{y} \geqq \mathbf{0}$, $\boldsymbol{z} \geqq \mathbf{0}$ の差として $\boldsymbol{x} = \boldsymbol{y} - \boldsymbol{z}$ と表現する．このとき，

$$A\boldsymbol{x} \leqq \boldsymbol{b} \iff \begin{bmatrix} A & -A & I \end{bmatrix} \begin{bmatrix} \boldsymbol{y} \\ \boldsymbol{z} \\ \boldsymbol{s} \end{bmatrix} = \boldsymbol{b}, \quad \begin{bmatrix} \boldsymbol{y} \\ \boldsymbol{z} \\ \boldsymbol{s} \end{bmatrix} \geqq \mathbf{0}$$

が成り立つが，上式の $\iff$ の右側は式 (3.9) の形である．この式の "$\iff$" の意味を正確に述べると，右側の条件を満たす $(\boldsymbol{y}, \boldsymbol{z}, \boldsymbol{s})$ に対して $\boldsymbol{x} = \boldsymbol{y} - \boldsymbol{z}$ が左側の条件を満たし，逆に，左側の条件を満たす $\boldsymbol{x}$ に対して右側の条件と $\boldsymbol{x} = \boldsymbol{y} - \boldsymbol{z}$ の関係を満たす $(\boldsymbol{y}, \boldsymbol{z}, \boldsymbol{s})$ が存在するということである．

3.2 Fourier–Motzkin の消去法

連立方程式を解くときに，二つの方程式を組み合わせることによって変数を消去するという考え方 (**消去法**) は，理論上も数値計算上もきわめて重要である．とくに線形方程式系に対する消去法は，Gauss の消去法として確立され，実用に供されている．不等式系に対しても，同様に，不等式を組み合わせることによって変数を消すという発想はきわめて自然であるが，これを系統的な手順として与えたものが **Fourier–Motzkin** (フーリエ–モツキン) **の消去法**である．なお，Fourier–Motzkin の消去法は不等式系に対する消去法の基本原理を与えるという意味で重要であるが，数値計算のアルゴリズムとしては効率が悪く，これを実際の数値計算に用いることはほとんどない．実際の数値計算には，線形計画法 (3.5 節) における単体法の系統のアルゴリズムが利用される．

与えられた不等式系が

$$A\boldsymbol{x} \leqq \boldsymbol{b}$$

の形であるとする．ここで，行列 A は $m \times n$ 型行列，ベクトル $\boldsymbol{b}$ は m 次元ベクトルとする．上の不等式系を成分ごとに書けば

$$\sum_{j=1}^{n} a_{ij} x_j \leqq b_i \qquad (i = 1, \ldots, m) \tag{3.10}$$

である．

第 1 変数 x_1 を消去するために，x_1 の係数 a_{i1} の符号によって不等式を分類する．記号が煩雑になるのを避けるため，最初の m_1 個が正 $(a_{11}, \ldots, a_{m_1 1} > 0)$,

次の m_2 個が負 $(a_{m_1+1,1},\ldots,a_{m_1+m_2,1}<0)$，残りの $m_0=m-m_1-m_2$ 個が 0 $(a_{m_1+m_2+1,1},\ldots,a_{m1}=0)$ とする．さらに，不等式は正の数で割って規格化できるので，正の係数は 1，負の係数は -1 であるとする．このとき，不等式系 (3.10) は

$$x_1+a_{i2}x_2+\cdots+a_{in}x_n \leqq b_i \quad (i=1,\ldots,m_1), \tag{3.11}$$

$$-x_1+a_{k2}x_2+\cdots+a_{kn}x_n \leqq b_k \quad (k=m_1+1,\ldots,m_1+m_2), \tag{3.12}$$

$$a_{l2}x_2+\cdots+a_{ln}x_n \leqq b_l \quad (l=m_1+m_2+1,\ldots,m) \tag{3.13}$$

となる．

式 (3.11) の m_1 本の不等式は

$$x_1 \ \leqq \ \min_{1\leqq i\leqq m_1}(b_i-(a_{i2}x_2+\cdots+a_{in}x_n))$$

と同値であり，式 (3.12) の m_2 本の不等式は

$$\max_{m_1+1\leqq k\leqq m_1+m_2}(a_{k2}x_2+\cdots+a_{kn}x_n-b_k) \ \leqq \ x_1$$

と同値であるから，両方を合わせて

$$\max_{m_1+1\leqq k\leqq m_1+m_2}\left(\sum_{j=2}^{n}a_{kj}x_j-b_k\right)\leqq x_1\leqq \min_{1\leqq i\leqq m_1}\left(b_i-\sum_{j=2}^{n}a_{ij}x_j\right) \tag{3.14}$$

が得られる．これより

$$\max_{m_1+1\leqq k\leqq m_1+m_2}\left(\sum_{j=2}^{n}a_{kj}x_j-b_k\right) \ \leqq \ \min_{1\leqq i\leqq m_1}\left(b_i-\sum_{j=2}^{n}a_{ij}x_j\right)$$

が導かれるが，この条件は，任意の $i=1,\ldots,m_1$ と任意の $k=m_1+1,\ldots,m_1+m_2$ に対して

$$\sum_{j=2}^{n}a_{kj}x_j-b_k \ \leqq \ b_i-\sum_{j=2}^{n}a_{ij}x_j \tag{3.15}$$

が成り立つことと等価である．移項して整理すると

$$\sum_{j=2}^{n}(a_{ij}+a_{kj})x_j \ \leqq \ b_i+b_k \qquad (i=1,\ldots,m_1;\ k=m_1+1,\ldots,m_1+m_2) \tag{3.16}$$

となる．これは，式 (3.11) の i 番目の不等式と式 (3.12) の k 番目の不等式を加え合わせて新たな不等式を生成することを，すべての (i,k) に対して行った結果に一致している．

以上の変形により，$(x_1, x_2, \ldots, x_n)$ に関する不等式系 (3.11), (3.12), (3.13) は，$(x_2, \ldots, x_n)$ に関する不等式系 (3.16), (3.13) と x_1 に関する不等式 (3.14) に分解されたことになる．この分解は必要十分条件を与えており，不等式条件 (3.16), (3.13) を満たす $(x_2, \ldots, x_n)$ に対して条件 (3.14) を満たす x_1 を定めれば，与えられた不等式条件 (3.11), (3.12), (3.13) を満たす $(x_1, x_2, \ldots, x_n)$ が得られる．

次に，$(x_2, \ldots, x_n)$ に関する不等式系 (3.16), (3.13) に対して，同様にして，変数 x_2 を消去して $(x_3, \ldots, x_n)$ に関する不等式系を得ることができる．このような変数消去を繰り返していくと，最後には一つだけの変数 x_n に関する不等式系が得られるが，これを満たす x_n を求める (あるいは，そのような x_n が存在しないことを判定する) ことは容易である．これが Fourier–Motzkin の消去法の考え方である．

注意 3.1 変数の消去に伴う不等式の本数の変化を見ておこう．式 (3.11) の m_1 本の不等式と式 (3.12) の m_2 本の不等式から，式 (3.16) の $m_1 m_2$ 本の不等式が生成されている．したがって，不等式の本数は $m = m_1 + m_2 + m_0$ 本から $m_1 m_2 + m_0$ 本になる．これは一つの変数を消去したときの変化であり，変数消去を繰り返すと，通常は不等式の本数が急速に増加する．Fourier–Motzkin の消去法では，不等式の本数が (大幅に) 増大する可能性があることには注意が必要である． $\lhd$

変数の消去は，幾何学的には射影に対応する．与えられた不等式条件 (3.11), (3.12), (3.13) を満たす $(x_1, x_2, \ldots, x_n)$ の成す領域を S $(\subseteq \mathbb{R}^n)$ とするとき，x_1 軸に沿った S の**射影**

$$\hat{S} = \{(x_2, \ldots, x_n) \mid \text{ある } x_1 \text{ に対して } (x_1, x_2, \ldots, x_n) \in S\}$$

を記述する不等式系が，式 (3.16), (3.13) である．

例 3.1 変数 (x_1, x_2) に関する不等式系

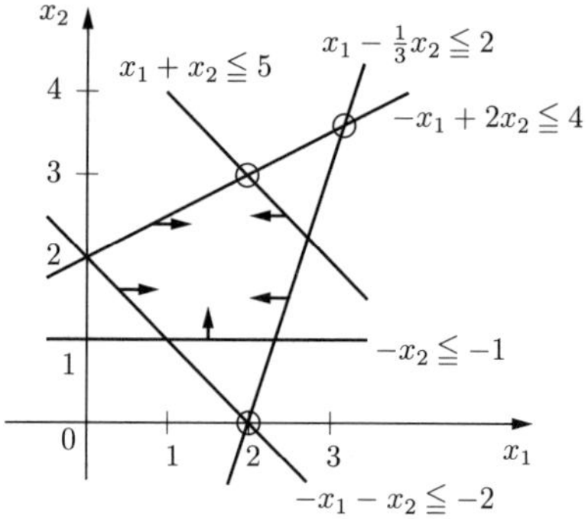

図 **3.1**　Fourier–Motzkin の消去法の例題

$$x_1 - \frac{1}{3}x_2 \leqq 2, \tag{3.17}$$

$$x_1 + x_2 \leqq 5, \tag{3.18}$$

$$-x_1 - x_2 \leqq -2, \tag{3.19}$$

$$-x_1 + 2x_2 \leqq 4, \tag{3.20}$$

$$-x_2 \leqq -1 \tag{3.21}$$

に Fourier–Motzkin の消去法を適用する．この不等式系で記述される領域 S は図 3.1 のような多角形領域であり，この図を見れば上の不等式系に解 (x_1, x_2) が存在することがわかるが，Fourier–Motzkin の消去法によってこのことを導こう．

不等式は全部で 5 本あり，そのうち x_1 の係数が正のものが 2 本，負のものが 2 本である ($m = 5$, $m_1 = m_2 = 2$)．式 (3.14) は

$$\max(2 - x_2, -4 + 2x_2) \leqq x_1 \leqq \min\left(2 + \frac{1}{3}x_2, 5 - x_2\right) \tag{3.22}$$

となり，x_1 を消去した不等式系 (3.16) は

$$\left(-\frac{1}{3} - 1\right)x_2 \leqq (2 - 2), \qquad \left(-\frac{1}{3} + 2\right)x_2 \leqq (2 + 4),$$
$$(1 - 1)\,x_2 \leqq (5 - 2), \qquad (1 + 2)\,x_2 \leqq (5 + 4),$$

すなわち

$$x_2 \geqq 0, \qquad x_2 \leqq \frac{18}{5}, \qquad \text{無条件}, \qquad x_2 \leqq 3 \tag{3.23}$$

となる (図 3.1 の O 印の点の x_2 座標に対応している)．式 (3.23) と式 (3.21) より

$$1 = \max(1, 0) \leqq x_2 \leqq \min\left(\frac{18}{5}, 3\right) = 3 \tag{3.24}$$

が得られる．したがって，S の射影は $\hat{S} = \{x_2 \mid 1 \leqq x_2 \leqq 3\}$ となる．式 (3.24) を満たす x_2 が存在することから，与えられた不等式系の解 (x_1, x_2) が存在することがわかる．たとえば，$x_2 = 2$ とすると，式 (3.22) は

$$0 = \max(0, 0) \leqq x_1 \leqq \min\left(\frac{8}{3}, 3\right) = \frac{8}{3}$$

となり，たとえば $x_1 = 1$ とすることができる．これにより，$(x_1, x_2) = (1, 2)$ が不等式条件 (3.17)～(3.21) を満たすことが結論できる． ◁

3.3 線形不等式系の解の存在

本節では，線形不等式系 $A\boldsymbol{x} \leqq \boldsymbol{b}$ が解 $\boldsymbol{x}$ をもつための条件を考える．行列 A は $m \times n$ 型行列，ベクトル $\boldsymbol{b}$ は m 次元ベクトルとする．

比較のために，方程式系 (線形等式系) の場合の定理を思い出しておく[15]．

定理 3.1 行列 A とベクトル $\boldsymbol{b}$ に関して，次の 2 条件 (a), (b) は同値である．

(a) $A\boldsymbol{x} = \boldsymbol{b}$ を満たすベクトル $\boldsymbol{x}$ が存在する．
(b) 任意の実数ベクトル $\boldsymbol{y}$ について，$\boldsymbol{y}^\top A = \boldsymbol{0}^\top$ ならば $\boldsymbol{y}^\top \boldsymbol{b} = 0$ である．

当然のこととして，方程式系と不等式系では具体的な条件は異なるが，不等式系に関する諸定理においても定理 3.1 のパターンは踏襲される．なお，上の条件 (a) は，幾何学的には

(c) $\boldsymbol{b}$ は A の列ベクトルの張る部分空間 $\mathrm{Im}(A)$ に属する

と言い換えることができる．

3.3.1 Farkas の 補 題

ここでは，線形不等式系が解をもつための条件を与える定理として，Farkas の補題とそれに関連する定理について述べる．Farkas の補題は，線形不等式論にお

ける最も基本的な定理であり，不等式系の解構造 (3.4 節) や線形計画法の双対性 (3.5.3 項) に応用される．

まず最初に $A\boldsymbol{x} \leqq \boldsymbol{b}$ の形の不等式系を考える．次の定理 3.2 と上の定理 3.1 の形の類似性に着目されたい．

定理 3.2 行列 A とベクトル $\boldsymbol{b}$ に関して，次の 2 条件 (a), (b) は同値である．

(a) $A\boldsymbol{x} \leqq \boldsymbol{b}$ を満たすベクトル $\boldsymbol{x}$ が存在する．
(b) 任意の実数ベクトル $\boldsymbol{y}$ について，$\boldsymbol{y} \geqq \boldsymbol{0}$, $\boldsymbol{y}^\top A = \boldsymbol{0}^\top$ ならば $\boldsymbol{y}^\top \boldsymbol{b} \geqq 0$ である．

(証明) [(a) ⇒ (b)] の証明：$A\boldsymbol{x} \leqq \boldsymbol{b}$, $\boldsymbol{y} \geqq \boldsymbol{0}$, $\boldsymbol{y}^\top A = \boldsymbol{0}^\top$ ならば $\boldsymbol{y}^\top \boldsymbol{b} \geqq \boldsymbol{y}^\top (A\boldsymbol{x}) = (\boldsymbol{y}^\top A)\boldsymbol{x} = \boldsymbol{0}^\top \boldsymbol{x} = 0$ となる．

[(b) ⇒ (a)] の証明：[(b) ⇒ (a)] の対偶と同値な命題：

> $A\boldsymbol{x} \leqq \boldsymbol{b}$ を満たす $\boldsymbol{x}$ が存在しないならば，$\boldsymbol{y}^\top [A \mid \boldsymbol{b}] = [\boldsymbol{0}^\top \mid -1]$ を満たす $\boldsymbol{y} \geqq \boldsymbol{0}$ が存在する $\cdots\cdots (*)$

を行列 A の列数 n に関する帰納法により証明する．Fourier–Motzkin の消去法を利用する．

与えられた不等式系 $A\boldsymbol{x} \leqq \boldsymbol{b}$ が式 (3.11), (3.12), (3.13) の形であるとし，以下，3.2 節の記号を用いる．

$n = 1$ のとき，条件 $A\boldsymbol{x} \leqq \boldsymbol{b}$ を満たす $\boldsymbol{x}$ が存在しないとすると，

(i) ある i_0, k_0 が存在して $b_{i_0} + b_{k_0} < 0$　$(1 \leqq i_0 \leqq m_1, m_1 + 1 \leqq k_0 \leqq m_1 + m_2)$,
(ii) ある l_0 が存在して $b_{l_0} < 0$　$(m_1 + m_2 + 1 \leqq l_0 \leqq m)$

の少なくとも一方が成り立つ．(i) の場合には $\boldsymbol{y}$ の第 i_0, k_0 成分を $1/|b_{i_0} + b_{k_0}|$, その他の成分を 0 と定義し，(ii) の場合には $\boldsymbol{y}$ の第 l_0 成分を $1/|b_{l_0}|$，その他の成分を 0 と定義すれば，$\boldsymbol{y} \geqq \boldsymbol{0}$, $\boldsymbol{y}^\top [A \mid \boldsymbol{b}] = [\boldsymbol{0}^\top \mid -1]$ が成り立つ．

$n \geqq 2$ のとき，Fourier–Motzkin の消去法によって x_1 を消去して得られる不等式系 (3.16), (3.13) をまとめて

$$\tilde{A}\tilde{\boldsymbol{x}} \leqq \tilde{\boldsymbol{b}}$$

と表すと，$\tilde{\boldsymbol{x}} = (x_2, \ldots, x_n)^\top$ であり，$\tilde{A}$ は $(m_1 m_2 + m_0) \times (n-1)$ 型行列，$\tilde{\boldsymbol{b}}$ は $(m_1 m_2 + m_0)$ 次元ベクトルである．$\tilde{A}$ の行番号は (i, k) あるいは l で指定される $(1 \leqq i \leqq m_1,\ m_1 + 1 \leqq k \leqq m_1 + m_2,\ m_1 + m_2 + 1 \leqq l \leqq m)$.

条件 $A\boldsymbol{x} \leqq \boldsymbol{b}$ を満たす $\boldsymbol{x}$ が存在しないとすると，$\tilde{A}\tilde{\boldsymbol{x}} \leqq \tilde{\boldsymbol{b}}$ を満たす $\tilde{\boldsymbol{x}}$ も存在しないから，帰納法の仮定によって，

$$\tilde{\boldsymbol{y}}^\top [\tilde{A} \mid \tilde{\boldsymbol{b}}] = [\boldsymbol{0}^\top \mid -1]$$

を満たす $(m_1 m_2 + m_0)$ 次元ベクトル $\tilde{\boldsymbol{y}} \geqq \boldsymbol{0}$ が存在する．式 (3.16) の形を用いてこれを書き直すと

$$\begin{aligned}&\sum_i \sum_k \tilde{y}_{ik}([a_{i2}, \ldots, a_{in} \mid b_i] + [a_{k2}, \ldots, a_{kn} \mid b_k]) \\ &\quad + \sum_l \tilde{y}_l [a_{l2}, \ldots, a_{ln} \mid b_l] = [0, \ldots, 0 \mid -1] \end{aligned} \tag{3.25}$$

となる．ここで，$\tilde{y}_{ik}$, $\tilde{y}_l$ は $\tilde{\boldsymbol{y}}$ の成分を表し，i, k, l の動く範囲は，それぞれ，$1 \leqq i \leqq m_1$, $m_1 + 1 \leqq k \leqq m_1 + m_2$, $m_1 + m_2 + 1 \leqq l \leqq m$ である．

次に，ベクトル $\tilde{\boldsymbol{y}}$ から

$$\begin{aligned} y_i &= \sum_k \tilde{y}_{ik} \qquad (i = 1, \ldots, m_1), \\ y_k &= \sum_i \tilde{y}_{ik} \qquad (k = m_1 + 1, \ldots, m_1 + m_2), \\ y_l &= \tilde{y}_l \qquad (l = m_1 + m_2 + 1, \ldots, m) \end{aligned}$$

によって m 次元ベクトル $\boldsymbol{y}$ を定義すると，$\boldsymbol{y} \geqq \boldsymbol{0}$ であり，

$$\begin{aligned}&\sum_i y_i [1, a_{i2}, \ldots, a_{in} \mid b_i] + \sum_k y_k [-1, a_{k2}, \ldots, a_{kn} \mid b_k] \\ &\quad + \sum_l y_l [0, a_{l2}, \ldots, a_{ln} \mid b_l] = [0, 0, \ldots, 0 \mid -1] \end{aligned} \tag{3.26}$$

が成り立つ．式 (3.25) の右辺の零ベクトル $[0, \ldots, 0]$ は $n-1$ 次元ベクトルであり，式 (3.26) の右辺の零ベクトル $[0, 0, \ldots, 0]$ は n 次元ベクトルである．式 (3.26) の第 1 成分は

$$\sum_i y_i = \sum_i \sum_k \tilde{y}_{ik} = \sum_k y_k$$

により 0 になることに注意されたい．式 (3.26) は

$$\boldsymbol{y}^\top [A \mid \boldsymbol{b}] = [\boldsymbol{0}^\top \mid -1]$$

を示しており，命題 $(*)$ が n に対して示されたことになる．■

次の定理は **Farkas** (ファルカス) **の補題**の名で知られる有名な事実であり，方程式系 $A\boldsymbol{x} = \boldsymbol{b}$ の非負解 $\boldsymbol{x}$ の存在条件を与えるものである．証明からもわかるように，この定理と上の定理 3.2 はほぼ等価な内容を表している．ここでは定理 3.2 から Farkas の補題を導くが，逆に，Farkas の補題から定理 3.2 を導くことも容易である．

定理 3.3 (Farkas の補題) 行列 A とベクトル $\boldsymbol{b}$ に関して，次の 2 条件 (a), (b) は同値である．

(a) $A\boldsymbol{x} = \boldsymbol{b}$ を満たす非負ベクトル $\boldsymbol{x} \geqq \boldsymbol{0}$ が存在する．
(b) 任意の実数ベクトル $\boldsymbol{y}$ について，$\boldsymbol{y}^\top A \geqq \boldsymbol{0}^\top$ ならば $\boldsymbol{y}^\top \boldsymbol{b} \geqq 0$ である．

(証明) (a) の条件 $A\boldsymbol{x} = \boldsymbol{b}$, $\boldsymbol{x} \geqq \boldsymbol{0}$ を

$$\begin{bmatrix} A \\ -A \\ -I \end{bmatrix} \boldsymbol{x} \leqq \begin{bmatrix} \boldsymbol{b} \\ -\boldsymbol{b} \\ \boldsymbol{0} \end{bmatrix}$$

と書き直して定理 3.2 を適用すると，(a) は次の (b′) と同値である：

(b′) $\boldsymbol{u}, \boldsymbol{v}, \boldsymbol{w} \geqq \boldsymbol{0},\ \boldsymbol{u}^\top A - \boldsymbol{v}^\top A - \boldsymbol{w}^\top = \boldsymbol{0}^\top \implies \boldsymbol{u}^\top \boldsymbol{b} - \boldsymbol{v}^\top \boldsymbol{b} \geqq 0.$

さらにこの条件 (b′) は (b) と同値である．実際，(b) が成り立つとき，(b′) の仮定「$\boldsymbol{u}, \boldsymbol{v}, \boldsymbol{w} \geqq \boldsymbol{0},\ \boldsymbol{u}^\top A - \boldsymbol{v}^\top A - \boldsymbol{w}^\top = \boldsymbol{0}^\top$」を満たす $\boldsymbol{u}, \boldsymbol{v}, \boldsymbol{w}$ に対して $\boldsymbol{y} = \boldsymbol{u} - \boldsymbol{v}$ とおけば $\boldsymbol{y}^\top A = \boldsymbol{w}^\top \geqq \boldsymbol{0}^\top$ であるから，(b) により $0 \leqq \boldsymbol{y}^\top \boldsymbol{b} = \boldsymbol{u}^\top \boldsymbol{b} - \boldsymbol{v}^\top \boldsymbol{b}$ が成り立つ．したがって (b) ならば (b′) である．逆に，(b′) が成り立つとき，(b) の仮定「$\boldsymbol{y}^\top A \geqq \boldsymbol{0}^\top$」を満たす $\boldsymbol{y}$ を $\boldsymbol{y} = \boldsymbol{u} - \boldsymbol{v}$ $(\boldsymbol{u}, \boldsymbol{v} \geqq \boldsymbol{0})$ と分解し，$\boldsymbol{w} = A^\top \boldsymbol{y}$ とおけば，(b′) により $0 \leqq \boldsymbol{u}^\top \boldsymbol{b} - \boldsymbol{v}^\top \boldsymbol{b} = \boldsymbol{y}^\top \boldsymbol{b}$ が成り立つ．したがって (b′) ならば (b) である．

なお，[(a) ⇒ (b)] の証明だけなら簡単で，$A\boldsymbol{x} = \boldsymbol{b}$, $\boldsymbol{x} \geqq \boldsymbol{0}$, $\boldsymbol{y}^\top A \geqq \boldsymbol{0}^\top$ から $\boldsymbol{y}^\top \boldsymbol{b} = \boldsymbol{y}^\top (A\boldsymbol{x}) = (\boldsymbol{y}^\top A)\boldsymbol{x} \geqq 0$ と計算すればよい． ■

定理 3.3(Farkas の補題) の条件 (a) の幾何学的な意味を述べよう．行列 A の列ベクトル $\boldsymbol{a}_j \in \mathbb{R}^m$ $(j = 1, \ldots, n)$ の非負一次結合の全体[*1]

---

*1　$\mathrm{Cone}(\boldsymbol{a}_1, \ldots, \boldsymbol{a}_n)$ を $\boldsymbol{a}_1, \ldots, \boldsymbol{a}_n$ の生成する**凸錐**とよぶ．凸錐については，3.4.2 項を参照されたい．

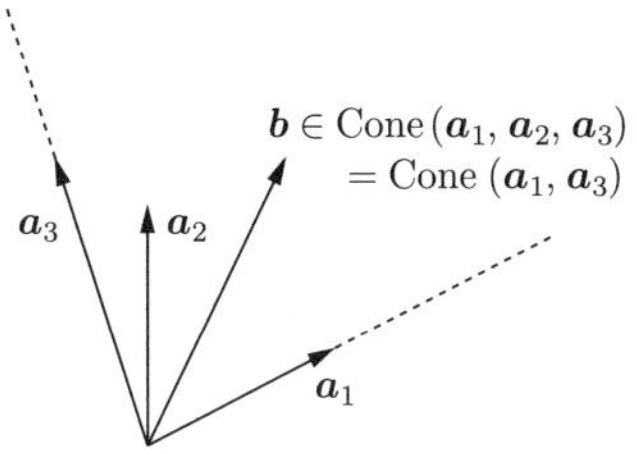

図 3.2　Farkas の補題：条件 (a) の幾何学的意味

$$\mathrm{Cone}(A) = \mathrm{Cone}(\boldsymbol{a}_1, \ldots, \boldsymbol{a}_n) = \left\{ \sum_{j=1}^{n} x_j \boldsymbol{a}_j \middle| x_j \geqq 0 \ (j = 1, \ldots, n) \right\} \tag{3.27}$$

を考えると，条件 (a) は

$$\boldsymbol{b} \in \mathrm{Cone}(A)$$

と言い換えることができる (図 3.2 に $m = 2$, $n = 3$ の場合の例を示す．この例では $\boldsymbol{b} \in \mathrm{Cone}(\boldsymbol{a}_1, \boldsymbol{a}_2, \boldsymbol{a}_3) = \mathrm{Cone}(\boldsymbol{a}_1, \boldsymbol{a}_3)$ である)．このことは，方程式系に関する定理 3.1 において，条件 (a) が $\boldsymbol{b} \in \mathrm{Im}(A)$ という幾何学的な条件 (c) に置き換えられることに対応している．Farkas の補題を理解する際に，このような幾何学的イメージは非常に有用である．後に 3.3.2 項の注意 3.4 において，条件 (b) の幾何学的意味についても説明する．

次の定理は，斉次方程式 $A\boldsymbol{x} = \boldsymbol{0}$ の非負解 $\boldsymbol{x}$ の存在条件を与えるものである．(a) において自明解 $\boldsymbol{x} = \boldsymbol{0}$ が除外されていること，および，(b) における不等号が (“$\geqq$” ではなく) 等号のない不等号 “$>$” となっていることに注意されたい．

定理 3.4 行列 A に関して，次の 2 条件 (a), (b) は同値である．

(a) $A\boldsymbol{x} = \boldsymbol{0}$ を満たす非零の非負ベクトル $\boldsymbol{x} \geqq \boldsymbol{0}$, $\boldsymbol{x} \neq \boldsymbol{0}$ が存在する．
(b) $\boldsymbol{y}^\top A > \boldsymbol{0}^\top$ を満たす $\boldsymbol{y}$ は存在しない．

(証明) [(a) ⇒ (b)] の証明：(a) の下で $\boldsymbol{y}^\top A > \boldsymbol{0}^\top$ を満たす $\boldsymbol{y}$ が存在すると仮定すると，$0 < (\boldsymbol{y}^\top A)\boldsymbol{x} = \boldsymbol{y}^\top (A\boldsymbol{x}) = \boldsymbol{y}^\top \boldsymbol{0} = 0$ となり矛盾が生じる．

[(b) ⇒ (a)] の証明：対偶を示す．A を $m \times n$ 型行列とし，$j = 1, \ldots, n$ に対して第 j 単位ベクトルを $\boldsymbol{e}_j$ と表す．(a) が成り立つことは，ある j に対して

$$Ax = \mathbf{0}, \qquad \boldsymbol{e}_j^\top \boldsymbol{x} = 1 \tag{3.28}$$

を満たす $\boldsymbol{x} \geqq \mathbf{0}$ が存在することと同値であるから，(a) が成り立たないとすると，各 j に対して，式 (3.28) を満たす $\boldsymbol{x} \geqq \mathbf{0}$ は存在しないことになる．すると，Farkas の補題 (定理 3.3) により，各 j に対して，ある $\boldsymbol{y}_j \in \mathbb{R}^m$, $z_j \in \mathbb{R}$ が存在して

$$\boldsymbol{y}_j^\top A + z_j \boldsymbol{e}_j^\top \geqq \mathbf{0}^\top, \qquad z_j < 0$$

が成り立つ．$\boldsymbol{y} = \boldsymbol{y}_1 + \cdots + \boldsymbol{y}_n$ とおくと，

$$\boldsymbol{y}^\top A \geqq -(z_1 \boldsymbol{e}_1^\top + \cdots + z_n \boldsymbol{e}_n^\top) = (-z_1, \ldots, -z_n) > (0, \ldots, 0)$$

となる．これは (b) が成り立たないことを示している．■

注意 3.2 2.3 節の確率行列の議論において，任意の Markov 連鎖が定常分布 $\boldsymbol{\pi}$ をもつこと [定理 2.4 (1)] を Perron–Frobenius の定理 (定理 2.1) から導いた．ここでは，このことを定理 3.4 から導こう．

確率行列 $P = (p_{ij})$ に対して，$\boldsymbol{\pi} = \boldsymbol{\pi} P$ を満たす非負の横ベクトル $\boldsymbol{\pi}$ で成分和 $= 1$ であるものが存在することを証明する．$\boldsymbol{x} = \boldsymbol{\pi}^\top$, $A = I - P^\top$ とおくと，$\boldsymbol{\pi} = \boldsymbol{\pi} P$ は $A\boldsymbol{x} = \mathbf{0}$ と書き直せるので，定理 3.4 が使える形になる (成分和 $= 1$ は規格化の問題なので無視してよい)．定理 3.4 の (a) が成り立つことを示すのが目標であるが，(a) は (b) と同値であるから，$\boldsymbol{y}^\top A > \mathbf{0}^\top$ を満たす $\boldsymbol{y}$ が存在するとして矛盾を導けばよい．$\boldsymbol{y}^\top A > \mathbf{0}^\top$ を成分ごとに書くと，任意の i に対して $y_i > \sum_j p_{ij} y_j$ となる．この右辺は $\boldsymbol{y}$ の成分の重み付きの平均値であるから，$\boldsymbol{y}$ の成分の最小値を y_k とすると，$y_i > \sum_j p_{ij} y_j \geqq y_k$ が導かれる．しかし，この不等式の $i = k$ の場合は $y_k > y_k$ となり矛盾である．これで，定常分布 $\boldsymbol{\pi}$ の存在が証明されたことになる．

Perron–Frobenius の定理が実数の連続性に立脚している*2のに対し，定理 3.4 は純粋に代数的な定理であり，たとえば，行列やベクトルを (実数 $\mathbb{R}$ ではなく) 有理数 $\mathbb{Q}$ の世界で考えても成立するところに特徴がある．◁

注意 3.3 本書では，Fourier–Motzkin の消去法を利用して Farkas の補題 (の一形

*2　命題 2.4 の証明は「$\mathbb{R}^n$ における有界閉集合はコンパクト集合である」および「コンパクト集合上の数列は収束部分列をもつ」という命題に依拠していた．

式である定理 3.2) を証明した．Farkas の補題の証明には，他にも，線形計画法の単体法による手続き的証明や凸集合の分離定理による幾何学的証明がある．後者については注意 3.4(3.3.2 項) も参照されたい． ◁

3.3.2 二者択一定理

一般に，二つの可能性のうちのいずれか一方だけが必ず成り立つことを主張する形の定理を，**二者択一定理**と総称する．定理 3.2，定理 3.3，定理 3.4 は，それぞれ，以下のような二者択一定理の形に書き換えることができる．

定理 3.5 行列 A とベクトル $\boldsymbol{b}$ に対して，次の (a) または $(\overline{\mathrm{b}})$ のいずれか一方が必ず成り立つ (両方が同時に成り立つことはない)．

(a) $A\boldsymbol{x} \leqq \boldsymbol{b}$ を満たす実数ベクトル $\boldsymbol{x}$ が存在する．
$(\overline{\mathrm{b}})$ $\boldsymbol{y} \geqq \boldsymbol{0}$, $\boldsymbol{y}^\top A = \boldsymbol{0}^\top$, $\boldsymbol{y}^\top \boldsymbol{b} < 0$ を満たす実数ベクトル $\boldsymbol{y}$ が存在する．

定理 3.6 行列 A とベクトル $\boldsymbol{b}$ に対して，次の (a) または $(\overline{\mathrm{b}})$ のいずれか一方が必ず成り立つ (両方が同時に成り立つことはない)．

(a) $A\boldsymbol{x} = \boldsymbol{b}$ を満たす非負ベクトル $\boldsymbol{x} \geqq \boldsymbol{0}$ が存在する．
$(\overline{\mathrm{b}})$ $\boldsymbol{y}^\top A \geqq \boldsymbol{0}^\top$, $\boldsymbol{y}^\top \boldsymbol{b} < 0$ を満たす実数ベクトル $\boldsymbol{y}$ が存在する．

定理 3.7 行列 A とベクトル $\boldsymbol{b}$ に対して，次の (a) または $(\overline{\mathrm{b}})$ のいずれか一方が必ず成り立つ (両方が同時に成り立つことはない)．

(a) $A\boldsymbol{x} = \boldsymbol{0}$ を満たす非零の非負ベクトル $\boldsymbol{x} \geqq \boldsymbol{0}, \boldsymbol{x} \neq \boldsymbol{0}$ が存在する．
$(\overline{\mathrm{b}})$ $\boldsymbol{y}^\top A > \boldsymbol{0}^\top$ を満たす実数ベクトル $\boldsymbol{y}$ が存在する．

上のような二者択一定理の意義 (使い方) を説明する．たとえば，不等式系 $A\boldsymbol{x} \leqq \boldsymbol{b}$ が与えられたとき，それを満たす解 $\boldsymbol{x}$ の存在あるいは非存在を証明したいとしよう．解があることを証明するには，$A\boldsymbol{x} \leqq \boldsymbol{b}$ を満たすベクトル $\boldsymbol{x}$ を呈示すればよい．どうやって $\boldsymbol{x}$ を見いだすかという問題は別として，存在証明の原理は簡単であり，$\boldsymbol{x}$ そのものを「存在の証拠」として呈示すればよい．では，逆に，解が存在しないことの証明 (非存在証明) はどうしたらよいであろうか．これは一般には非

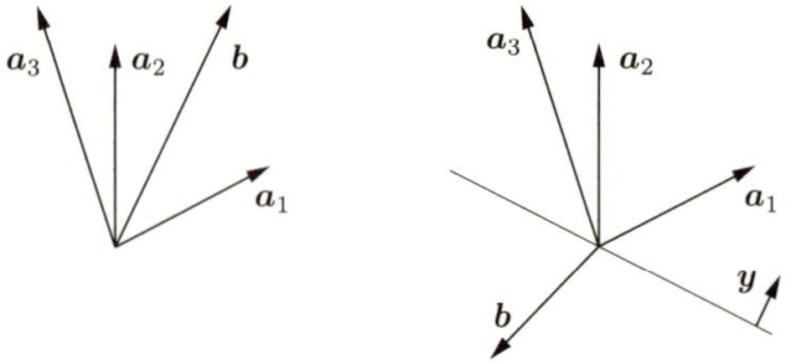

(a) $\boldsymbol{b} \in \mathrm{Cone}\,(\boldsymbol{a}_1, \boldsymbol{a}_2, \boldsymbol{a}_3)$ (b̄) $\boldsymbol{y}^\top \boldsymbol{a}_j \geqq 0,\ \boldsymbol{y}^\top \boldsymbol{b} < 0$

図 3.3 定理 3.6(Farkas の補題の二者択一形) の幾何学的意味

常に難しい問題である．ここで上の定理 3.5 が役に立つ．二者択一性により，(a) の解 $\boldsymbol{x}$ が存在しないときには，(b̄) の条件を満たす実数ベクトル $\boldsymbol{y}$ が存在するはずである．このような $\boldsymbol{y}$ が何らかの方法で見つかれば，この $\boldsymbol{y}$ を「非存在の証拠」として呈示すればよいことになる．なお，定理 3.5 は，解の存在・非存在の証明には有用であるが，解 $\boldsymbol{x}$ の計算手順を与えてはいないことにも注意されたい．不等式条件を満たす解を実際に求めるには，単体法や内点法など線形計画法の解法[32, 33, 35–37]を用いればよい．

注意 3.4 定理 3.6(Farkas の補題の二者択一形) の幾何学的な解釈を述べよう．3.3.1 項で説明したように，条件 (a) は $\boldsymbol{b} \in \mathrm{Cone}(A)$ と等価である [図 3.3 (a)]．ここで，$\mathrm{Cone}(A) = \mathrm{Cone}(\boldsymbol{a}_1, \ldots, \boldsymbol{a}_n)$ は，行列 A の列ベクトル $\boldsymbol{a}_j$ $(j = 1, \ldots, n)$ の生成する凸錐 (3.27) を表している．条件 (a) が不成立のときには，ある超平面によって $\boldsymbol{b}$ と $\mathrm{Cone}(A)$ を分離することができる [図 3.3 (b̄)]．この超平面の法線ベクトルを $\boldsymbol{y}$ とすると，$\boldsymbol{y}$ の向きを適当に定めれば，$\boldsymbol{y}^\top \boldsymbol{a}_j \geqq 0$ $(j = 1, \ldots, n)$, $\boldsymbol{y}^\top \boldsymbol{b} < 0$ となって，条件 (b̄) が成り立つ．これが定理 3.6 の幾何学的意味である． ◁

例 3.2 行列 A, ベクトル $\boldsymbol{b}$ が

$$A = \begin{bmatrix} 1 & -1 & 0 \\ 0 & 0 & 1 \end{bmatrix}, \qquad \boldsymbol{b} = \begin{bmatrix} 0 \\ -1 \end{bmatrix}$$

とすると，A の列ベクトル $\boldsymbol{a}_1 = (1, 0)^\top$, $\boldsymbol{a}_2 = (-1, 0)^\top$, $\boldsymbol{a}_3 = (0, 1)^\top$ の生成する凸錐 $\mathrm{Cone}(A)$ は上半平面の全体であり，$\boldsymbol{b} \notin \mathrm{Cone}(A)$ となっている．定理 3.6 の (b̄) の $\boldsymbol{y}$ は $\boldsymbol{y} = c(0, 1)^\top (c > 0)$ の形に一意的に定まり，$\boldsymbol{y}^\top \boldsymbol{a}_1 = 0$, $\boldsymbol{y}^\top \boldsymbol{a}_2 = 0$,

$\boldsymbol{y}^\top \boldsymbol{a}_3 = c > 0$, $\boldsymbol{y}^\top \boldsymbol{b} = -c < 0$ となる．この例からわかるように，定理 3.6 の $(\bar{\text{b}})$ における条件を「$\boldsymbol{y}^\top A > \boldsymbol{0}^\top$, $\boldsymbol{y}^\top \boldsymbol{b} < 0$」と強めることはできない．◁

3.4　不等式系の解の構造

3.4.1　不等式系と多面体

線形不等式系の解の全体は多面体を成す．多面体は (有界の場合には) 不等式系の解集合として表現されると同時に，端点[*3]の凸結合としても表現される．このことから，線形不等式系の解集合のパラメータ表示が得られる．本節の目的は，有界でない一般の場合も含めて，多面体の 2 通りの表現とその同値性を示し，不等式系の解の構造を明らかにすることである．

一般論を展開する前に，まず，簡単な例を通して，ポイントを説明しよう．

例 3.3　変数 $\boldsymbol{x} = (x_1, x_2)^\top$ に関する不等式系

$$-x_1 + \frac{1}{3}x_2 \geqq -2, \quad -x_1 - x_2 \geqq -5, \quad x_1 + x_2 \geqq 2, \quad x_1 - 2x_2 \geqq -4, \quad x_2 \geqq 1 \tag{3.29}$$

を考える[*4]．この不等式系によって記述される領域 S は図 3.4 のような多角形領

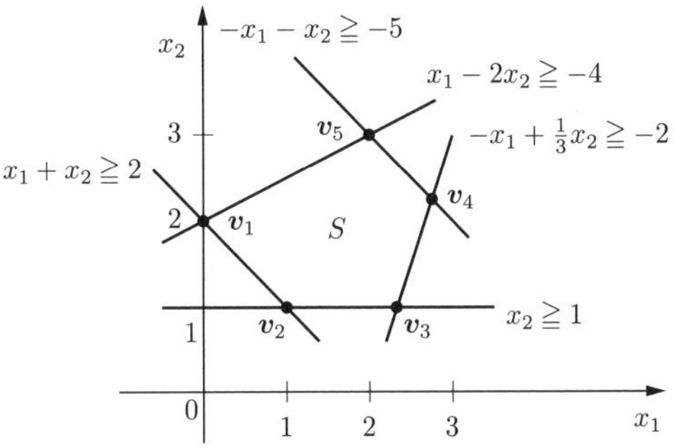

図 3.4　不等式系の解の構造 (有界領域の場合)

*3　端点の意味は直観的には明らかであろうが，厳密な定義は次のようになる：多面体 S の点 $\boldsymbol{x}$ で，相異なる 2 点 $\boldsymbol{y}, \boldsymbol{z} \in S$ を用いて $\boldsymbol{x} = (\boldsymbol{y} + \boldsymbol{z})/2$ と表現できないものを，S の**端点**とよぶ．

*4　例 3.1(3.2 節) の不等式系と等価である．本節の議論に合わせて不等号の向きを逆転した．

域であり，その端点 (頂点) は

$$\boldsymbol{v}_1 = \begin{bmatrix} 0 \\ 2 \end{bmatrix}, \quad \boldsymbol{v}_2 = \begin{bmatrix} 1 \\ 1 \end{bmatrix}, \quad \boldsymbol{v}_3 = \begin{bmatrix} 7/3 \\ 1 \end{bmatrix}, \quad \boldsymbol{v}_4 = \begin{bmatrix} 11/4 \\ 9/4 \end{bmatrix}, \quad \boldsymbol{v}_5 = \begin{bmatrix} 2 \\ 3 \end{bmatrix}$$

の五つである (図の ● 印)．このとき，図から容易にわかるように，$\boldsymbol{x}$ が S に属するための必要十分条件は，$\boldsymbol{x}$ が $\boldsymbol{v}_1, \ldots, \boldsymbol{v}_5$ の**凸結合**[*5]として表示できること，すなわち，和が 1 に等しい非負の係数 $\alpha_1, \ldots, \alpha_5$ を用いて

$$\boldsymbol{x} = \alpha_1 \boldsymbol{v}_1 + \alpha_2 \boldsymbol{v}_2 + \alpha_3 \boldsymbol{v}_3 + \alpha_4 \boldsymbol{v}_4 + \alpha_5 \boldsymbol{v}_5 \tag{3.30}$$

と表示できることである ($\alpha_1 + \cdots + \alpha_5 = 1; \alpha_1, \ldots, \alpha_5 \geqq 0$)．

式 (3.29) は，S に属する点が満たすべき条件式を与えることによって，いわば「外側から」S を記述している．一方，式 (3.30) は，領域 S のパラメータ表示を与えることによって「内側から」S を記述していることになる． ◁

不等式系の解集合は，非有界な (無限に広がる) 領域になる場合もある．このときには，端点だけでは話が済まなくなる．このような例を次に見てみよう．

例 3.4　変数 $\boldsymbol{x} = (x_1, x_2)^\top$ に関する不等式系

$$2x_1 - x_2 \geqq -2, \quad x_1 + x_2 \geqq 2, \quad x_2 \geqq 1, \quad -x_1 + 2x_2 \geqq -1 \tag{3.31}$$

によって記述される領域 S は，図 3.5 のような (右上に向かって無限に広がる) 非有界領域である．三つの端点 (図の ● 印)

$$\boldsymbol{v}_1 = \begin{bmatrix} 0 \\ 2 \end{bmatrix}, \quad \boldsymbol{v}_2 = \begin{bmatrix} 1 \\ 1 \end{bmatrix}, \quad \boldsymbol{v}_3 = \begin{bmatrix} 3 \\ 1 \end{bmatrix}$$

があるが，端点 $\boldsymbol{v}_1, \boldsymbol{v}_2, \boldsymbol{v}_3$ だけで領域 S をパラメータ表示することはできない．そこで，無限に延びる方向を表すために，図の矢印のベクトル

$$\boldsymbol{d}_1 = \begin{bmatrix} 2 \\ 1 \end{bmatrix}, \quad \boldsymbol{d}_2 = \begin{bmatrix} 1 \\ 2 \end{bmatrix}$$

も使うことにすると，$\boldsymbol{x}$ が S に属するための必要十分条件は，$\boldsymbol{x}$ が $\boldsymbol{v}_1, \boldsymbol{v}_2, \boldsymbol{v}_3$ の凸結合と $\boldsymbol{d}_1, \boldsymbol{d}_2$ の非負結合との和の形に表示できること，すなわち，和が 1 に等しい非負係数 $\alpha_1, \alpha_2, \alpha_3$ と任意の非負係数 β_1, β_2 を用いて

$$\boldsymbol{x} = (\alpha_1 \boldsymbol{v}_1 + \alpha_2 \boldsymbol{v}_2 + \alpha_3 \boldsymbol{v}_3) + (\beta_1 \boldsymbol{d}_1 + \beta_2 \boldsymbol{d}_2) \tag{3.32}$$

---

*5　凸結合という言葉については，3.4.2 項を参照されたい．

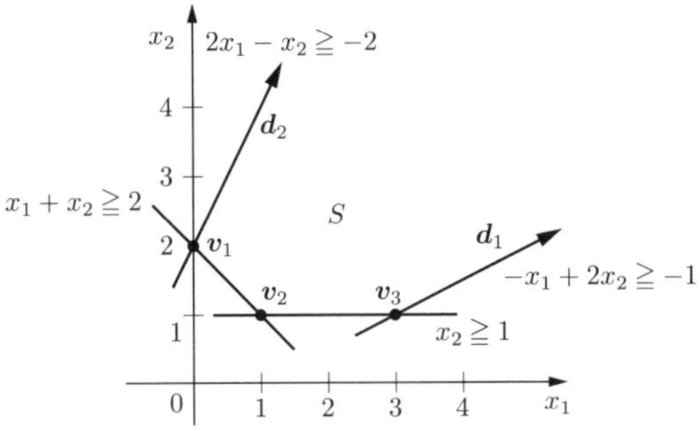

図 3.5 不等式系の解の構造 (非有界領域の場合)

と表示できることである ($\alpha_1 + \alpha_2 + \alpha_3 = 1; \alpha_1, \alpha_2, \alpha_3 \geqq 0; \beta_1, \beta_2 \geqq 0$).

式 (3.31) は，S に属する点が満たすべき条件式を与えることによって「外側から」S を記述しているのに対して，式 (3.32) は，領域 S のパラメータ表示を与えることによって「内側から」S を記述している．式 (3.32) の表示は，図 3.6 のように，多角形領域 S を有界な多角形 (三角形) と凸錐に分解することに相当する．この分解を 3.4.2 項で導入する記号 (3.36), (3.38) を用いて表現すると

$$S = \mathrm{Conv}(\boldsymbol{v}_1, \boldsymbol{v}_2, \boldsymbol{v}_3) + \mathrm{Cone}(\boldsymbol{d}_1, \boldsymbol{d}_2) \tag{3.33}$$

と書ける (右辺の “+” は，それぞれの集合に属するベクトルの和の全体を表す).

◁

上の二つの例で，次の事実を見た．

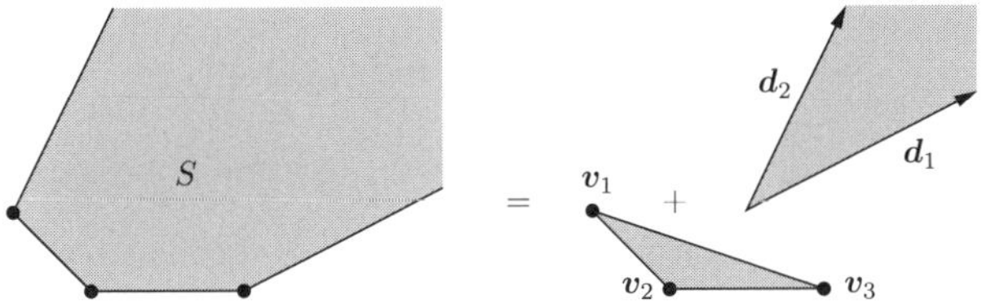

図 3.6 非有界領域の分解

- 線形不等式系の解集合が有界な多面体となる場合には，解集合は，その多面体の端点の凸結合によってパラメータ表示できる．
- 線形不等式系の解集合が非有界な多面体となる場合にも,「非有界の多面体=有界多面体+凸錐」という分解を通して，解集合のパラメータ表示が得られる．

項を改めて，これを一般的に議論しよう．

3.4.2 凸　錐

不等式系の解集合の構造をしらべるための準備として，凸錐に関連する基本的な概念について説明する．

a. 凸錐の定義

一般に，集合 S ($\subseteq \mathbb{R}^n$) が**凸集合**であるとは，その中の任意の 2 点に対して，その 2 点を結ぶ線分が S に含まれることをいう．すなわち，条件

$$\boldsymbol{x}, \boldsymbol{y} \in S,\ \ 0 \leqq \alpha \leqq 1 \ \Longrightarrow\ \alpha \boldsymbol{x} + (1-\alpha)\boldsymbol{y} \in S \tag{3.34}$$

が成り立つとき，S を凸集合という．有限個の点 $\boldsymbol{x}_1, \ldots, \boldsymbol{x}_k$ に対し，

$$\alpha_1 \boldsymbol{x}_1 + \cdots + \alpha_k \boldsymbol{x}_k \qquad \left(\text{ただし } \sum_{i=1}^{k} \alpha_i = 1,\ \alpha_i \geqq 0\ (1 \leqq i \leqq k)\right) \tag{3.35}$$

の形の表現を $\boldsymbol{x}_1, \ldots, \boldsymbol{x}_k$ の**凸結合**とよぶ．S が凸集合ならば，S に属する任意の有限個の点の凸結合は S に属する．

有限個のベクトル $\boldsymbol{v}_1, \ldots, \boldsymbol{v}_k$ に対して，それらの凸結合の全体

$$\mathrm{Conv}(\boldsymbol{v}_1, \ldots, \boldsymbol{v}_k) = \left\{ \sum_{i=1}^{k} \alpha_i \boldsymbol{v}_i \,\middle|\, \sum_{i=1}^{k} \alpha_i = 1,\ \alpha_i \geqq 0\ (1 \leqq i \leqq k) \right\} \tag{3.36}$$

は，$\boldsymbol{v}_1, \ldots, \boldsymbol{v}_k$ を含む最小の凸集合である．これを $\boldsymbol{v}_1, \ldots, \boldsymbol{v}_k$ の**凸包**という．

集合 S が**錐**とは，その中の任意の点 $\boldsymbol{x} \in S$ と任意の非負実数 $\alpha \geqq 0$ に対して $\alpha \boldsymbol{x}$ が S に属することをいう．そして，凸集合である錐を**凸錐**という．集合 S が凸錐であるための必要十分条件は，

$$\boldsymbol{x}, \boldsymbol{y} \in S,\ \ \alpha, \beta \geqq 0 \ \Longrightarrow\ \alpha \boldsymbol{x} + \beta \boldsymbol{y} \in S \tag{3.37}$$

が成り立つことである．

斉次不等式系の解集合 $\{\boldsymbol{x} \mid A\boldsymbol{x} \geqq \boldsymbol{0}\}$ は凸錐である．ある行列 A によってこの形に書かれる凸錐を，**多面体的凸錐**あるいは**凸多面錐**とよぶ．

行列 $D = [\boldsymbol{d}_1, \ldots, \boldsymbol{d}_l]$ に対して，その列ベクトル $\boldsymbol{d}_j$ $(j = 1, \ldots, l)$ の非負 1 次結合の全体

$$\mathrm{Cone}(D) = \mathrm{Cone}(\boldsymbol{d}_1, \ldots, \boldsymbol{d}_l) = \left\{ \sum_{j=1}^{l} \beta_j \boldsymbol{d}_j \,\middle|\, \beta_j \geqq 0 \ (j = 1, \ldots, l) \right\} \tag{3.38}$$

は凸錐である．これを $\boldsymbol{d}_1, \ldots, \boldsymbol{d}_l$ の生成する凸錐という．一般の凸錐は有限個のベクトルで生成されるとは限らない[*6]．有限個のベクトルで生成される凸錐を**有限生成凸錐**という．実は，凸錐が多面体的であることと有限生成であることは同値であり (後出の定理 3.9)，これを示すことが本節の中心テーマである．

b. 双 対 錐

次に，種々の双対性の原型となる双対錐について説明する[*7]．凸錐 K $(\subseteqq \mathbb{R}^n)$ に対して，

$$K^* = \{\boldsymbol{y} \mid \text{任意の } \boldsymbol{x} \in K \text{ に対して } \ \boldsymbol{y}^\top \boldsymbol{x} \geqq 0\}$$

で定義される集合を K の**双対錐**(そうつい)という．双対錐 K^* は条件 (3.37) を満たすから凸錐である．

例 3.5 非負象限 $K = \{\boldsymbol{x} \mid x_i \geqq 0 \ (i = 1, \ldots, n)\}$ は凸錐であり，その双対錐 K^* は K に一致する． $\lhd$

例 3.6 $\mathbb{R}^2$ において，中心角 θ $(0 < \theta < \pi)$ の扇形 $K = \mathrm{Cone}((1,0)^\top, (\cos\theta, \sin\theta)^\top)$ の双対錐は，中心角 $\pi - \theta$ の扇形 $K^* = \mathrm{Cone}((0,1)^\top, (\sin\theta, -\cos\theta)^\top)$ である． $\lhd$

凸錐 K が行列 D を用いて $K = \mathrm{Cone}(D)$ の形に与えられていれば，双対錐 K^* は次のように具体的に表現される．

命題 3.1 任意の行列 D に対して

$$\mathrm{Cone}(D)^* = \{\boldsymbol{y} \mid \boldsymbol{y}^\top D \geqq \boldsymbol{0}^\top\}.$$

---

*6 たとえば $\{(x_1, x_2, x_3) \mid \sqrt{{x_1}^2 + {x_2}^2} \leqq x_3\}$ は有限個のベクトルで生成されない凸錐である．この凸錐は多面体的凸錐でもない．

*7 定理 3.9 の証明にも用いられる．

(証明) Cone(D) の定義 (3.38) より，$\boldsymbol{y} \in \mathrm{Cone}(D)^*$ は，$\boldsymbol{y}^\top \boldsymbol{d}_j \geqq 0$ $(j = 1, \ldots, l)$ と同値である． ■

双対錐 K^* は凸錐であるから，その双対錐 $(K^*)^*$ を考えることができ，これを K^{**} と表す．このとき (有限生成という普通の状況では) K^{**} は K に一致する[*8]．

定理 3.8 (双対性) 凸錐 K が有限生成ならば，

$$K = K^{**}$$

が成り立つ．

(証明) $[K \subseteqq K^{**}]$ の証明[*9]：$\boldsymbol{x} \in K$ とすると，任意の $\boldsymbol{y} \in K^*$ に対して $\boldsymbol{x}^\top \boldsymbol{y} = \boldsymbol{y}^\top \boldsymbol{x} \geqq 0$ である．これは $\boldsymbol{x} \in (K^*)^* = K^{**}$ を示している．

$[K \supseteqq K^{**}]$ の証明：$K = \mathrm{Cone}(D)$ とおく．$\boldsymbol{x} \in K^{**}$ とすると，任意の $\boldsymbol{y} \in K^*$ に対して $\boldsymbol{y}^\top \boldsymbol{x} \geqq 0$ である．命題 3.1 を用いてこれを言い換えると「$\boldsymbol{y}^\top D \geqq \boldsymbol{0}^\top$ ならば $\boldsymbol{y}^\top \boldsymbol{x} \geqq 0$」となる．これは Farkas の補題 (定理 3.3) の条件 (b) の形であり，それと同値な条件 (a) より，ある非負ベクトル $\boldsymbol{\beta} \geqq \boldsymbol{0}$ が存在して $\boldsymbol{x} = D\boldsymbol{\beta}$ と書ける．これは，$\boldsymbol{x} \in \mathrm{Cone}(D) = K$ を示している． ■

3.4.3 斉次不等式系の解集合

本項では，**斉次不等式系** $A\boldsymbol{x} \geqq \boldsymbol{0}$ の解集合の構造を考える．行列 A は $m \times n$ 型行列，ベクトル $\boldsymbol{x}$ は n 次元ベクトルとする．

a. 定理の記述

多面体的凸錐は有限生成であり，逆に，有限生成の凸錐は多面体的である．この

$$\text{多面体的凸錐} \iff \text{有限生成凸錐}$$

という関係は (直観的には明らかにも思えるが) 凸錐の二つの記述法の等価性を示す重要な事実である．これを定理として述べる．

---

*8　いわば，双対錐は凸錐を裏から見た姿であり，定理 3.8 は，裏の裏は表であることを示している．

*9　この向きの証明には有限生成であることを使わない．したがって，任意の凸錐 K に対して $K \subseteqq K^{**}$ が成り立つ．

定理 3.9

(1) 任意の行列 A に対して，ある行列 D が存在して

$$\{\boldsymbol{x} \mid A\boldsymbol{x} \geqq \mathbf{0}\} = \mathrm{Cone}(D) \tag{3.39}$$

が成り立つ．すなわち，任意の多面体的凸錐は有限生成凸錐である．

(2) 任意の行列 D に対して，ある行列 A が存在して

$$\mathrm{Cone}(D) = \{\boldsymbol{x} \mid A\boldsymbol{x} \geqq \mathbf{0}\} \tag{3.40}$$

が成り立つ．すなわち，任意の有限生成凸錐は多面体的凸錐である．

定理 3.9 の (1) により，不等式系 $A\boldsymbol{x} \geqq \mathbf{0}$ の解 $\boldsymbol{x}$ が，適当な有限個のベクトル $\boldsymbol{d}_1, \ldots, \boldsymbol{d}_l$ を用いて，

$$\boldsymbol{x} = \sum_{j=1}^{l} \beta_j \boldsymbol{d}_j \qquad (\beta_j \geqq 0 \ (j = 1, \ldots, l)) \tag{3.41}$$

のようにパラメータ表示される．

定理 3.9 の証明を以下に述べるが，証明に立ち入らずに 3.4.4 項 (非斉次不等式の解集合の構造) に読み進んでもよい．しかし，定理 3.9 の証明の詳細を追えば，Farkas の補題や凸錐の双対性などに立脚した数理的側面についての深い理解が得られる．

b. 定理 3.9 (1) の証明

まず，記号を確認する．行列 A に対して

$$\begin{aligned}\mathrm{Ker}(A) &= \{\boldsymbol{x} \mid A\boldsymbol{x} = \mathbf{0}\}, \\ \mathrm{Im}(A) &= \{\boldsymbol{y} \mid \text{ある } \boldsymbol{x} \text{ が存在して } \boldsymbol{y} = A\boldsymbol{x}\}\end{aligned}$$

である．

次の命題 3.2 における行列 D_0 と命題 3.3 における行列 D_1 を並べた行列 $D = [D_0 \mid D_1]$ が，定理 3.9 (1) の関係式 (3.39) を満たすことになる．

命題 3.2 任意の行列 A に対して，ある行列 D_0 が存在して

$$\mathrm{Ker}(A) = \mathrm{Cone}(D_0) \tag{3.42}$$

が成り立つ．

(証明) Ker(A) は線形部分空間を成す．その基底を $\boldsymbol{d}_1, \ldots, \boldsymbol{d}_l$ として，$D_0 = [\boldsymbol{d}_1, \ldots, \boldsymbol{d}_l, -\boldsymbol{d}_1, \ldots, -\boldsymbol{d}_l]$ とおけばよい． ■

命題 3.3 任意の行列 A に対して，ある行列 D_1 が存在して

$$\{\boldsymbol{y} \mid \boldsymbol{y} \in \mathrm{Im}(A),\ \boldsymbol{y} \geqq \boldsymbol{0}\} = A \cdot \mathrm{Cone}(D_1) \tag{3.43}$$

が成り立つ．ただし，右辺の $A{\cdot}\mathrm{Cone}(D_1)$ は，ある $\boldsymbol{x} \in \mathrm{Cone}(D_1)$ に対して $\boldsymbol{y} = A\boldsymbol{x}$ と書ける $\boldsymbol{y}$ の全体を表す：

$$A \cdot \mathrm{Cone}(D_1) = \{\boldsymbol{y} \mid \boldsymbol{y} = A\boldsymbol{x},\ \boldsymbol{x} \in \mathrm{Cone}(D_1)\}.$$

(証明) Im(A) は線形部分空間であるから，最後に述べる命題 3.4 により，適当な行列 $F = [\boldsymbol{f}_1, \ldots, \boldsymbol{f}_l]$ に対して $\{\boldsymbol{y} \mid \boldsymbol{y} \in \mathrm{Im}(A),\ \boldsymbol{y} \geqq \boldsymbol{0}\} = \mathrm{Cone}(F)$ が成り立つ．各 j に対して，$\boldsymbol{f}_j \in \mathrm{Im}(A)$ より $\boldsymbol{f}_j = A\boldsymbol{d}_j$ となる $\boldsymbol{d}_j$ が存在する．$D_1 = [\boldsymbol{d}_1, \ldots, \boldsymbol{d}_l]$ とおけば，式 (3.43) が成り立つ． ■

定理 3.9 (1) の証明に入る．命題 3.2 の行列 D_0 と命題 3.3 の行列 D_1 を並べた行列を $D = [D_0 \mid D_1]$ とする．最初に

$$\{\boldsymbol{x} \mid A\boldsymbol{x} \geqq \boldsymbol{0}\} \supseteqq \mathrm{Cone}(D)$$

を証明する．$\boldsymbol{x} \in \mathrm{Cone}(D)$ とすると，ある非負ベクトル $\boldsymbol{\beta}_0, \boldsymbol{\beta}_1 \geqq \boldsymbol{0}$ によって $\boldsymbol{x} = D_0\boldsymbol{\beta}_0 + D_1\boldsymbol{\beta}_1$ と書けるので

$$A\boldsymbol{x} = AD_0\boldsymbol{\beta}_0 + AD_1\boldsymbol{\beta}_1$$

となる．右辺の第 1 項について，式 (3.42) より $AD_0\boldsymbol{\beta}_0 = \boldsymbol{0}$ である．右辺の第 2 項については，$AD_1\boldsymbol{\beta}_1 \in A \cdot \mathrm{Cone}(D_1)$ だから，式 (3.43) より $AD_1\boldsymbol{\beta}_1 \geqq \boldsymbol{0}$ である．したがって $A\boldsymbol{x} \geqq \boldsymbol{0}$ である．

次に，逆向きの包含関係

$$\{\boldsymbol{x} \mid A\boldsymbol{x} \geqq \boldsymbol{0}\} \subseteqq \mathrm{Cone}(D)$$

を証明する．$A\boldsymbol{x} \geqq \boldsymbol{0}$ として $\boldsymbol{y} = A\boldsymbol{x}$ とおくと．式 (3.43) より，ある非負ベクトル $\boldsymbol{\beta}_1 \geqq \boldsymbol{0}$ によって $\boldsymbol{y} = AD_1\boldsymbol{\beta}_1$ と書ける．すると $A\boldsymbol{x} = \boldsymbol{y} = AD_1\boldsymbol{\beta}_1$ より $A(\boldsymbol{x} - D_1\boldsymbol{\beta}_1) = \boldsymbol{0}$ となるので，式 (3.42) より，ある非負ベクトル $\boldsymbol{\beta}_0 \geqq \boldsymbol{0}$ によっ

て $\boldsymbol{x} - D_1\boldsymbol{\beta}_1 = D_0\boldsymbol{\beta}_0$ と書ける．したがって $\boldsymbol{x} = D_0\boldsymbol{\beta}_0 + D_1\boldsymbol{\beta}_1 \in \mathrm{Cone}(D)$ である．

以上で $D = [D_0 \mid D_1]$ が式 (3.39) を満たすことが証明された．最後に，命題 3.3 の証明中で用いた命題を示す．

命題 3.4 任意の線形部分空間 L に対して，ある行列 F が存在して

$$\{\boldsymbol{y} \mid \boldsymbol{y} \in L,\ \boldsymbol{y} \geqq \boldsymbol{0}\} = \mathrm{Cone}(F) \tag{3.44}$$

が成り立つ．

(証明) 線形部分空間 L の次元 $\dim L$ に関する帰納法で証明する．$\dim L = 0$ ならば $F = O$(零行列) とすればよい．$\dim L \geqq 1$ のとき，式 (3.44) の左辺を

$$L^+ = \{\boldsymbol{y} \mid \boldsymbol{y} \in L,\ \boldsymbol{y} \geqq \boldsymbol{0}\}$$

とおき，成分番号の集合 $J \subseteqq \{1, \ldots, n\}$ を

$$J = \{j \mid \text{ある } \boldsymbol{y} \in L^+ \text{ に対して } y_j > 0\}$$

と定義する．もし J が空集合ならば，$L^+ = \{\boldsymbol{0}\}$ であり $F = O$ とすればよい．J が空集合でないとき，各 $j \in J$ に対して，第 j 成分が正であるベクトル $\hat{\boldsymbol{y}}^{(j)} \in L^+$ を (任意に) 選び，それらの和を

$$\hat{\boldsymbol{y}} = \sum_{j \in J} \hat{\boldsymbol{y}}^{(j)}$$

とおく．このとき，$\hat{\boldsymbol{y}} \in L^+$ であり，さらに，すべての $j \in J$ に対して $\hat{y}_j > 0$ が成り立つ ($\hat{y}_j$ は $\hat{\boldsymbol{y}}$ の第 j 成分)．さらに，各 $j \in J$ に対して

$$L_j = \{\boldsymbol{y} \mid \boldsymbol{y} \in L,\ y_j = 0\}, \qquad L_j^+ = \{\boldsymbol{y} \mid \boldsymbol{y} \in L_j,\ \boldsymbol{y} \geqq \boldsymbol{0}\}$$

とおくと，$\hat{\boldsymbol{y}} \in L$，$\hat{\boldsymbol{y}} \notin L_j$ であり，L と L_j は線形部分空間であるから，$\dim L_j < \dim L$ が成り立つ．したがって，帰納法の仮定により，ある行列 F_j が存在して

$$L_j^+ = \mathrm{Cone}(F_j)$$

となる．ベクトル $\hat{\boldsymbol{y}}$ と行列 F_j $(j \in J)$ を並べた行列を F とする．すなわち，$J = \{j_1, j_2, \ldots, j_q\}$ とするとき，

$$F = [\hat{\boldsymbol{y}} \mid F_{j_1} \mid F_{j_2} \mid \cdots \mid F_{j_q}]$$

である．以下，この F が式 (3.44) の関係式 $L^+ = \mathrm{Cone}(F)$ を満たすことを示そう．

まず，$\hat{\boldsymbol{y}} \in L^+$, $\mathrm{Cone}(F_j) = L_j^+ \subseteqq L^+$ $(j \in J)$ より $\mathrm{Cone}(F) \subseteqq L^+$ が成り立つ．念のためこのことを少し詳しく書くと，次のようになる．$\boldsymbol{y} \in \mathrm{Cone}(F)$ ならば，ある非負実数 β_0 と非負ベクトル $\boldsymbol{\beta}_j$ $(j \in J)$ によって

$$\boldsymbol{y} = \beta_0 \hat{\boldsymbol{y}} + \sum_{j \in J} F_j \boldsymbol{\beta}_j$$

と表示される．ここで，$\hat{\boldsymbol{y}} \in L^+$, $F_j \boldsymbol{\beta}_j \in \mathrm{Cone}(F_j) = L_j^+ \subseteqq L^+$ であり，L^+ は凸錐だから，これらの和は L^+ に属する．したがって，$\boldsymbol{y} \in L^+$ である．

逆向きの包含関係 $L^+ \subseteqq \mathrm{Cone}(F)$ を示すために，$\boldsymbol{y} \in L^+$ を任意にとる．実数 $\theta \geqq 0$ を

$$\theta = \min_{j \in J} \frac{y_j}{\hat{y}_j} \tag{3.45}$$

と定め，ベクトル

$$\boldsymbol{z} = \boldsymbol{y} - \theta \hat{\boldsymbol{y}}$$

を考えると，θ の定め方から $\boldsymbol{z} \geqq \boldsymbol{0}$ であり，$\boldsymbol{y}, \hat{\boldsymbol{y}} \in L$ より $\boldsymbol{z} \in L$ である．また，式 (3.45) の右辺の最小値を与える $j \in J$(のうちの任意の一つ) を j^* とすると，$\boldsymbol{z}$ の j^* 成分は 0 である．したがって，

$$\boldsymbol{z} \in L_{j^*}^+ = \mathrm{Cone}(F_{j^*}) \subseteqq \mathrm{Cone}(F)$$

である．一方，明らかに $\hat{\boldsymbol{y}} \in \mathrm{Cone}(F)$ であるから，

$$\boldsymbol{y} = \boldsymbol{z} + \theta \hat{\boldsymbol{y}} \in \mathrm{Cone}(F)$$

である．これで $L^+ \subseteqq \mathrm{Cone}(F)$ が示されたので，式 (3.44) が成り立つ．■

これで，定理 3.9 (1) の証明が完了した．

c.　定理 3.9 (2) の証明

命題 3.1 により $\mathrm{Cone}(D)^* = \{\boldsymbol{y} \mid \boldsymbol{y}^\top D \geqq \boldsymbol{0}^\top\}$ である．これは $\mathrm{Cone}(D)^*$ が多面体的凸錐であることを示しているから，定理 3.9 (1) により，ある行列 B が存在して $\mathrm{Cone}(D)^* = \mathrm{Cone}(B)$ が成り立つ．この両辺の双対錐を考えると

$$\mathrm{Cone}(D) = \mathrm{Cone}(D)^{**} = \mathrm{Cone}(B)^* = \{\boldsymbol{x} \mid \boldsymbol{x}^\top B \geqq \boldsymbol{0}^\top\}$$

となる (定理 3.8 と命題 3.1 による)．ゆえに，$A = B^\top$ に対して式 (3.40) が成立する．

3.4.4 非斉次不等式系の解集合

本項では，**非斉次不等式系** $A\boldsymbol{x} \geqq \boldsymbol{b}$ の解集合の構造を考える．行列 A は $m \times n$ 型行列，ベクトル $\boldsymbol{b}$ は m 次元ベクトル，ベクトル $\boldsymbol{x}$ は n 次元ベクトルとする．

a. 定理の記述

非斉次不等式系 $A\boldsymbol{x} \geqq \boldsymbol{b}$ の解集合は，次の定理のように表現される．式 (3.46) において，記号 $\mathrm{Conv}(\cdots)$, $\mathrm{Cone}(\cdots)$ は式 (3.36), (3.38) で定義され，右辺の "+" は，それぞれの集合に属するベクトルの和の全体を表す．式 (3.46) の具体例が例 3.4(3.4.1 項) の式 (3.33) であり，その幾何学的意味は図 3.6 に示した分解である．

定理 3.10 任意の行列 A とベクトル $\boldsymbol{b}$ に対して，有限個のベクトル $\boldsymbol{v}_1, \ldots, \boldsymbol{v}_k$, $\boldsymbol{d}_1, \ldots, \boldsymbol{d}_l$ が存在して

$$\{\boldsymbol{x} \mid A\boldsymbol{x} \geqq \boldsymbol{b}\} = \mathrm{Conv}(\boldsymbol{v}_1, \ldots, \boldsymbol{v}_k) + \mathrm{Cone}(\boldsymbol{d}_1, \ldots, \boldsymbol{d}_l) \tag{3.46}$$

が成り立つ．

この定理 3.10 により，不等式系 $A\boldsymbol{x} \geqq \boldsymbol{b}$ の解 $\boldsymbol{x}$ が，適当な有限個のベクトル $\boldsymbol{v}_1, \ldots, \boldsymbol{v}_k, \boldsymbol{d}_1, \ldots, \boldsymbol{d}_l$ を用いて，

$$\boldsymbol{x} = \sum_{i=1}^{k} \alpha_i \boldsymbol{v}_i + \sum_{j=1}^{l} \beta_j \boldsymbol{d}_j \tag{3.47}$$

のようにパラメータ表示される．ただし $\sum_{i=1}^{k} \alpha_i = 1;\ \alpha_i \geqq 0\ (i = 1, \ldots, k);\ \beta_j \geqq 0\ (j = 1, \ldots, l)$ である．とくに，解集合が有界の場合のパラメータ表示は

$$\boldsymbol{x} = \sum_{i=1}^{k} \alpha_i \boldsymbol{v}_i \tag{3.48}$$

となる．ただし $\sum_{i=1}^{k} \alpha_i = 1;\ \alpha_i \geqq 0\ (i = 1, \ldots, k)$ である．

例 3.4(3.4.1 項) の式 (3.32) は式 (3.47) のパラメータ表示の例であり，例 3.3 の式 (3.30) は式 (3.48) の例である．

b.　定理3.10の証明

非斉次不等式系 $A\boldsymbol{x} \geqq \boldsymbol{b}$ の解集合を $S = \{\boldsymbol{x} \mid A\boldsymbol{x} \geqq \boldsymbol{b}\}$ とする．また，

$$\tilde{A} = \begin{bmatrix} A & -\boldsymbol{b} \\ \boldsymbol{0}^\top & 1 \end{bmatrix}, \qquad \tilde{\boldsymbol{x}} = \begin{bmatrix} \boldsymbol{x} \\ t \end{bmatrix}$$

によって $(m+1)\times(n+1)$ 型行列 $\tilde{A}$ と $n+1$ 次元ベクトル $\tilde{\boldsymbol{x}}$ を定義し，$\tilde{S} = \{\tilde{\boldsymbol{x}} \mid \tilde{A}\tilde{\boldsymbol{x}} \geqq \boldsymbol{0}\}$ とする．このとき

$$\boldsymbol{x} \in S \iff \begin{bmatrix} \boldsymbol{x} \\ 1 \end{bmatrix} \in \tilde{S} \tag{3.49}$$

が成り立つ．

斉次不等式系 $\tilde{A}\tilde{\boldsymbol{x}} \geqq \boldsymbol{0}$ に定理 3.9 (1) を適用すると，有限個のベクトル $\tilde{\boldsymbol{x}}_1, \ldots, \tilde{\boldsymbol{x}}_p$ が存在して

$$\tilde{S} = \mathrm{Cone}(\tilde{\boldsymbol{x}}_1, \ldots, \tilde{\boldsymbol{x}}_p)$$

となる．各 $\tilde{\boldsymbol{x}}_i$ は $\tilde{S}$ の要素だからその第 $n+1$ 成分は非負である．適当に番号を付けかえて，$\tilde{\boldsymbol{x}}_1, \ldots, \tilde{\boldsymbol{x}}_k$ の第 $n+1$ 成分は正，$\tilde{\boldsymbol{x}}_{k+1}, \ldots, \tilde{\boldsymbol{x}}_{k+l}$ $(k+l=p)$ の第 $n+1$ 成分は 0 としてよい．さらに，$\tilde{\boldsymbol{x}}_1, \ldots, \tilde{\boldsymbol{x}}_k$ の第 $n+1$ 成分は 1 に規格化してよい．したがって

$$\tilde{\boldsymbol{x}}_i = \begin{bmatrix} \boldsymbol{v}_i \\ 1 \end{bmatrix} \quad (i = 1, \ldots, k), \qquad \tilde{\boldsymbol{x}}_{k+j} = \begin{bmatrix} \boldsymbol{d}_j \\ 0 \end{bmatrix} \quad (j = 1, \ldots, l)$$

の形を仮定してよく，このとき，

$$\tilde{\boldsymbol{x}} = \begin{bmatrix} \boldsymbol{x} \\ 1 \end{bmatrix} \in \tilde{S} \iff \tilde{\boldsymbol{x}} = \sum_{i=1}^{k} \alpha_i \begin{bmatrix} \boldsymbol{v}_i \\ 1 \end{bmatrix} + \sum_{j=1}^{l} \beta_j \begin{bmatrix} \boldsymbol{d}_j \\ 0 \end{bmatrix} \tag{3.50}$$

$(\alpha_i \geqq 0\ (i = 1, \ldots, k);\ \beta_j \geqq 0\ (j = 1, \ldots, l))$ が成り立つ．式 (3.49), (3.50) より式 (3.47) が得られる．式 (3.50) の第 $n+1$ 成分から $\displaystyle\sum_{i=1}^{k} \alpha_i = 1$ が得られることに注意されたい．

3.5 線形計画法

3.5.1 問題の記述形式

一般に，線形の等式や不等式で表現された条件の下で，線形関数を最大あるいは最小にする形の最適化問題を，**線形計画問題**あるいは**線形計画**とよぶ．変数の満たすべき条件を**制約条件**，最大あるいは最小にする関数を**目的関数**という．

a. 例　題

まずは，簡単な例題から始めることとして，

変数 (x_1, x_2) が

$$x_1 + 4x_2 \leqq 12, \qquad x_1 + x_2 \leqq 4, \qquad x_1 \leqq 3 \tag{3.51}$$

を満たす範囲にあるとき，$f(x_1, x_2) = x_1 + 2x_2$ の最大値を求めよ

という問題を考える．この問題では，式 (3.51) が制約条件，$f(x_1, x_2) = x_1 + 2x_2$ が目的関数である．最適化分野の慣例では，この問題を

$$\begin{array}{lll} \text{Maximize} & x_1 + 2x_2 & \\ \text{subject to} & x_1 + 4x_2 & \leqq\ 12 \\ & x_1 + x_2 & \leqq\ 4 \\ & x_1 & \leqq\ 3 \end{array} \tag{3.52}$$

の形に書くことが多い．

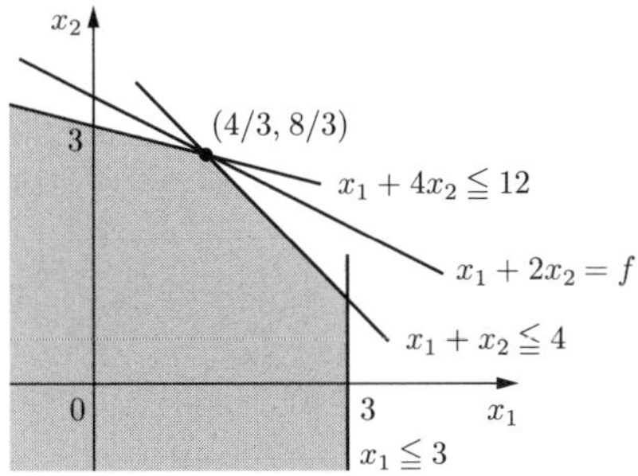

図 **3.7**　2 変数の線形計画問題

この例題のように変数が二つの場合には，図 3.7 のような図に描いて考えることができる．影を施した領域が，式 (3.51) の条件を満たす点の集合である．この図から，**最適解**が $(x_1, x_2) = (4/3, 8/3)$ で，関数 f の最大値が

$$f_{\max} = \frac{4}{3} + 2 \cdot \frac{8}{3} = \frac{20}{3} \tag{3.53}$$

であることが見て取れる．

b. 標　準　形

線形計画問題の記述の仕方には任意性がある．たとえば，最大化問題は目的関数の符号を反転して，最小化問題の形に書くことができる．理論的な取扱いやソフトウェアの開発のためには，問題の記述の仕方を決めておいた方が便利なので，

$$\begin{array}{ll} \text{Minimize} & \boldsymbol{c}^\top \boldsymbol{x} \\ \text{subject to} & A\boldsymbol{x} = \boldsymbol{b} \\ & \boldsymbol{x} \geqq \boldsymbol{0} \end{array} \tag{3.54}$$

の形を考えることが多い．この形を，線形計画の**標準形**とよぶ[*10]．不等式条件が変数の符号 (非負) 制約だけである点に特徴がある．なお，A は $m \times n$ 型行列，$\boldsymbol{b}$ は m 次元ベクトル，$\boldsymbol{c}$ は n 次元ベクトルとする．

任意の線形計画問題は，適当に変数を導入するなどして，標準形に書き直すことができる．ただし，標準形への変換は一意的に定まるものではない．

例 3.7　例題 (3.52) の問題

$$\begin{array}{llll} \text{Maximize} & x_1 + 2x_2 & & \\ \text{subject to} & x_1 + 4x_2 & \leqq & 12 \\ & x_1 + x_2 & \leqq & 4 \\ & x_1 & \leqq & 3 \end{array} \tag{3.55}$$

を標準形 (3.54) に変換するには，以下のようにする．不等式制約については，新たな変数 s_1, s_2, s_3 を導入して，等式制約

$$x_1 + 4x_2 + s_1 = 12, \qquad x_1 + x_2 + s_2 = 4, \qquad x_1 + s_3 = 3$$

*10　文献によっては別の名称を用いているものもある．

と符号制約 $s_1, s_2, s_3 \geqq 0$ の形に書き直すことができる．また，符号制約をもたない変数 x_1, x_2 については，変数 $y_1, y_2, z_1, z_2 \geqq 0$ を導入して，

$$x_1 = y_1 - z_1, \qquad x_2 = y_2 - z_2$$

とおき直すことができる．さらに，目的関数の符号を変えて，最大化問題を最小化問題に変えることができる．このようにすると，問題 (3.55) は，$(y_1, y_2, z_1, z_2, s_1, s_2, s_3)$ を変数とする線形計画問題

$$\begin{array}{lllll}
\text{Minimize} & -(y_1 - z_1) - 2(y_2 - z_2) & & \\
\text{subject to} & (y_1 - z_1) + 4(y_2 - z_2) + s_1 & = & 12 \\
 & (y_1 - z_1) + \ \ (y_2 - z_2) + s_2 & = & 4 \\
 & (y_1 - z_1) \qquad\qquad\quad + s_3 & = & 3 \\
 & y_1,\ y_2,\ z_1,\ z_2,\ s_1,\ s_2,\ s_3 & \geqq & 0
\end{array} \tag{3.56}$$

に書き直される．これは標準形になっており，最適化問題としてはもとの問題 (3.55) と等価である．なお，上の s_i のように，不等式制約を等式制約に変換するために導入する変数を，**スラック変数**とよぶ． ◁

例 3.8 上の例 3.7 に示した変換法を一般化すると次のようになる．線形計画問題

$$\text{Maximize} \quad \boldsymbol{c}^\top \boldsymbol{x} \quad \text{subject to} \quad A\boldsymbol{x} \leqq \boldsymbol{b} \tag{3.57}$$

は，標準形 (3.54) において $A, \boldsymbol{b}, \boldsymbol{c}$ を

$$\tilde{A} = \begin{bmatrix} A & -A & I \end{bmatrix}, \qquad \tilde{\boldsymbol{b}} = \boldsymbol{b}, \qquad \tilde{\boldsymbol{c}} = \begin{bmatrix} -\boldsymbol{c}^\top & \boldsymbol{c}^\top & \boldsymbol{0}^\top \end{bmatrix}^\top \tag{3.58}$$

に置き換えた問題と等価である．実際，$A\boldsymbol{x} \leqq \boldsymbol{b}$ を $A\boldsymbol{x} + \boldsymbol{s} = \boldsymbol{b}$, $\boldsymbol{s} \geqq \boldsymbol{0}$ と書き換え，$\boldsymbol{x} = \boldsymbol{y} - \boldsymbol{z}$ とおいて符号制約 $\boldsymbol{y} \geqq \boldsymbol{0}$, $\boldsymbol{z} \geqq \boldsymbol{0}$ を設ける．さらに，目的関数の符号を反転して最小化問題の形にすると，

$$\begin{array}{ll}
\text{Minimize} & -\boldsymbol{c}^\top \boldsymbol{y} + \boldsymbol{c}^\top \boldsymbol{z} \\
\text{subject to} & A\boldsymbol{y} - A\boldsymbol{z} + \boldsymbol{s} = \boldsymbol{b} \\
 & \boldsymbol{y}, \boldsymbol{z}, \boldsymbol{s} \geqq \boldsymbol{0}
\end{array}$$

となる．ここで $\boldsymbol{s}$ はスラック変数である． ◁

制約条件を満たす点 (ベクトル $\boldsymbol{x}$) を**実行可能解**，あるいは**許容解**とよぶ*11．実行可能解をもつ問題を**実行可能**，もたない問題を**実行不可能**という．制約条件を満たす点 $\boldsymbol{x}$ の集合 S を**実行可能領域**という．たとえば，標準形の問題 (3.54) では $S = \{\boldsymbol{x} \mid A\boldsymbol{x} = \boldsymbol{b}, \boldsymbol{x} \geqq \boldsymbol{0}\}$ が実行可能領域である．

注意 3.5　本節では，線形計画問題を説明したが，**線形計画法**という言葉もある．後者は，

- 現実の問題を線形計画の形に定式化するためのモデリング，
- 線形計画の数学的な構造に関する数学理論，
- 線形計画を数値的に解いて解を求めるためのアルゴリズム

などを含む方法論の全体を意味し，1947 年頃に G. Dantzig らによって提唱され，発展してきたものである．線形計画を解くためのアルゴリズムには，大別して，単体法，内点法，楕円体法があり，数理的に興味深い話題が数多くある．また，モデリングの技術は，現実と数理を結ぶ懸け橋としてきわめて重要である．しかし，本書では，モデリングとアルゴリズムには立ち入らず，線形不等式の構造と関係した事柄に限定して論じる．線形計画法全般については，教科書[32, 33, 35, 36] を参照されたい． ◁

3.5.2　最適解の存在

標準形の線形計画問題 (3.54) が実行可能のとき，目的関数の値がいくらでも小さくなって最適解が存在しない可能性がある．たとえば，

$$\text{Minimize} \ -x_1 \quad \text{subject to} \quad x_1 - x_2 = 1, \quad x_1, x_2 \geqq 0$$

のような場合である．このような問題は**非有界**であるという．これとは逆に，最小値が有限の値になる問題は**有界**であるという．

定理 3.10 において非斉次不等式系の解集合の構造とそれによるパラメータ表示をしらべた．標準形の線形計画問題の制約式を定理 3.10 の不等式系の形に書き直

*11　目的関数を最小化する問題を考えているのであるから,「解」とは「目的関数を最小にする点」を意味するのが自然のように思えるが，最適化の分野では「解」という言葉を単に「点 (変数ベクトルの値)」の意味で用い，前者をとくに**最適解**とよぶ．

してこの定理を適用することにより，標準形問題 (3.54) の実行可能領域 $S=\{\boldsymbol{x}\mid A\boldsymbol{x}=\boldsymbol{b},\boldsymbol{x}\geqq\mathbf{0}\}$ が，有限個のベクトル $\boldsymbol{v}_1,\ldots,\boldsymbol{v}_k$, $\boldsymbol{d}_1,\ldots,\boldsymbol{d}_l$ を用いて

$$S=\mathrm{Conv}(\boldsymbol{v}_1,\ldots,\boldsymbol{v}_k)+\mathrm{Cone}(\boldsymbol{d}_1,\ldots,\boldsymbol{d}_l) \tag{3.59}$$

と表されることがわかる．これに対応して，実行可能解 $\boldsymbol{x}$ は

$$\boldsymbol{x}=\sum_{i=1}^{k}\alpha_i\boldsymbol{v}_i+\sum_{j=1}^{l}\beta_j\boldsymbol{d}_j \tag{3.60}$$

[ただし $\sum_{i=1}^{k}\alpha_i=1;\ \alpha_i\geqq 0\ (i=1,\ldots,k);\ \beta_j\geqq 0\ (j=1,\ldots,l)$] のようにパラメータ表示される．

パラメータ表示 (3.60) より，目的関数は

$$\boldsymbol{c}^\top\boldsymbol{x}=\sum_{i=1}^{k}\alpha_i(\boldsymbol{c}^\top\boldsymbol{v}_i)+\sum_{j=1}^{l}\beta_j(\boldsymbol{c}^\top\boldsymbol{d}_j)$$

と書ける．したがって，線形計画問題 (3.54) が有界 (最小値が有限の値) であるためには，

$$\boldsymbol{c}^\top\boldsymbol{d}_j\geqq 0 \qquad (j=1,\ldots,l) \tag{3.61}$$

が成り立つことが必要かつ十分である．

注意 3.6 線形計画問題 (3.54) の実行可能領域 S が空集合でないとき，$\inf\{\boldsymbol{c}^\top\boldsymbol{x}\mid\boldsymbol{x}\in S\}$ を μ とおくと，$\mu\in\mathbb{R}$(有限値) または $\mu=-\infty$ である．$\mu\in\mathbb{R}$ のときに問題 (3.54) は有界，$\mu=-\infty$ のときに問題 (3.54) は非有界と定義する．この定義の下で「有界な問題においては最適解 ($\mu=\boldsymbol{c}^\top\boldsymbol{x}$ を満たす $\boldsymbol{x}\in S$) が存在する」という命題を証明することができる．したがって，有界な線形計画問題は最適解をもつ．なお，この性質は線形計画特有のものであり，一般の非線形最適化問題においては成立しない．たとえば，$f(x)=\exp(-x)$ を $x\geqq 0$ の範囲で最小化する問題を考えると，$\mu=\inf\{\exp(-x)\mid x\geqq 0\}=0$ であるから有界であるが，$\exp(-x)=0$ となる x(最適解) は存在しない． ◁

3.5.3　双　対　性

a. 双対問題

標準形の問題 (3.54) が与えられたとき，その問題を記述するデータ A, $\boldsymbol{b}$, $\boldsymbol{c}$ を用いた別の線形計画問題

$$\begin{array}{ll} \text{Maximize} & \boldsymbol{b}^\top \boldsymbol{y} \\ \text{subject to} & A^\top \boldsymbol{y} \leqq \boldsymbol{c} \end{array} \tag{3.62}$$

を考えて，これを問題 (3.54) の**双対問題**とよぶ．このとき，もとの問題 (3.54) を**主問題**という．見やすいように両者を並べて書けば

$$\begin{array}{ll} \text{[主問題 P]} & \\ \hline \text{Minimize} & \boldsymbol{c}^\top \boldsymbol{x} \\ \text{subject to} & A\boldsymbol{x} = \boldsymbol{b} \\ & \boldsymbol{x} \geqq \boldsymbol{0} \\ \hline \end{array} \qquad \begin{array}{ll} \text{[双対問題 D]} & \\ \hline \text{Maximize} & \boldsymbol{b}^\top \boldsymbol{y} \\ \text{subject to} & A^\top \boldsymbol{y} \leqq \boldsymbol{c} \\ \hline \end{array} \tag{3.63}$$

である．主問題 P は最小化問題であり，双対問題 D は最大化問題である．ここで A は $m \times n$ 型行列，$\boldsymbol{b}$ は m 次元ベクトル，$\boldsymbol{c}$ は n 次元ベクトルであるから，主問題 P の変数 $\boldsymbol{x}$ は n 次元ベクトル，双対問題 D の変数 $\boldsymbol{y}$ は m 次元ベクトルである．

標準形の問題に対して双対問題を定義したが，任意の線形計画問題は標準形に変換できるのであるから，双対問題の双対問題が考えられるはずである．より正確にいえば，問題 D と等価な標準形の問題をつくり，その問題に対して上の定義に従った双対問題を考えるということである．計算を実行してみると以下のようになる．

問題 D は，標準形問題 (3.54) において A, $\boldsymbol{b}$, $\boldsymbol{c}$ を

$$\tilde{A} = \begin{bmatrix} A^\top & -A^\top & I \end{bmatrix}, \qquad \tilde{\boldsymbol{b}} = \boldsymbol{c}, \qquad \tilde{\boldsymbol{c}} = \begin{bmatrix} -\boldsymbol{b}^\top & \boldsymbol{b}^\top & \boldsymbol{0}^\top \end{bmatrix}^\top \tag{3.64}$$

に置き換えた問題と等価である (例 3.8 参照)．その双対問題は

$$\text{Maximize} \quad \boldsymbol{c}^\top \tilde{\boldsymbol{y}} \quad \text{subject to} \quad \begin{bmatrix} A \\ -A \\ I \end{bmatrix} \tilde{\boldsymbol{y}} \leqq \begin{bmatrix} -\boldsymbol{b} \\ \boldsymbol{b} \\ \boldsymbol{0} \end{bmatrix}$$

となるが，ここで $\tilde{\boldsymbol{x}} = -\tilde{\boldsymbol{y}}$ とおくと，この問題は

$$\text{Minimize} \quad \boldsymbol{c}^\top \tilde{\boldsymbol{x}} \quad \text{subject to} \quad A\tilde{\boldsymbol{x}} = \boldsymbol{b}, \quad \tilde{\boldsymbol{x}} \geqq \boldsymbol{0}$$

と書き直せる．この問題はもとの問題Pに一致している．

これは重要な事実なので，標語的な表現にはなるが，定理として述べておく．

定理 3.11 線形計画において，双対問題の双対問題は主問題に一致する．

注意 3.7 線形計画に関する定理 3.11 は，凸錐に関する定理 3.8 と形が似ており，どちらも「双対の双対は元に戻る」ことを主張している．この類似性は偶然ではなく，凸解析における **Legendre** (ルジャンドル) **変換**の双対性として統一的に理解される．詳しくは，凸解析を扱った文献 [34] などを参照されたい． ◁

b. 双対定理

式 (3.63) の主問題Pとその双対問題Dについて，それぞれの実行可能領域を

$$P = \{\boldsymbol{x} \in \mathbb{R}^n \mid A\boldsymbol{x} = \boldsymbol{b}, \boldsymbol{x} \geqq \boldsymbol{0}\}, \qquad D = \{\boldsymbol{y} \in \mathbb{R}^m \mid A^\top \boldsymbol{y} \leqq \boldsymbol{c}\} \tag{3.65}$$

と表す．次の**双対定理**が成り立つ．

定理 3.12 (双対定理) 標準形の主問題Pとその双対問題Dについて，$P \neq \emptyset$, $D \neq \emptyset$ ならば，以下のことが成り立つ．

(1) [**弱双対性**] 任意の $\boldsymbol{x} \in P$ と $\boldsymbol{y} \in D$ に対して $\boldsymbol{c}^\top \boldsymbol{x} \geqq \boldsymbol{b}^\top \boldsymbol{y}$ である．

(2) [**強双対性**]

$$\inf\{\boldsymbol{c}^\top \boldsymbol{x} \mid \boldsymbol{x} \in P\} = \sup\{\boldsymbol{b}^\top \boldsymbol{y} \mid \boldsymbol{y} \in D\} \tag{3.66}$$

であり，inf を達成する $\boldsymbol{x}$ と sup を達成する $\boldsymbol{y}$ が存在する (とくに両辺の値は有限値である)．

(証明) (1) $\boldsymbol{x} \in P$, $\boldsymbol{y} \in D$ とする．$\boldsymbol{b} = A\boldsymbol{x}$ より $\boldsymbol{y}^\top \boldsymbol{b} = \boldsymbol{y}^\top (A\boldsymbol{x}) = (\boldsymbol{y}^\top A)\boldsymbol{x}$ である．一方，$\boldsymbol{y}^\top A \leqq \boldsymbol{c}^\top$ と $\boldsymbol{x} \geqq \boldsymbol{0}$ により，$(\boldsymbol{y}^\top A)\boldsymbol{x} \leqq \boldsymbol{c}^\top \boldsymbol{x}$ となる．したがって，$\boldsymbol{b}^\top \boldsymbol{y} \leqq \boldsymbol{c}^\top \boldsymbol{x}$ である．

(2) 弱双対性は (1) で証明済みだから，$\boldsymbol{c}^\top \boldsymbol{x} \leqq \boldsymbol{b}^\top \boldsymbol{y}$ を満たす $\boldsymbol{x} \in P$, $\boldsymbol{y} \in D$ の存在を示せばよい．この条件を補助変数

$$w = \boldsymbol{b}^\top \boldsymbol{y} - \boldsymbol{c}^\top \boldsymbol{x} \geqq 0, \quad \boldsymbol{y} = \boldsymbol{y}' - \boldsymbol{y}'' \quad (\boldsymbol{y}', \boldsymbol{y}'' \geqq \boldsymbol{0}), \quad \boldsymbol{z} = \boldsymbol{c} - A^\top \boldsymbol{y} \geqq \boldsymbol{0}$$

を用いて書き直すと，方程式系

$$\begin{bmatrix} 1 & \boldsymbol{c}^\top & -\boldsymbol{b}^\top & \boldsymbol{b}^\top & \boldsymbol{0}^\top \\ \boldsymbol{0} & A & O & O & O \\ \boldsymbol{0} & O & A^\top & -A^\top & I \end{bmatrix} \begin{bmatrix} w \\ \boldsymbol{x} \\ \boldsymbol{y}' \\ \boldsymbol{y}'' \\ \boldsymbol{z} \end{bmatrix} = \begin{bmatrix} 0 \\ \boldsymbol{b} \\ \boldsymbol{c} \end{bmatrix}$$

が非負解をもつことと言い換えられる．Farkas の補題 (定理 3.3) より，この条件は，任意の $\alpha, \boldsymbol{\beta}, \boldsymbol{\gamma}$ に対して

$$\alpha \geqq 0,\ \ \alpha\boldsymbol{c} + A^\top\boldsymbol{\beta} \geqq \boldsymbol{0},\ \ \alpha\boldsymbol{b} = A\boldsymbol{\gamma},\ \ \boldsymbol{\gamma} \geqq \boldsymbol{0} \implies \boldsymbol{\beta}^\top\boldsymbol{b} + \boldsymbol{\gamma}^\top\boldsymbol{c} \geqq 0 \tag{3.67}$$

が成り立つことと同値である．

(i) $\alpha > 0$ の場合に (3.67) を示すのは容易である．実際，

$$\alpha(\boldsymbol{\beta}^\top\boldsymbol{b} + \boldsymbol{\gamma}^\top\boldsymbol{c}) = \boldsymbol{\beta}^\top(\alpha\boldsymbol{b}) + \boldsymbol{\gamma}^\top(\alpha\boldsymbol{c}) \geqq \boldsymbol{\beta}^\top(A\boldsymbol{\gamma}) + \boldsymbol{\gamma}^\top(-A^\top\boldsymbol{\beta}) = 0$$

において $\alpha > 0$ であるから，$\boldsymbol{\beta}^\top\boldsymbol{b} + \boldsymbol{\gamma}^\top\boldsymbol{c} \geqq 0$ が成り立つ．

(ii) $\alpha = 0$ の場合には，$P \neq \emptyset$ と $A^\top\boldsymbol{\beta} \geqq \boldsymbol{0}$ から $\boldsymbol{\beta}^\top\boldsymbol{b} \geqq 0$ が Farkas の補題 (定理 3.3) より導かれ，$D \neq \emptyset$ と $A\boldsymbol{\gamma} = \boldsymbol{0}$, $\boldsymbol{\gamma} \geqq \boldsymbol{0}$ から，任意の $\boldsymbol{y}_0 \in D$ に対して，$\boldsymbol{\gamma}^\top\boldsymbol{c} \geqq \boldsymbol{\gamma}^\top(A^\top\boldsymbol{y}_0) = (A\boldsymbol{\gamma})^\top\boldsymbol{y}_0 = 0$ が導かれる．したがって，$\boldsymbol{\beta}^\top\boldsymbol{b} + \boldsymbol{\gamma}^\top\boldsymbol{c} \geqq 0$ である． ■

定理 3.12 により，与えられた問題 P を解くことは，線形の等式・不等式条件

$$A\boldsymbol{x} = \boldsymbol{b}, \qquad \boldsymbol{x} \geqq \boldsymbol{0}, \qquad \boldsymbol{c}^\top\boldsymbol{x} \leqq \boldsymbol{b}^\top\boldsymbol{y}, \qquad A^\top\boldsymbol{y} \leqq \boldsymbol{c} \tag{3.68}$$

を満たす $(\boldsymbol{x}, \boldsymbol{y})$ を求めることと同値である．このように，双対定理を用いると，最適化問題を不等式系を満たす解を求める問題に変換することができる．

注意 3.8 定理 3.12 は，最適性を確認する手段としても利用できる．一般に，目的関数 $f(\boldsymbol{x})$ を最小化する最適化問題を考えよう．実行可能解 $\boldsymbol{x}$ が最適解 でない ことを証明するには，$f(\boldsymbol{x}) > f(\boldsymbol{x}')$ を満たす実行可能解 $\boldsymbol{x}'$ を一つ呈示すればよい．しかし，$\boldsymbol{x}$ が最適解 である ことを証明するにはどうしたらよいであろうか．すべての (無限個の)$\boldsymbol{x}'$ を列挙して $f(\boldsymbol{x}) \leqq f(\boldsymbol{x}')$ を確認するというのは論外である．$\boldsymbol{x}$ が最適であるということを証明するには，それより良い $\boldsymbol{x}'$ はないという「非存在

証明」が必要であり，一般にはこれはきわめて困難である．そこで定理 3.12 を見ると，最適性を証明するには，双対問題 D の実行可能解 $\boldsymbol{y} \in D$ で，$\boldsymbol{c}^\top \boldsymbol{x} = \boldsymbol{b}^\top \boldsymbol{y}$ を満たすものを一つ呈示すればよいことがわかる．この $\boldsymbol{y}$ のように，それを知っていると最適性を証明することのできる情報 (ベクトルや集合など) を，一般に，**最適性の証拠** (certificate of optimality) とよぶ．なお，ここでの議論と 3.3.2 項で説明した二者択一定理の意義との類似性に注意されたい．◁

c. 例　　題

双対定理が成り立つことを，簡単な例題について具体的な計算を通じて確認しよう．

標準形の線形計画問題

$$
\begin{array}{lllll}
\text{Minimize} & 12\,x_1 + 4\,x_2 + 3\,x_3 & & & \cdots\ \text{(i)} \\
\text{subject to} & x_1 + \ x_2 + \ x_3 & = & 1 & \cdots\ \text{(ii)} \\
 & 4\,x_1 + \ x_2 & = & 2 & \cdots\ \text{(iii)} \\
 & x_1,\ x_2,\ x_3 & \geqq & 0 & \cdots\ \text{(iv)}
\end{array}
\tag{3.69}
$$

を考える．ここで，x_1, x_2, x_3 が最適化の変数である．変数が三つあるので図を描いて解くのは難しいが，変数をうまく消去すれば比較的簡単に解くことができる．まず，(iii), (iv) より

$$x_2 = 2 - 4x_1 \qquad \geqq 0$$

である．これと (ii), (iv) により

$$x_3 = 1 - x_1 - x_2 = -1 + 3x_1 \qquad \geqq 0$$

となるので，目的関数を g と書くことにすると

$$g = 12x_1 + 4x_2 + 3x_3 = 12x_1 + 4(2 - 4x_1) + 3(-1 + 3x_1) = 5 + 5x_1$$

となる．変数 x_1 の動く範囲は，上に示した不等式と (iv) の $x_1 \geqq 0$ より $1/3 \leqq x_1 \leqq 1/2$ となるので，$x_1 = 1/3$ のとき g が最小になる．これに対応して，最適解は $(x_1, x_2, x_3) = (1/3, 2/3, 0)$ となり，目的関数 g の最小値は

$$g_{\min} = 5 + 5 \cdot \frac{1}{3} = \frac{20}{3} \tag{3.70}$$

となる．

次に，問題 (3.69) の双対問題を考える．式 (3.62) より，双対問題は

$$\begin{array}{llll} \text{Maximize} & y_1 + 2y_2 & & \\ \text{subject to} & y_1 + 4y_2 & \leqq & 12 \\ & y_1 + y_2 & \leqq & 4 \\ & y_1 & \leqq & 3 \end{array} \tag{3.71}$$

となる．この問題は，式 (3.52) の問題と本質的に同じ問題である [変数を (y_1, y_2) に変えただけである]．したがって，問題 (3.71) の最適解は $(y_1, y_2) = (4/3, 8/3)$ であり，目的関数の最大値 $f_{\max}$ は

$$f_{\max} = \frac{4}{3} + 2 \cdot \frac{8}{3} = \frac{20}{3} \tag{3.72}$$

である [式 (3.53) 参照]．

式 (3.70) と式 (3.72) より，式 (3.66) の強双対性

$$\text{主問題 (3.69) の最小値 } g_{\min} \;=\; \text{双対問題 (3.71) の最大値 } f_{\max}$$

が確認された．

ここでは，直接的な計算によって簡単な例題について主問題と双対問題を解いて，双対定理が成り立っていることを確認してみたが，双対定理は，単体法や内点法などの実用的なアルゴリズムの理論的基礎としても利用されている．

4　整　数　行　列

この章では，整数を要素とする行列に関する線形代数，とくに線形方程式系・不等式系の整数解を扱う．整数の世界では割り算ができるとは限らないので，行列のランクに加えて，整除関係についての考察が必要となる．整数行列に対する基本変形，Hermite 標準形，Smith 標準形 (単因子標準形) を軸として，線形方程式系・不等式系の整数解についての基本事項を述べる．

4.1　単模行列 (ユニモジュラ行列)

4.1.1　整数行列の逆行列

整数を要素とする行列を**整数行列**という．整数行列が正則のときでも，その逆行列は整数行列になるとは限らない．このことは，整数の逆数が整数とは限らないことに対応している．

例 4.1　行列 $A = \begin{bmatrix} 1 & -1 \\ 1 & 1 \end{bmatrix}$ は正則であるが，その逆行列 $A^{-1} = \begin{bmatrix} 1/2 & 1/2 \\ -1/2 & 1/2 \end{bmatrix}$ は整数行列でない．◁

まず，整数行列の逆行列が整数行列になるための必要条件を考えよう．整数行列 A が正則であるとして，その逆行列 B が整数行列であるとする．整数行列の行列式の値は整数であるから，$\det A$ と $\det B$ は整数であり，「行列式の積 = 積の行列式」という公式により，

$$\det A \cdot \det B = \det(AB)$$

が成り立つ．ここで $AB = I$(単位行列) であるから，右辺の値は 1 に等しい．左辺の $\det A$ と $\det B$ はともに整数であったから，とくに，$\det A = 1$ または -1 であることが必要条件として導かれる．

次の定理 4.1 に述べるように，上の必要条件は，実は，十分条件にもなっている．行列式の値が 1 または -1 である (正方形の) 整数行列を，**単模行列**（たんも） (あるいは**ユニモジュラ行列**) とよぶ．

定理 4.1 整数行列 A の逆行列が (存在して) 整数行列であるための必要十分条件は，A が単模行列であることである．

(証明) 必要性についてはすでに示した．十分性を示そう．A が単模行列とする．逆行列 A^{-1} の各要素は「A の余因子 / $\det A$」の形である．整数行列 A の余因子は整数であるから，$\det A = \pm 1$ ならば，これは整数になる．■

命題 4.1 整数行列 A が単模行列ならば，逆行列 A^{-1} も単模行列である．

(証明) 定理 4.1(十分性) により，A^{-1} は整数行列である．このことと $\det A^{-1} = 1/\det A = \pm 1$ により，A^{-1} は単模行列である．■

例 4.2 行列 $A = \begin{bmatrix} 1 & 2 \\ 1 & 1 \end{bmatrix}$ は単模行列である．逆行列 $A^{-1} = \begin{bmatrix} -1 & 2 \\ 1 & -1 \end{bmatrix}$ は整数行列であり，さらに単模行列である．実際，$\det A = \det(A^{-1}) = -1$ である．◁

4.1.2 整数格子点

整数を要素とするベクトルを**整数ベクトル**という．n 次元整数ベクトルの全体を $\mathbb{Z}^n$ と表す．これは n 次元実ベクトル空間 $\mathbb{R}^n$ の部分集合と見なせる．幾何学的には，$\mathbb{Z}^n$ は空間 $\mathbb{R}^n$ 内の**整数格子**である．第 j 単位ベクトルを $\boldsymbol{e}_j = (0,\ldots,0,1,0,\ldots,0)^\top$ $(j = 1,\ldots,n)$ とするとき，

$$\mathbb{Z}^n = \{x_1\boldsymbol{e}_1 + x_2\boldsymbol{e}_2 + \cdots + x_n\boldsymbol{e}_n \mid x_j \in \mathbb{Z}\ (j = 1,2,\ldots,n)\} \tag{4.1}$$

と書くこともできる．

n 個の n 次元整数ベクトル $\boldsymbol{a}_1, \boldsymbol{a}_2, \ldots, \boldsymbol{a}_n$ が与えられたとき，これらの整数係数の 1 次結合の全体

$$\{x_1\boldsymbol{a}_1 + x_2\boldsymbol{a}_2 + \cdots + x_n\boldsymbol{a}_n \mid x_j \in \mathbb{Z}\ (j = 1,2,\ldots,n)\}$$

を，$\boldsymbol{a}_1, \boldsymbol{a}_2, \ldots, \boldsymbol{a}_n$ で**生成**される**格子**という．式 (4.1) のように，単位ベクトル $\boldsymbol{e}_1, \boldsymbol{e}_2, \ldots, \boldsymbol{e}_n$ によって生成される格子が $\mathbb{Z}^n$ であるが，逆に，$\mathbb{Z}^n$ を生成するベクトルはこれに限らない．次の定理は，$\mathbb{Z}^n$ を生成するベクトル $\boldsymbol{a}_1, \boldsymbol{a}_2, \ldots, \boldsymbol{a}_n$ が満たすべき条件を与えており，$\mathbb{Z}^n$ の生成系の変換が単模行列によって与えられることを示している．

定理 4.2 n 個の n 次元整数ベクトル $\boldsymbol{a}_1, \boldsymbol{a}_2, \ldots, \boldsymbol{a}_n$ が $\mathbb{Z}^n$ を生成するための必要十分条件は，$A = [\boldsymbol{a}_1, \boldsymbol{a}_2, \ldots, \boldsymbol{a}_n]$ が単模行列であることである．

(証明) A が単模行列であるとする．任意の $\boldsymbol{b} \in \mathbb{Z}^n$ に対して $\boldsymbol{x} = A^{-1}\boldsymbol{b}$ とおくと，$A\boldsymbol{x} = \boldsymbol{b}$, $\boldsymbol{x} \in \mathbb{Z}^n$ となる．したがって，$\boldsymbol{a}_1, \boldsymbol{a}_2, \ldots, \boldsymbol{a}_n$ は $\mathbb{Z}^n$ の全体を生成する．逆に，整数ベクトル $\boldsymbol{a}_1, \boldsymbol{a}_2, \ldots, \boldsymbol{a}_n$ が $\mathbb{Z}^n$ を生成するとすると，第 j 単位ベクトル $\boldsymbol{e}_j$ に対して $A\boldsymbol{x}_j = \boldsymbol{e}_j$ を満たす整数ベクトル $\boldsymbol{x}_j$ が存在する $(j = 1, \ldots, n)$. $\boldsymbol{x}_1, \boldsymbol{x}_2, \ldots, \boldsymbol{x}_n$ を並べた行列 $X = [\boldsymbol{x}_1, \boldsymbol{x}_2, \ldots, \boldsymbol{x}_n]$ は整数行列で $AX = I$ を満たす．したがって，A は単模行列である． ■

例 4.3 例 4.1 の (単模行列でない) 行列 A の列ベクトル $\boldsymbol{a}_1 = \begin{bmatrix} 1 \\ 1 \end{bmatrix}$, $\boldsymbol{a}_2 = \begin{bmatrix} -1 \\ 1 \end{bmatrix}$ は $\mathbb{Z}^2$ を生成しない．たとえば，$\boldsymbol{b} = \begin{bmatrix} 0 \\ 1 \end{bmatrix}$ を $\boldsymbol{b} = x_1\boldsymbol{a}_1 + x_2\boldsymbol{a}_2$ $(x_1, x_2 \in \mathbb{Z})$ の形に表すことはできない． ◁

上の定理 4.2 では，生成系の変換という観点から単模行列の意味を説明した．これと等価な内容を，写像の観点から述べると以下のようになる．

行列 A を n 次正方整数行列とする．任意の整数ベクトル $\boldsymbol{x}$ に対して $A\boldsymbol{x}$ は整数ベクトルになるから，対応関係 $\boldsymbol{x} \mapsto A\boldsymbol{x}$ によって A は $\mathbb{Z}^n$ から $\mathbb{Z}^n$ への写像を定める．行列 A の単模性は，A の定める写像 $A : \mathbb{Z}^n \to \mathbb{Z}^n$ が全単射 (一対一対応) になるための必要十分条件となっている．

定理 4.3 n 次正方整数行列 A が定める写像 $A : \mathbb{Z}^n \to \mathbb{Z}^n$ が全単射になるための必要十分条件は，A が単模行列であることである．

(証明) A が単模行列であるとする．任意の $\boldsymbol{y} \in \mathbb{Z}^n$ に対して $\boldsymbol{x} = A^{-1}\boldsymbol{y}$ とおくと，$A\boldsymbol{x} = \boldsymbol{y}$, $\boldsymbol{x} \in \mathbb{Z}^n$ となるので，A の定める写像は全射である．また，$A\boldsymbol{x} = A\boldsymbol{y}$ とすると，$A(\boldsymbol{x} - \boldsymbol{y}) = \boldsymbol{0}$ と A の正則性により，$\boldsymbol{x} = \boldsymbol{y}$ が導かれるので，A の定める写像は単射である．逆に，A の定める写像が全単射であるとする．全射性により，第 j 単位ベクトル $\boldsymbol{e}_j$ に対して $A\boldsymbol{x}_j = \boldsymbol{e}_j$ を満たす整数ベクトル $\boldsymbol{x}_j$ が存在する $(j = 1, \ldots, n)$. $\boldsymbol{x}_1, \boldsymbol{x}_2, \ldots, \boldsymbol{x}_n$ を並べた行列を X とすると，X は整数行列で $AX = I$ を満たす．したがって，A は単模行列である． ■

4.2 整数基本変形

整数行列に対する基本変形を考える．これは，方程式系や不等式系の整数解を扱う際の基本操作となる．

4.2.1 定　　義

復習であるが，実数を要素とする行列に対する基本列変形は，

(1) 二つの列を入れ替える，
(2) ある列を 0 でない定数倍する，
(3) ある列の定数倍を他の列に加える，

の三つの操作と定義された[8, 15]．これに対し，整数行列に対しては，変換後の行列の整数性と逆変換の整数性を保証するために，

(1) 二つの列を入れ替える，
(2) ある列を -1 倍する，
(3) ある列の整数倍を他の列に加える，

の三つの操作を**基本列変形**と定義する．ただし，実数行列に対する基本列変形との区別を強調したいときには，**整数基本列変形**とよぶ．

上記 3 種類の整数基本列変形は，それぞれ，

$$E_1 = \left[\begin{array}{cc|ccc} & 1 & & & \\ 1 & & & & \\ \hline & & 1 & & \\ & & & \ddots & \\ & & & & 1 \end{array}\right], \quad E_2 = \left[\begin{array}{c|ccc} -1 & & & \\ \hline & 1 & & \\ & & \ddots & \\ & & & 1 \end{array}\right], \quad E_3 = \left[\begin{array}{cc|ccc} 1 & c & & & \\ & 1 & & & \\ \hline & & 1 & & \\ & & & \ddots & \\ & & & & 1 \end{array}\right] \tag{4.2}$$

(c は整数) のような形の行列で表現される．このような形の行列を**整数基本行列**とよぼう．より正確には，行列 $E_1 = E_1(p,q)$, $E_2 = E_2(p)$, $E_3 = E_3(p,q;c)$ を次のように定義する ($p \neq q$)：

(1) $E_1(p,q)$：行番号と列番号が $\{p,q\}$ の部分が $\begin{bmatrix} 0 & 1 \\ 1 & 0 \end{bmatrix}$ で，他は単位行列，
(2) $E_2(p)$：行番号と列番号が $\{p\}$ の部分が $[\,-1\,]$ で，他は単位行列，

(3) $E_3(p,q;c)$：(p,q) 要素が c，それ以外の非対角要素はすべて 0，対角要素はすべて 1 である行列．行番号と列番号が $\{p,q\}$ の部分は，$p<q$ のとき $\begin{bmatrix} 1 & c \\ 0 & 1 \end{bmatrix}$，$q<p$ のとき $\begin{bmatrix} 1 & 0 \\ c & 1 \end{bmatrix}$ である．

このとき，

(1) $E_1(p,q)$ を行列 A の右から掛けると，第 p 列と第 q 列が入れ替わる，
(2) $E_2(p)$ を行列 A の右から掛けると，第 p 列が -1 倍される，
(3) $E_3(p,q;c)$ を行列 A の右から掛けると，第 p 列の c 倍が第 q 列に足し込まれる．

整数基本行列は単模行列である*1．実際，

$$\det E_1(p,q) = -1, \qquad \det E_2(p) = -1, \qquad \det E_3(p,q;c) = 1$$

であり，さらに

$$E_1(p,q)^{-1} = E_1(p,q), \qquad E_2(p)^{-1} = E_2(p), \qquad E_3(p,q;c)^{-1} = E_3(p,q;-c)$$

が成り立つ．

行変形についても同様に，

(1) 二つの行を入れ替える，
(2) ある行を -1 倍する，
(3) ある行の整数倍を他の行に加える，

の三つの操作を (整数行列に対する) **基本行変形**と定義する．ただし，実数行列に対する基本行変形との区別を強調したいときには，**整数基本行変形**とよぶ．整数基本行変形は $E_1(p,q)$, $E_2(p)$, $E_3(p,q;c)$ を行列の左から掛けることに相当し，

(1) $E_1(p,q)$ を行列 A の左から掛けると，第 p 行と第 q 行が入れ替わる，
(2) $E_2(p)$ を行列 A の左から掛けると，第 p 行が -1 倍される，
(3) $E_3(p,q;c)$ を行列 A の左から掛けると，第 q 行の c 倍が第 p 行に足し込まれる．

なお，整数基本行変形と整数基本列変形を合わせて**整数基本変形**とよぶ．

*1 4.3 節の定理 4.5 において，任意の単模行列が整数基本行列の積の形に表されることを示す．

基本変形の意義は次の命題に集約される[*2]．一般に，整数 $a_1, a_2, \ldots, a_n$ $(n \geqq 1)$ に対して，その**最大公約数**(正の整数) を $\gcd(a_1, a_2, \ldots, a_n)$ と表す．ただし，a_j がすべて 0 のときには，最大公約数は 0 であると約束する．なお，$\gcd(a_1, a_2, \ldots, a_n) = \gcd(|a_1|, |a_2|, \ldots, |a_n|)$ である．

命題 4.2

(1) 整数を要素とする任意の行ベクトル $(a_1, a_2, \ldots, a_n) \neq \mathbf{0}^\top$ は，整数基本列変形を繰り返すことによって $(b, 0, \ldots, 0)$ に変換できる．ただし，$b = \gcd(a_1, a_2, \ldots, a_n)$ である．

(2) 整数を要素とする任意の列ベクトル $(a_1, a_2, \ldots, a_n)^\top \neq \mathbf{0}$ は，整数基本行変形を繰り返すことによって $(b, 0, \ldots, 0)^\top$ に変換できる．ただし，$b = \gcd(a_1, a_2, \ldots, a_n)$ である．

(証明) (1) まず，負の要素の列には -1 を掛けることによって，すべての j に対して $a_j \geqq 0$ が成り立つようにする．次に，適当に列を交換して，正の要素の最小値が a_1 になるようにする．$j = 2, \ldots, n$ に対して，a_j を a_1 で割った商を q_j, 余りを r_j とすると，

$$a_j = a_1 q_j + r_j, \qquad a_1 > r_j \geqq 0 \tag{4.3}$$

が成り立つ．第 1 列の $-q_j$ 倍を第 j 列に加える操作を $j = 2, \ldots, n$ に対して行うと，$(a_1, a_2, \ldots, a_n)$ は $(a_1, r_2, \ldots, r_n)$ に変換される．ここで，$r_j = 0$ $(j = 2, \ldots, n)$ ならば，$b = a_1$ として主張が示されたことになる．そうでないときは，上と同じ操作を繰り返す．このとき $a_1 > r_j \geqq 0$ $(j = 2, \ldots, n)$ より正の要素の最小値は真に減少するので，有限回の繰返しの後にこの操作は終了する．なお，式 (4.3) より $\gcd(a_1, r_2, \ldots, r_n) = \gcd(a_1, a_2, \ldots, a_n)$ であることに注意されたい．

(2) の証明も (1) と同様である (行を列に，列を行に読み替えればよい)．　■

例 4.4 行ベクトル $(6, 4, 10)$ は，整数基本列変形により，次のように変換される：$(6, 4, 10) \Rightarrow (4, 6, 10) \rightarrow (4, 2, 10) \rightarrow (4, 2, 2) \Rightarrow (2, 4, 2) \rightarrow (2, 0, 2) \rightarrow (2, 0, 0) = (b, 0, 0)$．ここで $b = \gcd(6, 4, 10) = 2$ であり，“$\Rightarrow$” は要素の交換，“$\rightarrow$” は割り算 (4.3) による変形を意味する．　◁

---

*2　命題 4.2 は，Hermite 標準形 (定理 4.4) や Smith 標準形 (定理 4.8) の証明に利用される．

注意 4.1 命題 4.2 の証明の鍵は，式 (4.3) に示した「割り算」による簡約化である．1 変数多項式に対しても「割り算」や「整除関係」が定義できるので，命題 4.2 に相当する命題（命題 5.2）やそれにもとづいて構成される Hermite 標準形，Smith 標準形の定理が，多項式を要素とする行列に対しても成り立つ．詳しくは 5 章を参照されたい． ◁

4.2.2 行列式因子

命題 4.2 の証明は，ベクトルの要素の最大公約数が整数基本変形で不変に保たれることを示している．整数基本変形と最大公約数のこのような関係は，行列に対して以下のように拡張される．

整数行列 A と自然数 k に対して，A の k 次小行列式をすべて考え，それらの最大公約数を，行列 A の k 次**行列式因子**とよぶ．これを $d_k(A)$ と表して定義を式で書けば，

$$d_k(A) = \gcd\{\det A[I,J] \mid |I| = |J| = k\} \tag{4.4}$$

となる (注意 4.2 参照)．右辺において，I は大きさ k の行集合，J は大きさ k の列集合の全体を動くので，A が $m \times n$ 型行列のとき，I は $\binom{m}{k}$ 個，J は $\binom{n}{k}$ 個あり，したがって，$A[I,J]$ は $\binom{m}{k} \times \binom{n}{k}$ 個ある．k の範囲は $1 \leqq k \leqq \min(m,n)$ であるが，$k=0$ の場合も考えて $d_0(A)=1$ と定義しておくと便利なことが多い．

例 4.5 行列 $A = \begin{bmatrix} 6 & 4 & 10 \\ -1 & 1 & -5 \end{bmatrix}$ に対して，

$$\begin{aligned} d_1(A) &= \gcd(6,4,10,-1,1,-5) = 1, \\ d_2(A) &= \gcd\left(\det\begin{bmatrix} 6 & 4 \\ -1 & 1 \end{bmatrix}, \det\begin{bmatrix} 6 & 10 \\ -1 & -5 \end{bmatrix}, \det\begin{bmatrix} 4 & 10 \\ 1 & -5 \end{bmatrix}\right) = 10 \end{aligned}$$

である． ◁

注意 4.2 本書における**小行列**と**小行列式**の記号について注意しておく．$A[I,J]$ は，集合 I に含まれない行番号と集合 J に含まれない列番号を消した A の小行列を表す．$I = \{i_1, i_2, \ldots, i_k\}$ $(i_1 < i_2 < \cdots < i_k)$，$J = \{j_1, j_2, \ldots, j_k\}$ $(j_1 < j_2 < \cdots < j_k)$ のとき，$A[I,J]$ の (p,q) 要素は $a_{i_p j_q}$ である．行列式の符号は行番号と列番号の並べ方に依存するので一般には注意が必要であるが，最大公約数を考えるときには符号は影響しない． ◁

行列式因子は，整数基本変形によって不変に保たれる．

命題 4.3 A を $m \times n$ 型整数行列とするとき，任意の m 次整数基本行列 E と n 次整数基本行列 F に対して

$$d_k(EAF) = d_k(A) \qquad (1 \leqq k \leqq \min(m, n)) \tag{4.5}$$

が成り立つ．

(証明) 列変形の場合だけを証明すれば十分である．F が $E_1(p, q)$, $E_2(p)$ の場合には明らかである．$F = E_3(p, q; c)$ の場合を考える．$B = A\,E_3(p, q; c)$ とおき，$B[I, J]$ と $A[I, J]$ を比較しよう (ここで $|I| = |J| = k$)．列番号 p, q と J の関係には，(i) $p \in J$, $q \in J$, (ii) $p \in J$, $q \notin J$, (iii) $p \notin J$, $q \notin J$, (iv) $p \notin J$, $q \in J$ の四つの場合がある．(i), (ii), (iii) の場合には $\det B[I, J] = \det A[I, J]$ が成り立ち，$\det B[I, J]$ は $d_k(A)$ の倍数である．(iv) の場合には

$$\det B[I, J] = \det A[I, J] \pm c \cdot \det A[I, (J \setminus \{q\}) \cup \{p\}]$$

が成り立つ[*3]ので，$\det B[I, J]$ は $d_k(A)$ の倍数である．ゆえに，$d_k(B)$ は $d_k(A)$ の倍数となる．整数基本変形は可逆であるから，$d_k(A)$ は $d_k(B)$ の倍数でもあり，したがって $d_k(B) = d_k(A)$ である．■

4.3 Hermite標準形

与えられた整数行列を，整数基本列変形によってできるだけ簡単な形に変換することを考える．以下，A を $m \times n$ 型の整数行列とし，行フルランク ($\operatorname{rank} A = m$) であると仮定する．このとき，$m \leqq n$ であるから，A は正方行列あるいは横長の長方行列である．

目標とする「簡単な形」は，$m \times n$ 型整数行列 $B = (b_{ij})$ で，条件

$$b_{ii} > 0 \qquad (1 \leqq i \leqq m), \tag{4.6}$$

$$0 \leqq b_{ij} < b_{ii} \qquad (1 \leqq j < i \leqq m), \tag{4.7}$$

$$b_{ij} = 0 \qquad (1 \leqq i \leqq m;\ i < j \leqq n) \tag{4.8}$$

---

*3　記号 $(J \setminus \{q\}) \cup \{p\}$ は，集合 J から q を取り除き，p を付け加えた (列番号の) 集合を表す．係数 $\pm c$ の符号は，J の要素を小さい順に並べてから要素 q を要素 p に置き換えた数列を考え，これを小さい順に並べ換える順列の符号で決まる．

を満たすものである．すなわち，非負の要素からなる左下三角行列で，各行において，対角要素が非対角要素よりも大きいような整数行列である．この条件を満たす行列を **Hermite** (エルミート) **標準形**とよぶ．

次の定理 4.4 は，任意の整数行列が整数基本列変形によって Hermite 標準形に変換できることを示す重要な定理である．命題 4.2 (1) において，任意の行ベクトルが整数基本列変形によって $(b, 0, \ldots, 0)$ の形に変換できることを見たが，この命題は定理 4.4 の特別な ($m = 1$ の) 場合であると同時に，定理 4.4 の証明の本質的な部分を担っている．

定理 4.4 行フルランクの整数行列は，整数基本列変形を繰り返すことによって Hermite 標準形に変換できる．

(証明) 与えられた整数行列を $A = (a_{ij})$ とする．行フルランクの仮定より A の第 1 行ベクトルは $\mathbf{0}^\top$ でないから，命題 4.2 (1) により，整数基本列変形を繰り返すことで A の第 1 行ベクトル $(a_{11}, a_{12}, \ldots, a_{1n})$ を $(b_{11}, 0, \ldots, 0)$(ただし $b_{11} > 0$) の形に変換できる．行列 A 全体にこの変換を施した後の行列を $A^{(1)} = (a_{ij}^{(1)})$ とすると，

$$a_{11}^{(1)} = b_{11}, \qquad a_{1j}^{(1)} = 0 \quad (j \geqq 2)$$

である．次に，$A^{(1)}$ の第 2 行の第 2 列目以降の行ベクトル $(a_{22}^{(1)}, a_{23}^{(1)}, \ldots, a_{2n}^{(1)})$ は行フルランクの仮定より $\mathbf{0}^\top$ でないから，これを $(b_{22}, 0, \ldots, 0)$ の形に変換することができる ($b_{22} > 0$)．さらに，$a_{21}^{(1)}$ を b_{22} で割る割り算によって $a_{21}^{(1)} = b_{22}q + r$, $b_{22} > r \geqq 0$ となる整数 q, r をとり，第 2 列の $-q$ 倍を第 1 列に足し込むことによって，第 2 行ベクトルを $(b_{21}, b_{22}, 0, \ldots, 0)$ (ただし，$0 \leqq b_{21} < b_{22}$) の形に変換することができる．この変換後の行列を $A^{(2)} = (a_{ij}^{(2)})$ とすると，

$$a_{11}^{(2)} = b_{11}, \quad a_{1j}^{(2)} = 0 \;\; (j \geqq 2), \quad a_{21}^{(2)} = b_{21}, \quad a_{22}^{(2)} = b_{22}, \quad a_{2j}^{(2)} = 0 \;\; (j \geqq 3)$$

である．以下，同様の変換を行っていくと，$A^{(m)}$ は Hermite 標準形になる．■

例 4.6 行列 $A = \begin{bmatrix} 6 & 4 & 10 \\ -1 & 1 & -5 \end{bmatrix}$ は，次のような列変形により Hermite 標準形 B に変換される．

$$\begin{bmatrix} 6 & 4 & 10 \\ -1 & 1 & -5 \end{bmatrix} \xrightarrow{E_1(1,2)} \begin{bmatrix} 4 & 6 & 10 \\ 1 & -1 & -5 \end{bmatrix} \xrightarrow{E_3(1,2;-1)} \begin{bmatrix} 4 & 2 & 10 \\ 1 & -2 & -5 \end{bmatrix}$$

$$\xrightarrow{E_3(1,3;-2)} \begin{bmatrix} 4 & 2 & 2 \\ 1 & -2 & -7 \end{bmatrix} \xrightarrow{E_1(1,2)} \begin{bmatrix} 2 & 4 & 2 \\ -2 & 1 & -7 \end{bmatrix}$$

$$\xrightarrow{E_3(1,2;-2)} \begin{bmatrix} 2 & 0 & 2 \\ -2 & 5 & -7 \end{bmatrix} \xrightarrow{E_3(1,3;-1)} \begin{bmatrix} 2 & 0 & 0 \\ -2 & 5 & -5 \end{bmatrix} = A^{(1)}$$

$$\xrightarrow{E_3(2,3;1)} \begin{bmatrix} 2 & 0 & 0 \\ -2 & 5 & 0 \end{bmatrix} \xrightarrow{E_3(2,1;1)} \begin{bmatrix} 2 & 0 & 0 \\ 3 & 5 & 0 \end{bmatrix} = B \text{ (Hermite 標準形)}.$$

◁

Hermite 標準形の定理 4.4 の系として，単模行列の特徴づけが得られる．

定理 4.5 正方形の整数行列 A に対して，以下の 3 条件 (a)～(c) は同値である．

(a) A は単模行列である．

(b) A は正則で，A の Hermite 標準形は単位行列 I である．

(c) A は整数基本行列の積の形に表される．

(証明) 行列 A を $n \times n$ 型行列とする．(a), (b), (c) のいずれの場合にも A は正則行列であり，定理 4.4 より，Hermite 標準形 $B = (b_{ij})$ が存在する．Hermite 標準形の構成法より，整数基本行列 $E_1, E_2, \ldots, E_k$ が存在して，$B = AE_1E_2 \cdots E_k$ が成り立つ．

[(a) ⇒ (b)]　行列 B は下三角行列で $|\det E_i| = 1$ だから

$$|b_{11}b_{22}\cdots b_{nn}| = |\det B| = |\det A| = 1$$

であり，対角要素 $b_{11}, b_{22}, \ldots, b_{nn}$ は正の整数だから，$b_{11} = b_{22} = \cdots = b_{nn} = 1$ である．さらに，$|b_{ij}| < b_{ii}$ $(j < i)$ だから，$B = I$(単位行列) となる．

[(b) ⇒ (c)]　$I = B = AE_1E_2 \cdots E_k$ より $A = E_k^{-1} \cdots E_2^{-1}E_1^{-1}$ となる．各 E_j^{-1} は整数基本行列である．

[(c) ⇒ (a)]　整数基本行列は単模行列であるから，これは明らかである．　■

定理 4.5 を用いると，定理 4.4 は次のように言い換えられる．

定理 4.6 行フルランクの整数行列 A に対して，ある単模行列 V が存在して，AV は Hermite 標準形となる．

(証明) 整数基本列変形は，対応する整数基本行列を右から掛けることにあたる．一方，定理 4.5 により，整数基本行列の積は単模行列である． ■

例 4.7 例 4.6 において，Hermite 標準形 B への変換に用いた整数基本行列の積 $V = E_1(1,2) \cdot E_3(1,2;-1) \cdot E_3(1,3;-2) \cdot E_1(1,2) \cdot E_3(1,2;-2) \cdot E_3(1,3;-1) \cdot E_3(2,3;1) \cdot E_3(2,1;1) = \begin{bmatrix} -1 & -2 & -3 \\ 2 & 3 & 2 \\ 0 & 0 & 1 \end{bmatrix}$ は単模行列であり，変換 $AV = B$ は

$$\begin{bmatrix} 6 & 4 & 10 \\ -1 & 1 & -5 \end{bmatrix} \begin{bmatrix} -1 & -2 & -3 \\ 2 & 3 & 2 \\ 0 & 0 & 1 \end{bmatrix} = \begin{bmatrix} 2 & 0 & 0 \\ 3 & 5 & 0 \end{bmatrix}$$

となっている． ◁

定理 4.4(あるいは定理 4.6) で Hermite 標準形の存在を示したが，実は，Hermite 標準形は一意的に確定する．

定理 4.7 行フルランクの整数行列の Hermite 標準形は一意に定まる．

(証明) 与えられた A から相異なる Hermite 標準形 $B = (b_{ij})$, $B' = (b'_{ij})$ が得られたとして，矛盾を導こう．集合 $\Lambda(A) = \{A\boldsymbol{x} \mid \boldsymbol{x} \in \mathbb{Z}^n\}$ を考える．任意の n 次単模行列 V に対して

$$\Lambda(AV) = \{AV\boldsymbol{x} \mid \boldsymbol{x} \in \mathbb{Z}^n\} = \{A\boldsymbol{y} \mid \boldsymbol{y} = V\boldsymbol{x}, \boldsymbol{x} \in \mathbb{Z}^n\} = \{A\boldsymbol{y} \mid \boldsymbol{y} \in \mathbb{Z}^n\} = \Lambda(A)$$

が成り立つから，$\Lambda(A) = \Lambda(B) = \Lambda(B')$ である．

行列 B と行列 B' は相異なるから，$b_{ij} \neq b'_{ij}$ となる (i,j) がある ($i \geqq j$ である)．そのような (i,j) の中で i が最小のものを考える．このとき $b_{ii} \geqq b'_{ii}$ と仮定してよい ($b_{ii} < b'_{ii}$ ならば B と B' を入れ替える)．$i \neq j$ ならば，この仮定と Hermite 標準形の条件により $0 \leqq b_{ij} < b_{ii}$, $0 \leqq b'_{ij} < b'_{ii} \leqq b_{ii}$ となるので，$0 < |b'_{ij} - b_{ij}| < b_{ii}$ が成り立つ．この不等式は $i = j$ の場合にも成り立つ．

行列 B の列ベクトルを $\boldsymbol{b}_1, \boldsymbol{b}_2, \ldots, \boldsymbol{b}_n$ と表し，B' の列ベクトルを $\boldsymbol{b}'_1, \boldsymbol{b}'_2, \ldots, \boldsymbol{b}'_n$ と表す ($\boldsymbol{b}_k = \boldsymbol{b}'_k = \boldsymbol{0}$ $(k > m)$ である)．第 j 列ベクトルに着目すると，$\boldsymbol{b}'_j \in \Lambda(B') = \Lambda(B)$, $\boldsymbol{b}_j \in \Lambda(B)$ より $\boldsymbol{b}'_j - \boldsymbol{b}_j \in \Lambda(B)$ であるから，ある $\boldsymbol{x} \in \mathbb{Z}^n$ が存在して

$$\boldsymbol{b}'_j - \boldsymbol{b}_j = B\boldsymbol{x} = x_1\boldsymbol{b}_1 + x_2\boldsymbol{b}_2 + \cdots + x_m\boldsymbol{b}_m$$

である．行番号 i の選び方より左辺 $\boldsymbol{b}'_j - \boldsymbol{b}_j$ の第 1 成分 ∼ 第 $(i-1)$ 成分は 0 であり，一方 B は左下三角形であるから，$x_1 = x_2 = \cdots = x_{i-1} = 0$ である．したがって，上式の第 i 成分より $b'_{ij} - b_{ij} = x_i b_{ii}$ となる．x_i は整数であるから，これは上に示した不等式 $0 < |b'_{ij} - b_{ij}| < b_{ii}$ に矛盾する．

相異なる Hermite 標準形があるとして矛盾が導かれたので，Hermite 標準形の一意性が証明されたことになる．■

本節では，A が行フルランクであるという条件の下で Hermite 標準形を論じた．より一般の場合については，文献 [8] の 2.15.6 項を参照されたい．

4.4　Smith 標準形 (単因子標準形)

Hermite 標準形は列変形だけによる三角化であるが，列変形と行変形の両方を用いると，対角行列にすることができる．整数基本変形を繰り返すことは単模行列を掛けることと同等である (定理 4.5) から，単模行列を左右から掛けて対角行列に変換できると言い換えることもできる．

例 4.8　行列 $A = \begin{bmatrix} 5 & 0 \\ 5 & 7 \end{bmatrix}$ は Hermite 標準形になっているので，列変形によってこれ以上簡単な形に変換できない．しかし，行変形 (第 2 行から第 1 行を引く) を用いれば,

$$\begin{bmatrix} 1 & 0 \\ -1 & 1 \end{bmatrix} \begin{bmatrix} 5 & 0 \\ 5 & 7 \end{bmatrix} = \begin{bmatrix} 5 & 0 \\ 0 & 7 \end{bmatrix}$$

のように対角行列に変換できる．◁

命題 4.4 任意の $m \times n$ 型整数行列 A に対して，m 次単模行列 U と n 次単模行列 V が存在して，

$$UAV = \left[\begin{array}{ccc|c} \alpha_1 & & 0 & \\ & \ddots & & 0_{r,n-r} \\ 0 & & \alpha_r & \\ \hline & 0_{m-r,r} & & 0_{m-r,n-r} \end{array}\right] \tag{4.9}$$

となる．ここで，$r = \operatorname{rank} A$ で，$\alpha_1 \leqq \alpha_2 \leqq \cdots \leqq \alpha_r$ は正の整数である．

(証明) $A^{(0)} = A$ とおく．$A^{(0)} = O$ ならば，式 (4.9) の形である．$A^{(0)} \neq O$ のとき，絶対値の最も小さい非零要素を選び，行と列の入れ替えによって $(1,1)$ 要素に移す．必要なら，第 1 列の符号を変えて $a_{11}^{(0)} > 0$ とする．

第 1 行に着目する．$j = 2, \ldots, n$ に対して，

$$a_{1j}^{(0)} = a_{11}^{(0)} q_j + r_j, \qquad a_{11}^{(0)} > r_j \geqq 0$$

となる整数 q_j, r_j をとり，第 1 列の $-q_j$ 倍を第 j 列に足し込んで $(1, j)$ 要素を r_j に変える．次に，第 1 列に着目し，$i = 2, \ldots, m$ に対して，

$$a_{i1}^{(0)} = a_{11}^{(0)} q_i' + r_i', \qquad a_{11}^{(0)} > r_i' \geqq 0$$

となる整数 q_i', r_i' をとり，第 1 行の $-q_i'$ 倍を第 i 行に足し込んで $(i, 1)$ 要素を r_i' に変える．

その結果，第 1 行が $(a_{11}^{(0)}, 0, \ldots, 0)$，第 1 列が $(a_{11}^{(0)}, 0, \ldots, 0)^\top$ となったならば，第 2 行 ~ 第 m 行，第 2 列 ~ 第 n 列からなる $(m-1) \times (n-1)$ 型行列を $A^{(1)} = (a_{ij}^{(1)} \mid 2 \leqq i \leqq m, 2 \leqq j \leqq n)$ として，第 1 段を終了する：

$$\left[\begin{array}{c|ccc} a_{11}^{(0)} & 0 & \cdots & 0 \\ \hline 0 & & & \\ \vdots & & A^{(1)} & \\ 0 & & & \end{array}\right].$$

そうでないときには，第 1 行または第 1 列に $a_{11}^{(0)}$ よりも小さい正の数があるから，これを $(1,1)$ 要素に移して，上と同様のことを繰り返す．そうすると，有限回の繰り返しの後に，第 1 段が終了して，$(m-1) \times (n-1)$ 型行列 $A^{(1)}$ が得られる．

この行列に対して，上と同じことを行い，左上の対角要素 $a_{22}^{(1)}$ と $(m-2) \times (n-2)$ 型行列 $A^{(2)} = (a_{ij}^{(2)} \mid 3 \leqq i \leqq m, 3 \leqq j \leqq n)$ を求めて，第 2 段を終了する．以

下，同様の変換を行っていくと，対角要素 $a_{11}^{(0)}, a_{22}^{(1)}, \ldots, a_{rr}^{(r-1)}$ と $A^{(r)} = O$ が得られる．最後に，対角要素が昇順 (小さい順) になるように，行と列を並べ換えればよい． ■

実は，式 (4.9) の対角形において，対角要素の $\alpha_1, \alpha_2, \ldots, \alpha_r$ の間に整除条件

$$\alpha_1 \mid \alpha_2 \mid \cdots \mid \alpha_r \tag{4.10}$$

を課すことができる．ここで，記号 $a \mid b$ は a が b の因子であることを表し，式 (4.10) は，$i = 1, \ldots, r-1$ に対して α_i が α_{i+1} を割り切ることを意味している．整除条件 (4.10) を満たす対角行列 (4.9) を **Smith** (スミス) **標準形**とよぶ．

後の定理 4.8 に示すように，任意の整数行列 A は単模行列を左右から掛けることによって Smith 標準形に変換でき，さらに，Smith 標準形は A によって一意に確定する．なお，次の例 4.9 のように，与えられた整数行列 A に対して命題 4.4 の対角行列 (整除条件を課さない形) は一意的に定まらない．

例 4.9 対角行列 $\begin{bmatrix} 5 & 0 \\ 0 & 7 \end{bmatrix}$ は，整除条件 (4.10) を満たさないので Smith 標準形でない．この行列に対して次のように整数基本変形を繰り返すと Smith 標準形が得られる (列変形を "$\longrightarrow$"，行変形を "$\Longrightarrow$" で表す)：

$$\begin{bmatrix} 5 & 0 \\ 0 & 7 \end{bmatrix} \overset{E_3(1,2;3)}{\longrightarrow} \begin{bmatrix} 5 & 15 \\ 0 & 7 \end{bmatrix} \overset{E_3(1,2;-2)}{\Longrightarrow} \begin{bmatrix} 5 & 1 \\ 0 & 7 \end{bmatrix}$$

$$\overset{E_1(1,2)}{\longrightarrow} \begin{bmatrix} 1 & 5 \\ 7 & 0 \end{bmatrix} \overset{E_3(1,2;-5)}{\longrightarrow} \begin{bmatrix} 1 & 0 \\ 7 & -35 \end{bmatrix}$$

$$\overset{E_3(2,1;-7)}{\Longrightarrow} \begin{bmatrix} 1 & 0 \\ 0 & -35 \end{bmatrix} \overset{E_2(2)}{\longrightarrow} \begin{bmatrix} 1 & 0 \\ 0 & 35 \end{bmatrix} \quad \text{(Smith 標準形)}.$$

上の変形の鍵は，一般に二つの整数 α, β に対して

$$\alpha v + \beta u = \gcd(\alpha, \beta)$$

を満たす整数 v, u が存在するという事実である．上の例では $(\alpha, \beta) = (5, 7)$, $\gcd(\alpha, \beta) = \gcd(5, 7) = 1$ であり，$(v, u) = (3, -2)$ に対して $5v + 7u = 1$ となる．上に示した変形では，最初に $E_3(1,2;3) = E_3(1,2;v)$ で列変形を行い，次に $E_3(1,2;-2) = E_3(1,2;u)$ で行変形を行うことによって，$(1,2)$ 要素に $1 = \gcd(\alpha, \beta)$ をつくり出している． ◁

定理 4.8 任意の整数行列は，単模行列による行変形と列変形によって Smith 標準形に変換できる．すなわち，任意の $m \times n$ 型整数行列 A に対して，m 次単模行列 U と n 次単模行列 V が存在して，

$$UAV = \left[\begin{array}{ccc|c} \alpha_1 & & 0 & \\ & \ddots & & 0_{r,n-r} \\ 0 & & \alpha_r & \\ \hline & 0_{m-r,r} & & 0_{m-r,n-r} \end{array}\right] \tag{4.11}$$

となる．ここで，$r = \operatorname{rank} A$ であり，$\alpha_1 \leqq \alpha_2 \leqq \cdots \leqq \alpha_r$ は

$$\text{整除条件 (4.10)：} \quad \alpha_1 \mid \alpha_2 \mid \cdots \mid \alpha_r$$

を満たす正の整数で，行列 A によって一意的に定まる．

(証明) 命題 4.4 により，A は対角行列としてよい．その正の対角要素を $\alpha_1 \leqq \alpha_2 \leqq \cdots \leqq \alpha_r$ とする．整除条件 (4.10) が成り立っていない場合を考えればよいが，このとき，$\alpha_i \mid \alpha_{i+1}$ を満たさない最小の i に対して，行番号と列番号が $\{i, i+1\}$ の部分 $\operatorname{diag}(\alpha_i, \alpha_{i+1})$ に着目する[*4]．$\alpha = \alpha_i$, $\beta = \alpha_{i+1}$, $g = \gcd(\alpha, \beta)$ とおき，

$$\alpha v + \beta u = g$$

を満たす整数 v, u をとり，

$$\begin{bmatrix} 1 & u \\ 0 & 1 \end{bmatrix} \begin{bmatrix} \alpha & 0 \\ 0 & \beta \end{bmatrix} \begin{bmatrix} 1 & v \\ 0 & 1 \end{bmatrix} = \begin{bmatrix} \alpha & \alpha v + \beta u \\ 0 & \beta \end{bmatrix} = \begin{bmatrix} \alpha & g \\ 0 & \beta \end{bmatrix}$$

と変換する．次に列を入れ替えてから

$$\begin{bmatrix} 1 & 0 \\ -\beta/g & 1 \end{bmatrix} \begin{bmatrix} g & \alpha \\ \beta & 0 \end{bmatrix} \begin{bmatrix} 1 & -\alpha/g \\ 0 & 1 \end{bmatrix} = \begin{bmatrix} g & 0 \\ 0 & -\alpha\beta/g \end{bmatrix}$$

と変換する．最後に第 2 列の符号を変えると，$\operatorname{diag}(g, \alpha\beta/g)$ となる．変換後の対角要素 $(\alpha_1, \ldots, \alpha_{i-1}; g, \alpha_i \alpha_{i+1}/g; \alpha_{i+2}, \ldots, \alpha_r)$ を小さい順に並べたものを $(\alpha'_1, \alpha'_2, \ldots, \alpha'_r)$ とすると，$g < \alpha_i$ であるから，辞書式順序で $(\alpha'_1, \alpha'_2, \ldots, \alpha'_r)$ は

*4　以下は，例 4.9 の議論を一般の場合にしたものである．

$(\alpha_1, \alpha_2, \ldots, \alpha_r)$ よりも真に小さくなっている．したがって，上記の変形を有限回行えば整除条件 (4.10) が満されるようになり，Smith 標準形が得られる．

一意性は次のように示される．Smith 標準形 UAV の k 次行列式因子 $d_k(UAV)$ は，整除条件 (4.10) により

$$d_k(UAV) = \alpha_1\alpha_2\cdots\alpha_k$$

と与えられる．一方，行列式因子は整数基本変形によって不変である (命題 4.3) から，$d_k(UAV)$ は A の行列式因子 $d_k(A)$ に等しい．したがって

$$d_k(A) = \alpha_1\alpha_2\cdots\alpha_k \qquad (k = 1, \ldots, r),$$

すなわち

$$\alpha_k = d_k(A) \;/\; d_{k-1}(A) \qquad (k = 1, \ldots, r)$$

であり，これは U, V に依らない． ■

Smith 標準形 (4.11) における対角要素 $\alpha_1, \alpha_2, \ldots, \alpha_r$ を，与えられた行列 A の**単因子**とよび，$e_1(A), e_2(A), \ldots, e_r(A)$ と表す．単因子と行列式因子の間に次の関係が成り立つ：

$$d_k(A) = e_1(A)e_2(A)\cdots e_k(A), \quad e_k(A) = \frac{d_k(A)}{d_{k-1}(A)} \qquad (k = 1, \ldots, r). \tag{4.12}$$

Smith 標準形を**単因子標準形**とよぶこともある．

例 4.10 行列 $A = \begin{bmatrix} 6 & 4 & 10 \\ -1 & 1 & -5 \end{bmatrix}$ の Smith 標準形は $\begin{bmatrix} 1 & 0 & 0 \\ 0 & 10 & 0 \end{bmatrix}$ で与えられる．単因子は $e_1(A) = 1$, $e_2(A) = 10$ であり，行列式因子は $d_1(A) = 1$, $d_2(A) = 10$ である (例 4.5)．なお，Hermite 標準形は $\begin{bmatrix} 2 & 0 & 0 \\ 3 & 5 & 0 \end{bmatrix}$ であった (例 4.6)． ◁

定理 4.8 の系として，単模行列の Smith 標準形による特徴づけが得られる．

定理 4.9 正方形の整数行列 A に対して，以下の 2 条件 (a), (b) は同値である．

(a) A は単模行列である．
(b) A の Smith 標準形は単位行列 I である．

(証明) [(a) ⇒ (b)] A が単模行列のとき，$U = I$, $V = A^{-1}$ とすれば，$UAV = I$ となる．ここで，$V = A^{-1}$ は単模行列である (命題 4.1)．

[(b) ⇒ (a)] ある単模行列 U, V に対して $UAV = I$ が成り立つ．ここで，$\det U = \pm 1$, $\det V = \pm 1$, $\det U \cdot \det A \cdot \det V = 1$ より，$\det A = \pm 1$ となる． ■

4.5 線形方程式系の整数解

本節では，線形方程式系 $A\boldsymbol{x} = \boldsymbol{b}$ の整数ベクトルの解 $\boldsymbol{x}$ の存在を考える．行列 A は $m \times n$ 型整数行列，$\boldsymbol{b}$ は m 次整数ベクトルとする．実数ベクトルの解を考える場合とは異なり，ランクの条件だけなく，整除性が関係するところが重要である．

最初に，比較のために，実数の場合の定理を思い出しておく[15]．

定理 4.10 $m \times n$ 型実数行列 A と m 次実数ベクトル $\boldsymbol{b}$ に関して，以下の 4 条件 (a)∼(d) は同値である．

(a) $A\boldsymbol{x} = \boldsymbol{b}$ が実数ベクトルの解 $\boldsymbol{x}$ をもつ．

(b) 任意の実数ベクトル $\boldsymbol{y}$ について，$\boldsymbol{y}^\top A = \boldsymbol{0}^\top$ ならば $\boldsymbol{y}^\top \boldsymbol{b} = 0$ である．

(c) A と $[A \mid \boldsymbol{b}]$ は，ランクが一致する．

(d) $\boldsymbol{b} \in \mathrm{Im}(A)$．ただし，$\mathrm{Im}(A)$ ($\subseteq \mathbb{R}^m$) は，A の列ベクトルの実数係数の 1 次結合の成す部分空間を表す．

ベクトルの整数性については，次の事実が基本である．

命題 4.5 V を n 次単模行列，$\boldsymbol{x}$ を n 次実数ベクトルとする．$V\boldsymbol{x}$ が整数ベクトルであるための必要十分条件は，$\boldsymbol{x}$ が整数ベクトルであることである．

(証明) $\boldsymbol{y} = V\boldsymbol{x}$ とおく．$\boldsymbol{x}$ が整数ベクトルなら，整数行列と整数ベクトルの積である $\boldsymbol{y}$ は整数ベクトルである．逆に，$\boldsymbol{y}$ が整数ベクトルのとき，単模行列の逆行列は整数行列である (定理 4.1) から，$\boldsymbol{x} = V^{-1}\boldsymbol{y}$ は整数ベクトルである． ■

与えられた方程式 $A\boldsymbol{x} = \boldsymbol{b}$ の整数解 $\boldsymbol{x}$ を考えるときに，単模行列 U, V を用いて，方程式 $A\boldsymbol{x} = \boldsymbol{b}$ を

$$(UAV)(V^{-1}\boldsymbol{x}) = U\boldsymbol{b}$$

と書き換える．上の命題 4.5 により，$\boldsymbol{x}$ が整数ベクトルであることは $\tilde{\boldsymbol{x}} = V^{-1}\boldsymbol{x}$ が整数ベクトルであることと同値であり，単模行列 U, V をうまく選べば係数行

列 $\tilde{A}=UAV$ を Smith 標準形 (4.11) (あるいは式 (4.9) の対角形) に変換できるので，解析が容易になる．後の引用のために変数変換をまとめると，

$$\tilde{A}=UAV, \quad \tilde{\boldsymbol{x}}=V^{-1}\boldsymbol{x}, \quad \tilde{\boldsymbol{b}}=U\boldsymbol{b} \tag{4.13}$$

であり，$A\boldsymbol{x}=\boldsymbol{b}$ は $\tilde{A}\tilde{\boldsymbol{x}}=\tilde{\boldsymbol{b}}$ と等価である．

このように考えていくと，次の定理が導かれる．

定理 4.11 $m \times n$ 型整数行列 A と m 次整数ベクトル $\boldsymbol{b}$ に関して，以下の 4 条件 (a)〜(d) は同値である．

(a) $A\boldsymbol{x}=\boldsymbol{b}$ が整数ベクトルの解 $\boldsymbol{x}$ をもつ．
(b) 任意の実数ベクトル $\boldsymbol{y}$ について，$\boldsymbol{y}^\top A$ が整数ベクトルならば $\boldsymbol{y}^\top \boldsymbol{b}$ は整数である．
(c) A と $[A \mid \boldsymbol{b}]$ は，単因子がすべて一致する[*5]．
(d) $\boldsymbol{b} \in \Lambda(A)$．ただし，$\Lambda(A)$ ($\subseteq \mathbb{Z}^m$) は，A の列ベクトルの整数係数の 1 次結合で表される整数格子点の全体を表す．

(証明) [(a) $\Leftrightarrow$ (b)] の証明は式 (4.9) の対角形を利用する．単模行列 U, V により $\tilde{A}=UAV$ が対角形 (4.9) になっているとする．$r=\operatorname{rank} A$ とし，$\tilde{A}$ の正の対角要素を $\alpha_1,\alpha_2,\ldots,\alpha_r$ とする．変数変換 (4.13) により，$A\boldsymbol{x}=\boldsymbol{b}$ は

$$\alpha_i \tilde{x}_i = \tilde{b}_i \quad (i=1,\ldots,r), \qquad 0=\tilde{b}_i \quad (i=r+1,\ldots,m)$$

となる．したがって，条件 (a) は

$$\alpha_i \mid \tilde{b}_i \quad (i=1,\ldots,r), \qquad \tilde{b}_i=0 \quad (i=r+1,\ldots,m) \tag{4.14}$$

と同値である．次に $\tilde{\boldsymbol{y}}=(U^{-1})^\top \boldsymbol{y}=(\tilde{y}_1,\tilde{y}_2,\ldots,\tilde{y}_m)^\top$ とすると，条件 (b) は

$$\tilde{y}_i\alpha_i \in \mathbb{Z} \quad (i=1,\ldots,r) \implies \sum_{i=1}^{r} \tilde{y}_i\tilde{b}_i + \sum_{i=r+1}^{m} \tilde{y}_i\tilde{b}_i \in \mathbb{Z}$$

と同値になるが，これは式 (4.14) の条件と同値である．

*5　単因子の個数はランクに等しいので，この条件は A と $[A \mid \boldsymbol{b}]$ のランクが一致することを含む．

$[(\mathrm{a}) \Leftrightarrow (\mathrm{c})]$ を示すには，$\tilde{A}$ を Smith 標準形 (4.11) に選ぶのが便利である．単因子は単模行列を掛けても不変であるから，

$$e_k(A) = e_k(\tilde{A}), \quad e_k([A \mid \boldsymbol{b}]) = e_k([\tilde{A} \mid \tilde{\boldsymbol{b}}]) \qquad (k = 1, \ldots, r)$$

である．式 (4.14) が成り立つとすると，$[\tilde{A} \mid \tilde{\boldsymbol{b}}]$ の右から整数基本行列 $E_3(i, n+1; -\tilde{b}_i/\alpha_i)$ $(i = 1, \ldots, r)$ を掛けると $[\tilde{A} \mid \boldsymbol{0}]$ になるので，

$$e_k(\tilde{A}) = e_k([\tilde{A} \mid \tilde{\boldsymbol{b}}]) \qquad (k = 1, \ldots, r)$$

となる．ゆえに，$[(\mathrm{a}) \Rightarrow (\mathrm{c})]$ が成り立つ．逆に，(c) が成り立つとする．このとき，$\operatorname{rank} \tilde{A} = \operatorname{rank} [\tilde{A} \mid \tilde{\boldsymbol{b}}]$ であるから $\tilde{b}_i = 0$ $(i = r+1, \ldots, m)$ が成り立つ．式 (4.12) より単因子が一致すれば行列式因子も一致するので，

$$d_k([\tilde{A} \mid \tilde{\boldsymbol{b}}]) = d_k(\tilde{A}) = \alpha_1 \cdots \alpha_{k-1}\alpha_k \qquad (k = 1, \ldots, r)$$

である．$k = 1, \ldots, r$ に対して，行番号が $\{1, \ldots, k\}$，列番号が $\{1, \ldots, k-1; n+1\}$ である $[\tilde{A} \mid \tilde{\boldsymbol{b}}]$ の k 次小行列に着目すると，その行列式は $\alpha_1 \cdots \alpha_{k-1}\tilde{b}_k$ に等しい．これは k 次行列式因子 $\alpha_1 \cdots \alpha_{k-1}\alpha_k$ の倍数であるから，式 (4.14) の $\alpha_k \mid \tilde{b}_k$ $(k = 1, \ldots, r)$ が成り立つ．

$[(\mathrm{a}) \Leftrightarrow (\mathrm{d})]$ は言葉の言い換えであり，明らかに成り立つ． ■

右辺ベクトル $\boldsymbol{b}$ が任意に動く場合の可解性は，次のようになる．

定理 4.12 $m \times n$ 型整数行列 A (ただし $\operatorname{rank} A = m$) に関して，以下の 4 条件 (a)〜(d) は同値である．

(a) 任意の m 次整数ベクトル $\boldsymbol{b}$ に対して $A\boldsymbol{x} = \boldsymbol{b}$ が整数ベクトルの解 $\boldsymbol{x}$ をもつ．
(b) 実数ベクトル $\boldsymbol{y}$ について，$\boldsymbol{y}^{\top} A$ が整数ベクトルならば $\boldsymbol{y}$ は整数ベクトルである．
(c) 単因子 $e_1(A), e_2(A), \ldots, e_m(A)$ はすべて 1 である[*6]．
(d) $\Lambda(A) = \mathbb{Z}^m$.

(証明) 定理 4.11 の条件 (a)〜(d) のそれぞれについて，それが任意の m 次整数ベクトル $\boldsymbol{b}$ (とくに，単位ベクトル $\boldsymbol{e}_1, \ldots, \boldsymbol{e}_m$) に対して成り立つ条件は，上のようになる． ■

*6 この条件は $e_m(A) = 1$ と同値であり，m 次行列式因子 $d_m(A) = 1$ とも同値である．

定理 4.11 の (a) と (b) の同値性は，次のように，二者択一定理[*7]の形に書き換えることができる．

定理 4.13 整数行列 A と整数ベクトル $\boldsymbol{b}$ に対して，次の (a) または $(\overline{\mathrm{b}})$ のいずれか一方が必ず成り立つ (両方が同時に成り立つことはない).

(a) $A\boldsymbol{x} = \boldsymbol{b}$ が整数ベクトルの解 $\boldsymbol{x}$ をもつ.

$(\overline{\mathrm{b}})$ $\boldsymbol{y}^\top A$ が整数ベクトルで，$\boldsymbol{y}^\top \boldsymbol{b}$ が整数でない実数ベクトル $\boldsymbol{y}$ が存在する.

注意 4.3 二者択一定理が一般的にどのような意義をもつかについて 3.3.2 項で説明したが，上の定理 4.13 の場合には以下のようになる．方程式 $A\boldsymbol{x} = \boldsymbol{b}$ の整数解 $\boldsymbol{x}$ の存在を証明するには，$\boldsymbol{x}$ そのものを「存在の証拠」として呈示すればよい．非存在を証明するには，$(\overline{\mathrm{b}})$ の条件を満たす実数ベクトル $\boldsymbol{y}$ を「非存在の証拠」として呈示すればよい. ◁

例 4.11 方程式 $A\boldsymbol{x} = \boldsymbol{b}$ が

$$\begin{bmatrix} 6 & 4 & 10 \\ -1 & 1 & -5 \end{bmatrix} \begin{bmatrix} x_1 \\ x_2 \\ x_3 \end{bmatrix} = \begin{bmatrix} 3 \\ 1 \end{bmatrix} \tag{4.15}$$

であるとする．このとき，$\boldsymbol{y} = (1/2, 0)^\top$ とすると，$\boldsymbol{y}^\top A = (3, 2, 5)$ は整数ベクトルで，$\boldsymbol{y}^\top \boldsymbol{b} = 3/2$ は整数でないから，この $\boldsymbol{y}$ は，整数ベクトル解 (x_1, x_2, x_3) が存在しないことの証拠となる．ついでに単因子をしらべてみると，$e_1(A) = 1$, $e_2(A) = 10$, $e_1([A \mid \boldsymbol{b}]) = e_2([A \mid \boldsymbol{b}]) = 1$ であり，定理 4.11 の条件 (c) は満たされていない. ◁

定理 4.13 は，解の存在・非存在証明には有用であるが，解 $\boldsymbol{x}$ の計算手順を与えてはいない．整数解 $\boldsymbol{x}$ を求めるには，Hermite 標準形を経由するのがよい．係数行列 A を Hermite 標準形 $\tilde{A}$ に変換することは，単模行列 V を用いて方程式 $A\boldsymbol{x} = \boldsymbol{b}$ を $(AV)(V^{-1}\boldsymbol{x}) = \boldsymbol{b}$ と書き換えることに相当する．変換後の係数行列 $\tilde{A} = AV$ は下三角行列であるから，$\tilde{A}\tilde{\boldsymbol{x}} = \boldsymbol{b}$ の解 $\tilde{\boldsymbol{x}}$ の成分は，$\tilde{x}_1, \tilde{x}_2, \ldots$ の順に求めることができ，もとの未知ベクトル $\boldsymbol{x}$ は，$\boldsymbol{x} = V\tilde{\boldsymbol{x}}$ によって計算できる．「$\boldsymbol{x}$ が

*7　一般に，二つの可能性のうちのいずれか一方が必ず成り立つことを主張する形の定理を**二者択一定理**とよぶ (3.3.2 項参照).

整数ベクトル $\iff$ $\tilde{\boldsymbol{x}}$ が整数ベクトル」が成り立つから，$\tilde{\boldsymbol{x}}$ を計算した時点で整数解 $\boldsymbol{x}$ の存在・非存在が判定できる．

例 4.12 方程式 (4.15) の係数行列 A の Hermite 標準形は $\tilde{A} = \begin{bmatrix} 2 & 0 & 0 \\ 3 & 5 & 0 \end{bmatrix}$ である (例 4.6) から，方程式 (4.15) は

$$\begin{bmatrix} 2 & 0 & 0 \\ 3 & 5 & 0 \end{bmatrix} \begin{bmatrix} \tilde{x}_1 \\ \tilde{x}_2 \\ \tilde{x}_3 \end{bmatrix} = \begin{bmatrix} 3 \\ 1 \end{bmatrix} \tag{4.16}$$

と書き換えられる．これより $\tilde{x}_1 = 3/2$, $\tilde{x}_2 = (1-3\tilde{x}_1)/5 = -7/10$, $\tilde{x}_3 = t$ $(t \in \mathbb{R})$ となる．したがって，整数解はもたない．

方程式 (4.15) の右辺ベクトル $\boldsymbol{b}$ が $(4, 11)^\top$ の場合には，式 (4.16) は

$$\begin{bmatrix} 2 & 0 & 0 \\ 3 & 5 & 0 \end{bmatrix} \begin{bmatrix} \tilde{x}_1 \\ \tilde{x}_2 \\ \tilde{x}_3 \end{bmatrix} = \begin{bmatrix} 4 \\ 11 \end{bmatrix} \tag{4.17}$$

に変わる．この方程式の整数解は $\tilde{x}_1 = 4/2 = 2$, $\tilde{x}_2 = (11 - 3\tilde{x}_1)/5 = 1$, $\tilde{x}_3 = t$ $(t \in \mathbb{Z})$ である．例 4.7 により，変換行列は

$$V = \begin{bmatrix} -1 & -2 & -3 \\ 2 & 3 & 2 \\ 0 & 0 & 1 \end{bmatrix}$$

であるから，$\boldsymbol{x} = V\tilde{\boldsymbol{x}}$ は

$$\begin{bmatrix} x_1 \\ x_2 \\ x_3 \end{bmatrix} = \begin{bmatrix} -1 & -2 & -3 \\ 2 & 3 & 2 \\ 0 & 0 & 1 \end{bmatrix} \begin{bmatrix} 2 \\ 1 \\ t \end{bmatrix} = \begin{bmatrix} -4-3t \\ 7+2t \\ t \end{bmatrix}$$

と求められる． ◁

注意 4.4 定理 4.11，定理 4.12 の [(a) ⇒ (b)] は対角化 (標準形への変換) を用いなくても容易に示すことができる．$A\boldsymbol{x} = \boldsymbol{b}$ で $\boldsymbol{y}^\top A$ と $\boldsymbol{x}$ が整数ベクトルとすると，$\boldsymbol{y}^\top \boldsymbol{b} = \boldsymbol{y}^\top (A\boldsymbol{x}) = (\boldsymbol{y}^\top A)\boldsymbol{x}$ は整数である．したがって，定理 4.11 の [(a) ⇒ (b)] が成り立つ．定理 4.12 においては，任意の整数ベクトル $\boldsymbol{b}$ に対して $\boldsymbol{y}^\top \boldsymbol{b}$ が整数ならば $\boldsymbol{y}$ は整数ベクトルであることに注意すればよい．

定理 4.11，定理 4.12 の証明は，

- 条件 (a) を標準形[*8]に対する条件に書き換える,
- 条件 (b) を標準形に対する条件に書き換える,
- 標準形に対して [(a) ⇔ (b)] の同値性を示す,

という形の証明となっている．本書では標準形の一つの使い方を示すことを目的として，後の章においても統一的にこの形の証明を採用している． ◁

4.6 線形不等式系の整数性

3 章において，線形不等式系の基礎事項とその線形計画への応用を述べた．本節では，そこに整数条件を加味した状況を考える．

4.6.1 整数計画と線形計画

線形計画において変数の値を整数に限定した問題を，**整数計画問題**あるいは**整数計画**とよぶ．たとえば，

$$\begin{array}{lrcl} \text{Maximize} & 3x_1 + 4x_2 + 5x_3 & & \\ \text{subject to} & x_1 + x_2 & \leqq & 1 \\ & x_2 + x_3 & \leqq & 1 \\ & x_1 + x_3 & \leqq & 1 \\ & x_1, x_2, x_3 \in \mathbb{Z} & & \end{array} \tag{4.18}$$

のような問題である．この問題の最適解は $(x_1, x_2, x_3) = (0, 0, 1)$ で，目的関数の最大値は 5 である (注意 4.5 参照)．問題 (4.18) において，整数条件 $x_1, x_2, x_3 \in \mathbb{Z}$ を外すと

$$\begin{array}{lrcl} \text{Maximize} & 3x_1 + 4x_2 + 5x_3 & & \\ \text{subject to} & x_1 + x_2 & \leqq & 1 \\ & x_2 + x_3 & \leqq & 1 \\ & x_1 + x_3 & \leqq & 1 \end{array} \tag{4.19}$$

という線形計画となるが，この問題の最適解は (1/2, 1/2, 1/2) で，目的関数の最大値は 6 である．整数条件の有無によって最大値が変わるということは，整数条件が本質的な役割を果たしているということである．

*8　ここでは，標準形あるいはその類似物を広く「標準形」とよんでいる

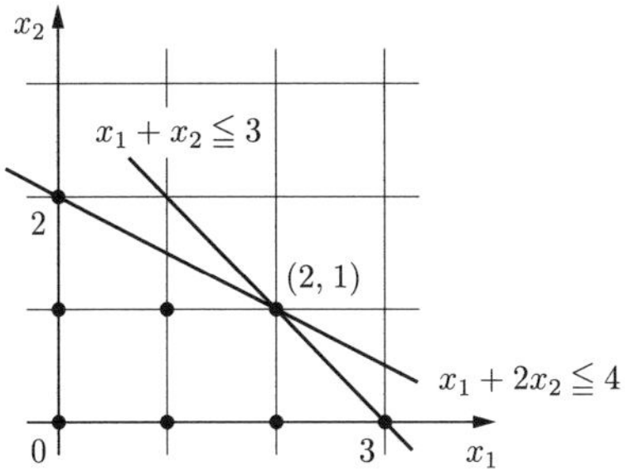

図 4.1 線形計画に帰着する整数計画

別の整数計画問題

$$
\begin{array}{lll}
\text{Maximize} & 3x_1 + 4x_2 & \\
\text{subject to} & x_1 + 2x_2 & \leqq \ 4 \\
 & x_1 + x_2 & \leqq \ 3 \\
 & x_1, x_2 \in \mathbb{Z} &
\end{array}
\tag{4.20}
$$

を考える．実行可能解 (非負象限にあるもの) は図 4.1 の黒丸 (•) で示した点であり，最適解は $(x_1, x_2) = (2, 1)$，目的関数の最大値は 10 である．整数条件を外して得られる線形計画問題

$$
\begin{array}{lll}
\text{Maximize} & 3x_1 + 4x_2 & \\
\text{subject to} & x_1 + 2x_2 & \leqq \ 4 \\
 & x_1 + x_2 & \leqq \ 3
\end{array}
\tag{4.21}
$$

においても，同じ点 $(x_1, x_2) = (2, 1)$ が最適解である．すなわち，問題 (4.20) においては，整数条件は本質的な制約になっていない．逆の言い方をすると，線形計画問題 (4.21) においては，問題を記述するデータ (係数) の整数性が最適解の整数性に反映されて，最適解が整数ベクトルになっている．

上の二つ目の例のように，線形計画問題において，制約条件の係数や目的関数の係数が整数のときに最適解が必ず整数ベクトルになる場合がある．そのような構造は 4.1 節で扱った単模行列と密接な関係があり，これを説明するのが本節 (4.6 節) の目的である．

注意 4.5 問題 (4.18) の最適解が $(x_1, x_2, x_3) = (0, 0, 1)$ であることは直観的に納得できるであろうが，ここでは，その証明を与えておく．解 $(x_1, x_2, x_3) = (0, 0, 1)$ は制約条件を満たし，そのときの目的関数の値が 5 であるから，問題 (4.18) の最適値 $\geqq 5$ である．この値 5 が本当に最適値 (最大値) であることを示すには以下のようにする．制約条件の三つの不等式を足し合わせると $2(x_1 + x_2 + x_3) \leqq 3$, すなわち $x_1 + x_2 + x_3 \leqq 3/2$ が導かれるが，この不等式の左辺が整数であることを用いると，さらに強い不等式 $x_1 + x_2 + x_3 \leqq 1$ が導かれる．これより，制約条件を満たす任意の (x_1, x_2, x_3) に対して

$$3x_1 + 4x_2 + 5x_3 = 2(x_1 + x_2 + x_3) + (x_1 + x_3) + 2(x_2 + x_3) \leqq 2 + 1 + 2 = 5$$

が成り立つことになり，目的関数 $\leqq 5$ と (上側から) 評価することができる．このようにして，目的関数の最大値 $= 5$ であることが証明される．

上の導出で用いた

$$x_1 + x_2 + x_3 \leqq \frac{3}{2} \ \&\ \text{左辺の整数性} \implies x_1 + x_2 + x_3 \leqq 1$$

という制約式の生成法は，整数変数の不等式を扱う際の一つの重要な考え方である．このようにしてつくりだした不等式制約を線形計画問題 (4.19) に追加した問題

$$\begin{array}{lrcl} \text{Maximize} & 3x_1 + 4x_2 + 5x_3 & & \\ \text{subject to} & x_1 + x_2 \phantom{{}+ x_3} & \leqq & 1 \\ & x_2 + x_3 & \leqq & 1 \\ & x_1 \phantom{{}+ x_2} + x_3 & \leqq & 1 \\ & x_1 + x_2 + x_3 & \leqq & 1 \end{array} \tag{4.22}$$

の最適解は，もとの整数計画問題 (4.18) の最適解に一致している．　◁

注意 4.6 与えられた線形不等式系を満たす実数ベクトルが存在するか，という問題に対しては，3 章のような理論があり，存在・非存在を線形計画法におけるアルゴリズムによって判定することができる．しかし，与えられた線形不等式系を満たす整数ベクトルが存在するか，という問題は格段に難しい問題であり，整数ベクトル解の存在・非存在を効率よく判定するアルゴリズムは知られていない．◁

4.6.2 完全単模行列

a. 定義と例

(正方形とは限らない) 整数行列は，任意の小行列式の値が 0, 1, −1 のいずれかであるとき，**完全単模行列**とよばれる．完全単模行列の各要素は 0, 1, −1 のいずれかに限られる (行列の一つの要素は，その要素からなる 1 次小行列式の値に等しいことに注意).

例 4.13 行列 $A = \begin{bmatrix} 1 & -1 \\ -1 & 1 \end{bmatrix}$ は，完全単模行列である． ◁

例 4.14 行列 $A = \begin{bmatrix} 1 & 1 & 1 \\ -1 & 1 & 0 \end{bmatrix}$ は，各要素が 0, 1, −1 のいずれかであるが，完全単模行列ではない．第 3 列を除いた 2 次小行列式の値は 2 である． ◁

例 4.15 行列 $A = \begin{bmatrix} 1 & 2 \\ 1 & 1 \end{bmatrix}$ は，単模行列であるが，完全単模行列ではない．$\det A = -1$ であるが，$a_{12} \notin \{0, 1, -1\}$ である． ◁

例 4.16 行列 $A = \begin{bmatrix} 1 & 1 & 0 & 0 \\ 1 & 1 & 1 & 1 \\ 0 & 1 & 1 & 1 \end{bmatrix}$ は，完全単模行列である． ◁

グラフの構造を表す接続行列は，完全単模行列の重要な例である．有向グラフが与えられたとき，点の番号を行番号，辺の番号を列番号とする行列で，辺 $e = (v_i, v_j)$ に対応する列の要素が $a_{ie} = 1$, $a_{je} = -1$(その他は 0) で与えられる行列 A をそのグラフの**接続行列**とよぶ．接続行列の行集合はグラフの点集合に対応し，列集合はグラフの辺集合に対応する．

例 4.17 図 4.2 の有向グラフ $G = (V, E)$ を考える．点集合は $V = \{v_1, v_2, v_3, v_4\}$ で，辺集合は

$$E = \{e_1 = (v_2, v_1), e_2 = (v_1, v_3), e_3 = (v_3, v_4), e_4 = (v_4, v_2), e_5 = (v_4, v_1)\}$$

である．接続行列は

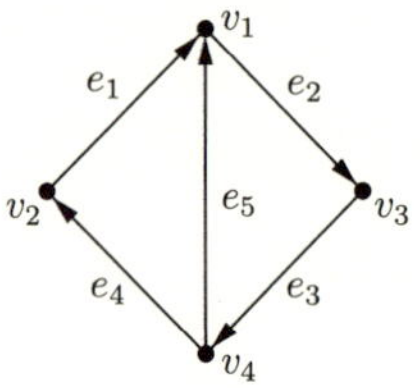

図 **4.2**　有向グラフ

$$A = \begin{array}{c} \\ v_1 \\ v_2 \\ v_3 \\ v_4 \end{array} \begin{array}{c} \begin{array}{ccccc} e_1 & e_2 & e_3 & e_4 & e_5 \end{array} \\ \begin{bmatrix} -1 & 1 & 0 & 0 & -1 \\ 1 & 0 & 0 & -1 & 0 \\ 0 & -1 & 1 & 0 & 0 \\ 0 & 0 & -1 & 1 & 1 \end{bmatrix} \end{array} \tag{4.23}$$

となる．　◁

定理 4.14 任意の有向グラフの接続行列は完全単模行列である．

(証明) 接続行列の任意の正方小行列 B に対して $\det B \in \{0, 1, -1\}$ であることを，B のサイズに関する帰納法により証明する．B のサイズが 1 ならば，これは成立する．B のサイズが 2 以上のとき，次の三つの場合に分けられる．

(i) B の列の中に零ベクトルがある場合には，$\det B = 0$ である．

(ii) B の列の中に (± 単位ベクトル) がある場合には，Laplace 展開により，$\det B$ はサイズの一つ小さい小行列式に (符号を除いて) 等しい．帰納法の仮定により，この小行列式の値は $\{0, 1, -1\}$ に属する．

(iii) B の各列がちょうど一つずつ 1, −1 を含む場合には，B の行ベクトルの和は零ベクトル (行ベクトルは線形従属) であり，$\det B = 0$ である．　■

注意 4.7 グラフ $G = (V, E)$ が無向グラフの場合には，接続行列の要素に ± の符号をつけることは不自然に思える．そこで，接続行列の変種として，V を行集合とし，E を列集合とする行列で，辺 $e = (v_i, v_j)$ に対応する列の要素が $\tilde{a}_{ie} = \tilde{a}_{je} = 1$(その他は 0) である行列 $\tilde{A}$ を定義する．たとえば，三角形の形をしたグラフに対し

ては $\tilde{A} = \begin{bmatrix} 1 & 0 & 1 \\ 1 & 1 & 0 \\ 0 & 1 & 1 \end{bmatrix}$ となる．この例からわかるように，一般に，行列 $\tilde{A}$ は完全単模行列でない．しかし，グラフが 2 部グラフ $G = (U, V; E)$ の場合には，$\tilde{A}$ も完全単模行列になる．なぜなら，辺の向きをすべて U から V に定めたときの接続行列 A は完全単模行列であり，V に対応する A の行に -1 を乗じたものが $\tilde{A}$ に一致するからである． ◁

最初に示した完全単模行列の例のうち，例 4.13 の行列は二つの点 v_1, v_2 と二つの辺 (v_1, v_2), (v_2, v_1) から成るグラフの接続行列となっている．例 4.16 の行列はグラフの接続行列でないので定理 4.14 の範疇外であるが，

$$\text{「各要素が 0 または 1 で，各行において 1 は連続して現れる」} \tag{4.24}$$

という性質をもっている．次に，このタイプの行列も一般に完全単模行列であることを示そう．

定理 4.15 行列 A が性質 (4.24) をもてば，A は完全単模行列である．

(証明) 性質 (4.24) をもつ行列に対して，その任意の小行列は性質 (4.24) をもつ．したがって，

$$\text{性質 (4.24) をもつ正方行列 } B \text{ は } \det B \in \{0, 1, -1\} \text{ を満たす} \tag{4.25}$$

という命題を証明すればよい．

命題 (4.25) を B のサイズに関する帰納法により証明する．B のサイズが 1 ならば，これは成立する．B のサイズが 2 以上のとき，B の第 1 列の非零要素の行番号の集合 $I = \{i \mid b_{i1} = 1\}$ に着目する．各 $i \in I$ に対して，B の第 i 行ベクトルは $(1, 1, \ldots, 1, 0, 0, \ldots, 0)$ のようになっている．次の二つの場合に分けられる．

(i) I が空集合の場合には，$\det B = 0$ である．

(ii) I が空集合でない場合には，I に属する行番号の中で，その行に含まれる 1 の個数が最も少ないものを i_0 とする．各 $i \in I$ $(i \neq i_0)$ に対して第 i 行から第 i_0 行を引くことによって得られる行列を C とすると，C の第 1 列には一つだけ 1 が残り，$\det B = \det C$ である．C の第 1 列と第 i_0 行を消し去った小行列を D とすると，Laplace 展開より $\det C = \pm \det D$ である．行番号 i_0 の

選び方により行列 D は性質 (4.24) をもち，D は B よりもサイズが小さい正方行列であるから，帰納法の仮定により $\det D \in \{0,1,-1\}$ である．したがって，$\det B = \det C = \pm \det D \in \{0,1,-1\}$ である．

これで命題 (4.25) が証明されたので，定理も証明された．■

b.　完全単模性を保つ演算

完全単模行列 A に対して，次の行列はすべて完全単模である：

$$
A^\top, \quad \begin{bmatrix} A & I_m \end{bmatrix}, \quad \begin{bmatrix} A & -A \end{bmatrix}, \quad \begin{bmatrix} A^\top & -A^\top & I_n \end{bmatrix},
$$
$$
\begin{bmatrix} A & I_m \\ I_n & O \end{bmatrix}, \quad \begin{bmatrix} A & O \\ I_n & I_n \end{bmatrix}, \quad \begin{bmatrix} A & -A \\ I_n & -I_n \end{bmatrix}. \tag{4.26}
$$

ただし，A は $m \times n$ 型行列とし，I_m, I_n は m 次単位行列，n 次単位行列を表す．

次に枢軸変換と完全単模性の関係を考える．行列 A が

$$
A = \begin{bmatrix} B & C \\ D & E \end{bmatrix} \tag{4.27}
$$

のようにブロックに分割され，B が (正方で) 正則とするとき，A から

$$
A_{\mathrm{piv}} = \begin{bmatrix} B^{-1} & B^{-1}C \\ -DB^{-1} & E - DB^{-1}C \end{bmatrix} \tag{4.28}
$$

への変換を，B を枢軸とする**枢軸変換**とよぶ．

定理 4.16 完全単模行列から枢軸変換で得られる行列は完全単模行列である．とくに，正則な完全単模行列の逆行列は完全単模行列である．

(証明)　式 (4.27) の行列 A が完全単模とし，式 (4.28) の行列 A_{piv} の小行列式 $\det A_{\mathrm{piv}}[I,J]$ を考える．行集合 I を第 1 ブロックの部分 I_1 と第 2 ブロックの部分 I_2 に分けて $I = I_1 \cup I_2$ と表し，列集合 J も同様に $J = J_1 \cup J_2$ と表すと，小行列式に関する公式

$$
\det A_{\mathrm{piv}}[I_1 \cup I_2, J_1 \cup J_2] = \pm \det A[\overline{J_1} \cup I_2, \overline{I_1} \cup J_2] / \det B
$$

が成り立つ (注意 4.8 参照)．ここで，$\overline{I_1}$ は B^{-1} の行集合 (=B の列集合) における I_1 の補集合を表し，$\overline{J_1}$ は B^{-1} の列集合 (=B の行集合) における J_1 の補集合を表す．A は完全単模行列であるから，

$$\det B \in \{1,-1\}, \qquad \det A[\overline{J_1}\cup I_2, \overline{I_1}\cup J_2] \in \{0,1,-1\}$$

である．ゆえに，$\det A_{\mathrm{piv}}[I,J] \in \{0,1,-1\}$ が成り立つ．二つ目の主張は，A 全体を枢軸とする枢軸変換は逆行列 A^{-1} に一致することに注意すればよい． ■

例 4.18 式 (4.23) の接続行列 A に対して，行集合 $\{v_1,v_2,v_3\}$，列集合 $\{e_1,e_2,e_3\}$ に対応する小行列 $B = A[\{v_1,v_2,v_3\},\{e_1,e_2,e_3\}]$ を枢軸とする枢軸変換は

$$A_{\mathrm{piv}} = \left[\begin{array}{ccc|cc} 0 & 1 & 0 & -1 & 0 \\ 1 & 1 & 0 & -1 & -1 \\ 1 & 1 & 1 & -1 & -1 \\ \hline 1 & 1 & 1 & 0 & 0 \end{array}\right]$$

となる．この行列は完全単模行列である． ◁

注意 4.8 枢軸変換後の小行列式に関する公式

$$\det A_{\mathrm{piv}}[I_1\cup I_2, J_1\cup J_2] = \pm\det A[\overline{J_1}\cup I_2, \overline{I_1}\cup J_2]/\det B \tag{4.29}$$

の証明を与える (小行列式の記号については注意 4.2 参照)．ただし，式 (4.27) の A に対して A_{piv} は式 (4.28) で定義され，

- I_1 は B^{-1} の行集合 (=B の列集合) の部分集合，
- $\overline{I_1}$ は B^{-1} の行集合 (=B の列集合) における I_1 の補集合，
- J_1 は B^{-1} の列集合 (=B の行集合) の部分集合，
- $\overline{J_1}$ は B^{-1} の列集合 (=B の行集合) における J_1 の補集合，
- I_2 は E の行集合の部分集合，
- J_2 は E の列集合の部分集合

である．なお，公式 (4.29) は，整数行列に限らず，実数や複素数を要素とする行列に対しても成立する．

最初に枢軸変換について基本事項を確認しておく．B のサイズを k とする．$m\times n$ 型行列 A の左に単位行列をつけた $m\times(m+n)$ 型行列

$$\tilde{A}=\left[\begin{array}{cc|cc} I_k & O & B & C \\ O & I_{m-k} & D & E \end{array}\right]$$

に行変形を施して $\begin{bmatrix} B \\ D \end{bmatrix}$ を $\begin{bmatrix} I_k \\ O \end{bmatrix}$ に変換すると

$$\begin{bmatrix} B^{-1} & O \\ -DB^{-1} & I_{m-k} \end{bmatrix}\left[\begin{array}{cc|cc} I_k & O & B & C \\ O & I_{m-k} & D & E \end{array}\right]=\left[\begin{array}{cc|cc} B^{-1} & O & I_k & B^{-1}C \\ -DB^{-1} & I_{m-k} & O & E-DB^{-1}C \end{array}\right]$$

となる．すなわち，

$$Q=\begin{bmatrix} B^{-1} & O \\ -DB^{-1} & I_{m-k} \end{bmatrix},\quad \hat{A}=\left[\begin{array}{cc|cc} B^{-1} & O & I_k & B^{-1}C \\ -DB^{-1} & I_{m-k} & O & E-DB^{-1}C \end{array}\right]$$

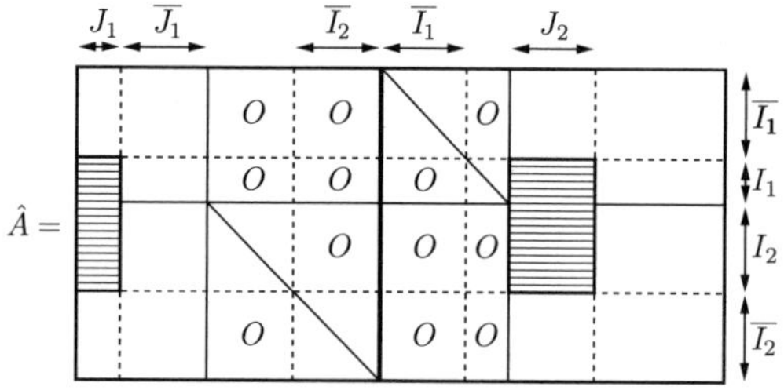

(a)　行列 $\hat{A}$ と $A_{\mathrm{piv}}[I_1\cup I_2, J_1\cup J_2]$（▤の部分）

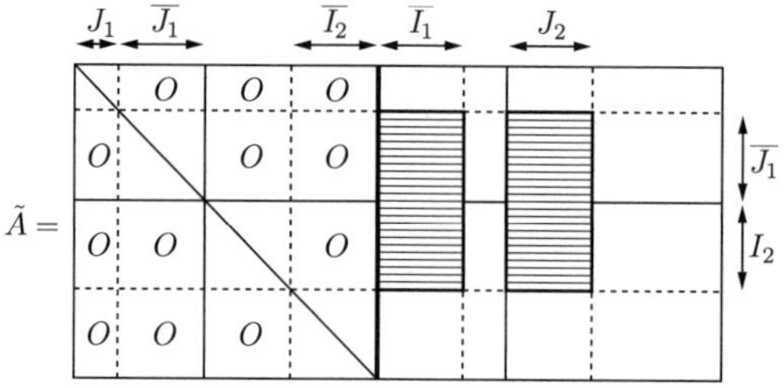

(b)　行列 $\tilde{A}$ と $A[\overline{J_1}\cup I_2, \overline{I_1}\cup J_2]$（▤の部分）

図 4.3　枢軸変換

として $Q\tilde{A} = \hat{A}$ である．このとき，$\hat{A}$ の第 1 列ブロックと第 4 列ブロックからなる $m \times n$ 型行列が，枢軸変換後の行列 A_{piv} に一致する．

図 4.3a のように，集合 $\overline{I_1}$ は $\hat{A}$ の行番号から成る集合であるが，$\hat{A}$ に含まれる単位行列 I_k を通して $\hat{A}$ の列番号の集合と見なすことができる．同様に，E の行集合における集合 I_2 の補集合を $\overline{I_2}$ と表すと，$\overline{I_2}$ も $\hat{A}$ の列番号の集合と見なすことができる．この了解の下で

$$\det A_{\mathrm{piv}}[I_1 \cup I_2, J_1 \cup J_2] = \pm \det \hat{A}[*, \overline{I_1} \cup \overline{I_2} \cup J_1 \cup J_2] \tag{4.30}$$

が成り立つ (右辺の “$*$” は「行集合全体」を意味し，したがって $\hat{A}[*, \overline{I_1} \cup \overline{I_2} \cup J_1 \cup J_2]$ は $\overline{I_1} \cup \overline{I_2} \cup J_1 \cup J_2$ を列集合とする $\hat{A}$ の m 次小行列を表す)．さらに，$\hat{A} = Q\tilde{A}$ より，

$$\det \hat{A}[*, \overline{I_1} \cup \overline{I_2} \cup J_1 \cup J_2] = \det Q \cdot \det \tilde{A}[*, \overline{I_1} \cup \overline{I_2} \cup J_1 \cup J_2] \tag{4.31}$$

が成り立つ．ここで $\det Q = (\det B)^{-1}$ である．

行列 $\tilde{A}$ は図 4.3b のように分割される．集合 $\overline{J_1}$ は $\tilde{A}$ の列番号から成る集合であるが，$\tilde{A}$ に含まれる単位行列 I_k を通して $\tilde{A}$ の行番号の集合と見なすことができる．この了解の下で

$$\det \tilde{A}[*, \overline{I_1} \cup \overline{I_2} \cup J_1 \cup J_2] = \pm \det A[\overline{J_1} \cup I_2, \overline{I_1} \cup J_2] \tag{4.32}$$

が成り立つ．式 (4.30), (4.31), (4.32) より，式 (4.29) が得られる．　◁

4.6.3　線形計画の整数性

線形計画の整数性について，4.6.1 項では簡単な例題を通じてその意味を説明した．ここでは，行列の完全単模性と整数性との関係を説明する．

次の線形計画問題を考える (3.5.3 項参照)：

[主問題 P]		[双対問題 D]	
Minimize	$\boldsymbol{c}^\top \boldsymbol{x}$	Maximize	$\boldsymbol{b}^\top \boldsymbol{y}$
subject to	$A\boldsymbol{x} = \boldsymbol{b}$	subject to	$A^\top \boldsymbol{y} \leqq \boldsymbol{c}$
	$\boldsymbol{x} \geqq \boldsymbol{0}$		

(4.33)

ここで A は $m \times n$ 型行列，$\boldsymbol{b}$ は m 次元ベクトル，$\boldsymbol{c}$ は n 次元ベクトルとし，$\operatorname{rank} A = m$ と仮定する．

行列 A が完全単模ならば，問題を記述するデータの整数性が最適解に遺伝し，**整数最適解**が存在する．

定理 4.17 線形計画問題 (4.33) は最適解をもち，行列 A は完全単模行列とする．

(1) $\boldsymbol{b}$ が整数ベクトルならば，問題 P は整数最適解 $\boldsymbol{x} \in \mathbb{Z}^n$ をもつ．
(2) $\boldsymbol{c}$ が整数ベクトルならば，問題 D は整数最適解 $\boldsymbol{y} \in \mathbb{Z}^m$ をもつ．

(証明) (1) 線形計画法の理論[32, 33, 35, 36] により，最適解には基底解が存在する．基底解とは，A の m 次正則小行列 B から $(B^{-1}\boldsymbol{b}, \boldsymbol{0})$ の形で定められる解 $\boldsymbol{x}$ のことである[*9]．ここで，B が単模行列なので B^{-1} は整数行列であり，したがって，$B^{-1}\boldsymbol{b}$ は整数ベクトルになる．

(2) 問題 D は，標準形問題 P において $A, \boldsymbol{b}, \boldsymbol{c}$ を

$$\tilde{A} = \begin{bmatrix} A^\top & -A^\top & I \end{bmatrix}, \qquad \tilde{\boldsymbol{b}} = \boldsymbol{c}, \qquad \tilde{\boldsymbol{c}} = \begin{bmatrix} -\boldsymbol{b}^\top & \boldsymbol{b}^\top & \boldsymbol{0}^\top \end{bmatrix}^\top$$

に置き換えた問題と等価である (例 3.8 参照)．ここで，$\tilde{A}$ は完全単模行列 [式 (4.26) 参照]，$\tilde{\boldsymbol{b}}$ は整数ベクトルとなるので，(1) により主張が成り立つ．■

線形計画に整数条件を加味したとき，次のような双対性が成り立つ：

$$\begin{aligned} &\inf\{\boldsymbol{c}^\top \boldsymbol{x} \mid \boldsymbol{x} \in P, \boldsymbol{x} \in \mathbb{Z}^n\} \ \geqq\ \inf\{\boldsymbol{c}^\top \boldsymbol{x} \mid \boldsymbol{x} \in P\} \\ &= \ \sup\{\boldsymbol{b}^\top \boldsymbol{y} \mid \boldsymbol{y} \in D\} \ \geqq\ \sup\{\boldsymbol{b}^\top \boldsymbol{y} \mid \boldsymbol{y} \in D, \boldsymbol{y} \in \mathbb{Z}^m\}. \end{aligned} \tag{4.34}$$

ただし，

$$P = \{\boldsymbol{x} \mid A\boldsymbol{x} = \boldsymbol{b}, \boldsymbol{x} \geqq \boldsymbol{0}\}, \qquad D = \{\boldsymbol{y} \mid A^\top \boldsymbol{y} \leqq \boldsymbol{c}\}$$

は問題 P, 問題 D の実行可能領域を表し，式 (4.34) の中央の等号 $=$ は線形計画法における強双対性 (3.5.3 項の定理 3.12) による．一般には，式 (4.34) の二つの不等号 $\geqq$ は真の不等号 $>$ になって，整数計画に対して

$$\inf\{\boldsymbol{c}^\top \boldsymbol{x} \mid \boldsymbol{x} \in P, \boldsymbol{x} \in \mathbb{Z}^n\} > \sup\{\boldsymbol{b}^\top \boldsymbol{y} \mid \boldsymbol{y} \in D, \boldsymbol{y} \in \mathbb{Z}^m\}$$

---

*9　詳しくは，B の列集合が A の列番号の集合 J に対応するとき，$j \in J$ に対しては x_j が $B^{-1}\boldsymbol{b}$ の第 j 成分に等しく，$j \notin J$ に対しては $x_j = 0$ であるベクトル $\boldsymbol{x}$ を B の定める**基底解**という．

となる (強双対性が成り立たない) ことが多い．しかし，行列 A が完全単模ならば，これが等号になって，整数条件の下での強双対性

$$\inf\{\boldsymbol{c}^\top \boldsymbol{x} \mid \boldsymbol{x} \in P, \boldsymbol{x} \in \mathbb{Z}^n\} = \sup\{\boldsymbol{b}^\top \boldsymbol{y} \mid \boldsymbol{y} \in D, \boldsymbol{y} \in \mathbb{Z}^m\} \tag{4.35}$$

が成立することになり，たいへん好都合である (注意 3.8 参照).

たとえば，最大流問題，最小費用流問題，最短路問題のようなネットワーク型の最適化問題[25]においては，グラフの接続行列が完全単模行列であること (定理 4.14) により，整数性を含めた形の強双対性 (4.35) が成立し，そのことから，組合せ論的な双対定理*10が導かれる．

注意 4.9 定理 4.17 の証明からわかるように，問題 P の整数性のためには，A の完全単模性は必要なく，「A の任意の m 次小行列式が 0, 1, -1 のいずれかである」という条件でよい．完全単模性と必要十分に対応する整数性は次のようになる：

> **Hoffman–Kruskal** (ホフマン–クラスカル) **の定理**：A を $m \times n$ 型整数行列とする．任意の整数ベクトル $\boldsymbol{b} \in \mathbb{Z}^m$ に対して多面体 $\{\boldsymbol{x} \in \mathbb{R}^n \mid A\boldsymbol{x} \leqq \boldsymbol{b}, \boldsymbol{x} \geqq \boldsymbol{0}\}$ が整数多面体であるための必要十分条件は，A が完全単模行列であることである．

なお，**整数多面体**とは (有理数を用いた不等式系で定義された多面体で) 任意の面が整数ベクトルを含むような多面体をいう．有界な多面体の場合，すべての頂点が整数ベクトルであることと同値である． ◁

注意 4.10 線形方程式系 $A\boldsymbol{x} = \boldsymbol{b}$ の整数解 $\boldsymbol{x}$ を考えるときには，単模行列 U, V を用いて，方程式を

$$A\boldsymbol{x} = \boldsymbol{b} \iff (UAV)(V^{-1}\boldsymbol{x}) = U\boldsymbol{b}$$

と書き換えることができるので，Smith 標準形が有効であった (4.5 節)．不等式系の場合には

$$A\boldsymbol{x} \leqq \boldsymbol{b} \iff (UAV)(V^{-1}\boldsymbol{x}) \leqq U\boldsymbol{b}$$

とはならないので，Smith 標準形を利用することはできない．しかし

$$A\boldsymbol{x} \leqq \boldsymbol{b} \iff (AV)(V^{-1}\boldsymbol{x}) \leqq \boldsymbol{b}$$

は成り立つので，Hermite 標準形を利用した解析が可能である． ◁

*10 注意 1.6 に述べた Hall の定理はその一例である．

5 多項式行列

この章では，多項式を要素とする行列を扱う．このような行列は，線形システムの周波数領域における表現 (Laplace 変換) として，工学においてしばしば現れる．多項式の世界では割り算ができるとは限らないので，整除関係についての考察が重要となる．多項式を要素とする行列に対する基本変形，Hermite 標準形，Smith 標準形 (単因子標準形) と行列束の Kronecker 標準形を中心に述べる．

5.1 多項式行列とその例

5.1.1 多項式行列とは

多項式を要素とする行列を**多項式行列**という．本章で扱うのは 1 変数の多項式であり，その変数を s とする．たとえば，

$$s+2, \qquad 3s^2-4s-4, \qquad -s^9+s^3+s, \qquad 0$$

は多項式である．念のために付け加えると，

$$\frac{1}{s}, \qquad \frac{s+1}{s^2-4s-4}, \qquad \sqrt{s^9+s^3+3}, \qquad 1+s+\frac{1}{2!}s^2+\frac{1}{3!}s^3+\cdots$$

は多項式ではない．

多項式行列 $A(s)$ が $m \times n$ 型行列であるとして，その (i,j) 要素を $a_{ij}(s)$ と表す $(i=1,\ldots,m; j=1,\ldots,n)$．各要素 $a_{ij}(s)$ の多項式としての次数の最大値を多項式行列 $A(s)$ の**次数**とよび，$\delta(A(s))$ と表す．多項式行列 $A(s)$ は

$$A(s) = s^d A_d + s^{d-1} A_{d-1} + \cdots + s^2 A_2 + sA_1 + A_0 \tag{5.1}$$

の形に書くことができる．ここで，$A_d, A_{d-1}, \ldots, A_1, A_0$ は $m \times n$ 型の定数行列で**係数行列**とよばれる．通常は $d = \delta(A(s))$ であるが，$d > \delta(A(s))$ の場合もあり，そのときには $A_d = A_{d-1} = \cdots = A_{\delta(A(s))+1} = O$ である．

多項式行列 $A(s)$ の行列式は，変数 s に関する多項式である．多項式行列 $A(s)$ のランク (階数) は，$A(s)$ の k 次小行列式で非零多項式のものが存在するような k の最大値として定義する．

5.1.2 工学における例

ごく簡単な例を用いて，工学システムが多項式行列で記述される様子を示そう．

a. 電 気 回 路

図 5.1 は，キャパシタ C，抵抗 R，インダクタ L を電流源 $I_0(t)$ に並列につないだ電気回路である．各素子の電流 i_C, i_R, i_L と電圧 v_C, v_R, v_L は，それぞれ，Kirchhoff の電流保存則，電圧保存則

$$i_C + i_R + i_L = I_0, \qquad v_C = v_R = v_L$$

を満たし，各素子の物理的特性は

$$i_C = C\,\frac{\mathrm{d}v_C}{\mathrm{d}t}, \qquad v_R = R\,i_R, \qquad v_L = L\,\frac{\mathrm{d}i_L}{\mathrm{d}t}$$

で記述される．各素子の特性を周波数領域で表現すると

$$i_C = sC\,v_C, \qquad v_R = R\,i_R, \qquad v_L = sL\,i_L$$

となる．ここで，s は Laplace 変換 (注意 5.1 参照) における変数であるが，微分演算子と見なしてもよい．

上の関係式は，電流と電圧を並べたベクトル $\boldsymbol{x} = (i_C, i_R, i_L, v_C, v_R, v_L)^\top$, 行列

$$A(s) = \left[\begin{array}{ccc|ccc} 1 & 1 & 1 & & & \\ \hline & & & 1 & -1 & 0 \\ & & & 0 & 1 & -1 \\ \hline -1 & 0 & 0 & sC & 0 & 0 \\ 0 & R & 0 & 0 & -1 & 0 \\ 0 & 0 & sL & 0 & 0 & -1 \end{array}\right], \tag{5.2}$$

ベクトル $\boldsymbol{b} = (I_0, 0, 0, 0, 0, 0)^\top$ を用いて，

$$A(s)\boldsymbol{x} = \boldsymbol{b} \tag{5.3}$$

の形に記述される．ここで，係数行列 $A(s)$ は変数 s に関する 1 次の多項式行列である．

変数 s は微分演算子と見なせるので，方程式 (5.3) は線形の**微分方程式**であるが，一方，その一部として保存則を表す関係式 (代数方程式) も含んでいる．この

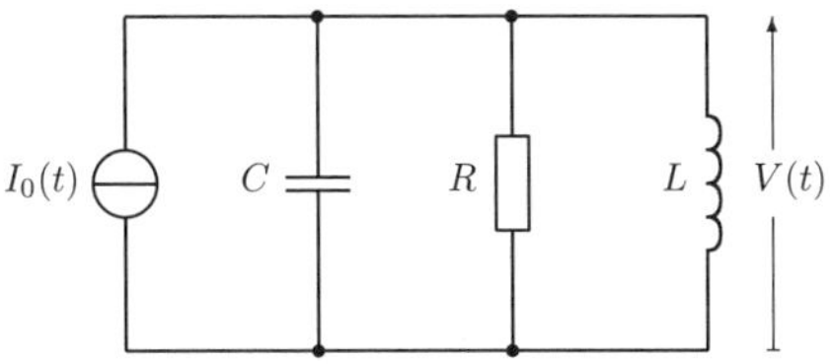

図 **5.1** RLC 回路

ような方程式を (純粋な微分方程式と区別する意味で) **微分代数方程式** (DAE) とよぶことも多い[*1]．DAE については 5.7 節で詳しく論じる．

注意 5.1 変数 $t \in [0, \infty)$ の関数 $x(t)$ に対して，

$$\hat{x}(s) = \int_0^\infty x(t)\mathrm{e}^{-st}\mathrm{d}t \qquad (s \in \mathbb{C})$$

で定義される関数 $\hat{x}(s)$ を，$x(t)$ の **Laplace** (ラプラス) **変換**という[*2]．通常，変数 t は時間を表し，s は**複素周波数**に対応する．$x(0) = 0$ のとき，導関数 $\dfrac{\mathrm{d}x}{\mathrm{d}t}(t)$ の Laplace 変換は $s \cdot \hat{x}(s)$ に等しい．この意味で，変数 s は微分演算子と見なすことができ，したがって，変数 s の多項式は (高階の) 微分演算子と見なせる．たとえば，$s^2 + s + 3$ は $\mathrm{d}^2/\mathrm{d}t^2 + \mathrm{d}/\mathrm{d}t + 3$ に対応する．なお，本文中では $\hat{x}(s)$ を $x(t)$ と同一視して，両者を同じ記号 x で表している． ◁

b. 機　械　系

図 5.2 の簡単な機械振動系を考える．このシステムは

- 質量が m_1, m_2 であるような二つの箱 (質点)，
- ばね定数 k_1, k_2 の二つのばね (力 $= k_i \times$ 変位)，および
- 減衰係数 f の一つのダンパー (力 $= f \times$ 速度)

から成り立っている．右の箱を右向きに引く力 u は外力 (入力) である．

---

*1 DAE は differential-algebraic equation の頭文字である．

*2 「Laplace 変換」という言葉は，関数の変換操作 $x \mapsto \hat{x}$ を指す場合と，変換後の関数 $\hat{x}$ を指す場合がある．日本語では区別がつかないが，英語では，前者の場合には Laplace transformation，後者の場合には Laplace transform と区別される．

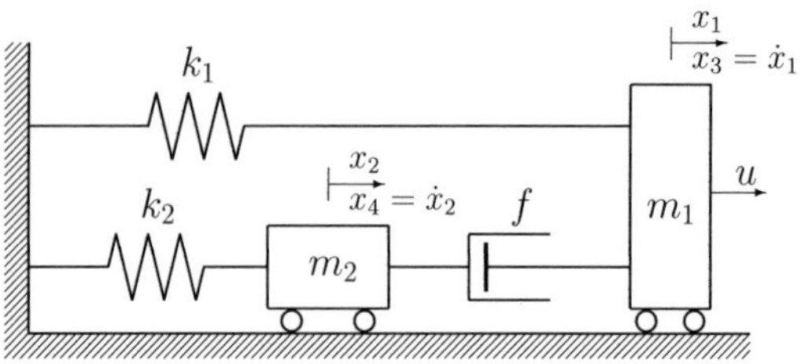

図 **5.2**　機械振動系

このシステムを記述する変数の選び方はいろいろ考えられるが，たとえば，

$x_1 = x_1(t)$：　質点 m_1 の釣合い位置からの (右向き) 変位
$x_2 = x_2(t)$：　質点 m_2 の釣合い位置からの (右向き) 変位
$x_3 = x_3(t)$：　質点 m_1 の (右向き) 速度
$x_4 = x_4(t)$：　質点 m_2 の (右向き) 速度

の 4 変数をとることができる．時間微分 $\mathrm{d}/\mathrm{d}t$ を $\dot{}$ (「ドット」と読む) で表すと，速度の定義により

$$\dot{x}_1 = x_3, \qquad \dot{x}_2 = x_4$$

である．また，ダンパーの力は $f \cdot (x_3 - x_4)$ に等しいので，運動方程式は

$$m_1\dot{x}_3 = -k_1x_1 - f(x_3 - x_4) + u,$$
$$m_2\dot{x}_4 = -k_2x_2 + f(x_3 - x_4)$$

となる．ベクトル $\boldsymbol{x} = (x_1, x_2, x_3, x_4)^\top$, $\boldsymbol{u} = (u)$ を定義すると，上に示した四つの方程式は

$$\frac{\mathrm{d}\boldsymbol{x}}{\mathrm{d}t}(t) = A\boldsymbol{x}(t) + B\boldsymbol{u}(t) \tag{5.4}$$

の形にまとめて書くことができる．ここで，

$$A = \begin{bmatrix} 0 & 0 & 1 & 0 \\ 0 & 0 & 0 & 1 \\ -k_1/m_1 & 0 & -f/m_1 & f/m_1 \\ 0 & -k_2/m_2 & f/m_2 & -f/m_2 \end{bmatrix}, \quad B = \begin{bmatrix} 0 \\ 0 \\ 1/m_1 \\ 0 \end{bmatrix} \tag{5.5}$$

である．

制御理論においては，式 (5.4) の形の方程式を (標準形の) **状態方程式**とよぶ．出力がある場合の状態方程式は

$$\frac{\mathrm{d}\boldsymbol{x}}{\mathrm{d}t}(t) = A\boldsymbol{x}(t) + B\boldsymbol{u}(t), \qquad \boldsymbol{y}(t) = C\boldsymbol{x}(t) \tag{5.6}$$

となる．ここで $\boldsymbol{x}$ を**状態ベクトル**，$\boldsymbol{u}$ を**入力ベクトル**，$\boldsymbol{y}$ を**出力ベクトル**という．

状態方程式 (5.6) の周波数領域での表現は

$$(sI - A)\boldsymbol{x} = B\boldsymbol{u}, \qquad \boldsymbol{y} = C\boldsymbol{x} \tag{5.7}$$

となり*3，係数に多項式行列 $(sI - A)$ が現れる．式 (5.7) から状態ベクトル $\boldsymbol{x}$ を消去することにより，入力 $\boldsymbol{u}$ と出力 $\boldsymbol{y}$ の関係式

$$\boldsymbol{y} = C(sI - A)^{-1}B\boldsymbol{u} \tag{5.8}$$

が得られる．入出力関係を表す行列

$$G(s) = C(sI - A)^{-1}B \tag{5.9}$$

を**伝達関数行列**という．伝達関数行列 $G(s)$ の要素は，多項式ではなく，有理式となる．上の例で $C = (0,1,0,0)$ (すなわち $y = x_2$) とすると

$$y = \frac{fs}{(m_1s^2 + fs + k_1)(m_2s^2 + fs + k_2) - f^2s^2} \times u$$

となる．この例のように，1 入力，1 出力の場合の $G(s)$ は 1×1 型行列 (スカラー) であり，**伝達関数**とよばれる*4．

5.2 多項式の性質

1 変数の多項式について，本章で必要となる概念と性質を述べる．一般に，変数 s に関する**多項式** $f(s)$ は，

$$f(s) = c_d s^d + c_{d-1}s^{d-1} + \cdots + c_2s^2 + c_1s + c_0 \quad (\text{ただし } c_d \neq 0) \tag{5.10}$$

*3 初期値として $\boldsymbol{x}(0) = \boldsymbol{0}$ を仮定している．

*4 本書では，有理式を要素とする行列は扱わないが，多項式行列の Smith 標準形 (5.5 節) と同様の理論があり，制御理論において利用される (5.5 節の注意 5.3 参照)．

または

$$f(s) = 0 \qquad (\text{零多項式}) \tag{5.11}$$

の形に書くことができる．式 (5.10) で，$d \geqq 0$ は**次数**とよばれ，定数 $c_d, c_{d-1}, \ldots, c_1$, c_0 は**係数**とよばれる．本書では，$f(s)$ の次数を $\delta(f(s))$ と表し，最高次の係数 ($s^{\delta(f(s))}$ の係数) を $\mathrm{lc}(f(s))$ と表す[*5]．たとえば

$$\delta(s+2) = 1, \qquad \delta(3s^2 - 4s - 4) = 2, \qquad \delta(-s^9 + s^3 + s) = 9;$$
$$\mathrm{lc}(s+2) = 1, \qquad \mathrm{lc}(3s^2 - 4s - 4) = 3, \qquad \mathrm{lc}(-s^9 + s^3 + s) = -1$$

である．なお，零多項式 $f(s) = 0$ の次数は本来は定義されないが，$\delta(0) = -\infty$ と約束すると記述が簡単になって便利なことが多い．

多項式を考える際には，係数 $c_d, c_{d-1}, \ldots, c_1, c_0$ をどのような範囲から選んでくるのかを明確にすることが大切である．このことを数学的に定式化するには，ある**体**(たい)(加減乗除の定義された集合)F を係数体として固定して，係数はすべて F の要素であると仮定する．工学的応用においては，$F = \mathbb{R}$(実数体) あるいは $F = \mathbb{C}$(複素数体) の場合が多いが，符号や暗号の理論などにおいては，F が有限体となることもある．係数が F の要素である多項式を「F 上の多項式」といい，変数 s に関する F 上の多項式の全体を $F[s]$ と表すのが普通である．

多項式 $p(s)$ が多項式 $f(s)$ の因子であること (言い換えれば，$f(s)$ が $p(s)$ で割り切れること) を $p(s) \mid f(s)$ と表す．多項式 $f_1(s), \ldots, f_n(s)$ に対して，$p(s) \mid f_i(s)$ $(i = 1, \ldots, n)$ を満たす多項式 $p(s)$ を $f_1(s), \ldots, f_n(s)$ の**共通因子**という．少なくとも一つの $f_i(s)$ が 0 でなければ，$f_1(s), \ldots, f_n(s)$ の共通因子のうちで次数が最大のものが定数倍を除いて一意に定まる．これを $f_1(s), \ldots, f_n(s)$ の**最大共通因子**とよぶ．本書では最高次の係数が 1 である最大共通因子を $\gcd(f_1(s), \ldots, f_n(s))$ と表す．

多項式 $f(s)$ を多項式 $g(s)$ で割ったときの商を $q(s)$，余りを $r(s)$ とすると，

$$f(s) = g(s)q(s) + r(s), \qquad \delta(g(s)) > \delta(r(s)) \tag{5.12}$$

である [$r(s) = 0$ のときには $\delta(r(s)) = -\infty$ とする]．このとき

$$\gcd(f(s), g(s)) = \gcd(r(s), g(s)) \tag{5.13}$$

---

*5　lc は leading coefficient の頭文字である．

が成り立つので,「割り算」を繰り返すことによって，二つの多項式 $f(s), g(s)$ の最大共通因子 $\gcd(f(s), g(s))$ を求めることができる．まず，例で説明しよう．

例 5.1

$$f(s) = s^4 + s^3 - s^2 + 1, \qquad g(s) = s^3 - 2s - 1$$

の最大共通因子は次のようにして求められる．まず，$f(s)$ を $g(s)$ で割ると

$$\begin{array}{ccccccc} s^4 + s^3 - s^2 + 1 & = & (s^3 - 2s - 1) & \times & (s+1) & + & (s^2 + 3s + 2) \\ \| & & \| & & \| & & \| \\ f(s) & & g(s) & & q_1(s) & & r_1(s) \end{array}$$

となる．つぎに，$g(s)$ を $r_1(s)$ で割ると

$$\begin{array}{ccccccc} s^3 - 2s - 1 & = & (s^2 + 3s + 2) & \times & (s-3) & + & (5s+5) \\ \| & & \| & & \| & & \| \\ g(s) & & r_1(s) & & q_2(s) & & r_2(s) \end{array}$$

となる．さらに $r_1(s)$ を $r_2(s)$ で割ると

$$\begin{array}{ccccccc} s^2 + 3s + 2 & = & (5s+5) & \times & (\frac{1}{5}s + \frac{2}{5}) & + & 0 \\ \| & & \| & & \| & & \| \\ r_1(s) & & r_2(s) & & q_3(s) & & r_3(s) \end{array}$$

のように割り切れる．式 (5.13) より，割り算の各段階で gcd は不変であるから

$$\gcd(f(s), g(s)) = \gcd(g(s), r_1(s)) = \gcd(r_1(s), r_2(s)) = r_2(s)/\mathrm{lc}(r_2(s)) = s + 1$$

となる．念のため確かめてみると，

$$f(s) = (s+1)(s^3 - s + 1), \qquad g(s) = (s+1)(s^2 - s - 1)$$

が成り立っている．　◁

上の例に示したように，割り算を繰り返すことによって，二つの多項式 $f(s)$, $g(s)$ の最大共通因子 $\gcd(f(s), g(s))$ を求める方法を **Euclid** (ユークリッド) **の互除法**とよぶ．まず，与えられた多項式について $\delta(f(s)) \geqq \delta(g(s))$ と仮定してよい．$f_0(s) = f(s)$, $f_1(s) = g(s)$ とおき，$i = 1, 2, \cdots$ に対して $f_{i-1}(s)$ を $f_i(s)$ で割った余りを $f_{i+1}(s)$ と定義して，多項式の列 $f_0(s), f_1(s), f_2(s), \cdots$ を生成する．こ

のとき，次数は真に減少するので，ある m に対して $f_{m+1}(s)=0$ となる．これを式で書けば，

$$
\begin{aligned}
&f_0(s)=f(s), \quad f_1(s)=g(s),\\
&f_{i-1}(s)=f_i(s)q_i(s)+f_{i+1}(s), \quad \delta(f_i(s))>\delta(f_{i+1}(s))\\
&\qquad\qquad\qquad\qquad\qquad\qquad (i=1,2,\ldots,m), \qquad (5.14)\\
&f_{m+1}(s)=0
\end{aligned}
$$

である．このとき，$\gcd(f(s),g(s))=f_m(s)/\mathrm{lc}(f_m(s))$ が成り立つ．

Euclid の互除法の計算過程を検討すると，次の重要な事実がわかる．

定理 5.1 任意の多項式 $f(s)$, $g(s)$ に対して，

$$f(s)u(s)+g(s)v(s)=\gcd(f(s),g(s)) \tag{5.15}$$

を満たす多項式 $u(s)$, $v(s)$ が存在する．

(証明) 式 (5.14) から $f_2(s),f_3(s),\ldots,f_{m-1}(s)$ を消去して

$$f_m(s)=f_0(s)u_1(s)+f_1(s)v_1(s)$$

の形の式を導出すればよい．そのために，$i=m-1,m-2,\ldots,2,1$ の順に

$$f_m(s)=f_{i-1}(s)u_i(s)+f_i(s)v_i(s) \tag{5.16}$$

を満たす多項式 $u_i(s)$, $v_i(s)$ が存在することを示そう．式 (5.14) の $i=m-1$ の場合より $f_m(s)=f_{m-2}(s)-f_{m-1}(s)q_{m-1}(s)$ が成り立つので，

$$u_{m-1}(s)=1, \qquad v_{m-1}(s)=-q_{m-1}(s) \tag{5.17}$$

とすれば，式 (5.16) が $i=m-1$ で成り立つ．$i\leqq m-2$ のとき，式 (5.14) から得られる $f_i(s)=-f_{i-1}(s)q_{i-1}(s)+f_{i-2}(s)$ を式 (5.16) に代入すると

$$
\begin{aligned}
f_m(s) &= f_{i-1}(s)u_i(s)+f_i(s)v_i(s)\\
&= f_{i-1}(s)u_i(s)+[-f_{i-1}(s)q_{i-1}(s)+f_{i-2}(s)]v_i(s)\\
&= f_{i-2}(s)v_i(s)+f_{i-1}(s)[u_i(s)-q_{i-1}(s)v_i(s)]
\end{aligned}
$$

となるので，漸化式

$$u_{i-1}(s) = v_i(s), \quad v_{i-1}(s) = u_i(s) - q_{i-1}(s)v_i(s) \quad (i = m-1, m-2, \ldots, 2) \tag{5.18}$$

によって多項式 $u_i(s)$, $v_i(s)$ を定めれば式 (5.16) が成り立つ．最後に

$$u(s) = u_1(s) \ / \ \mathrm{lc}(f_m(s)), \qquad v(s) = v_1(s) \ / \ \mathrm{lc}(f_m(s)) \tag{5.19}$$

とすれば式 (5.15) が成り立つ． ■

上の証明は，式 (5.15) を満たす多項式 $u(s)$, $v(s)$ の具体的な計算法 (**Euclid の互除法**) を与えている．すなわち，式 (5.17) を初期値として漸化式 (5.18) を計算し，最後に式 (5.19) の規格化を行えばよい．

例 5.2 例 5.1 の

$$f(s) = s^4 + s^3 - s^2 + 1, \qquad g(s) = s^3 - 2s - 1$$

に対する Euclid の互除法の計算過程より

$$f(s) = g(s)q_1(s) + r_1(s), \qquad q_1(s) = s + 1,$$
$$g(s) = r_1(s)q_2(s) + r_2(s), \qquad q_2(s) = s - 3$$

である[*6]．$r_1(s)$ を消去すると

$$f(s)[-q_2(s)] + g(s)[1 + q_1(s)q_2(s)] = r_2(s) = 5 \cdot \mathrm{gcd}(f(s), g(s))$$

となるので，

$$u(s) = -\frac{1}{5}q_2(s) = \frac{1}{5}(-s+3), \quad v(s) = \frac{1}{5}(1 + q_1(s)q_2(s)) = \frac{1}{5}(s^2 - 2s - 2)$$

に対して式 (5.15) が成り立つ．念のため $f(s)u(s) + g(s)v(s)$ を計算してみると，確かに

$$(s^4+s^3-s^2+1)\cdot\frac{1}{5}(-s+3)+(s^3-2s-1)\cdot\frac{1}{5}(s^2-2s-2) = s+1 = \mathrm{gcd}(f(s), g(s))$$

となっている． ◁

*6 定理 5.1 の証明の記号では，$f_2(s) = r_1(s)$, $f_3(s) = r_2(s)$, $m = 3$ である．

5.3 単模行列と基本変形

5.3.1 単模行列 (ユニモジュラ行列)

多項式行列が正則である (行列式が 0 でない) ときでも，逆行列は (一般には有理式を含み) 多項式行列になるとは限らない．

例 5.3 行列 $A(s) = \begin{bmatrix} s & -1 \\ 1 & 1 \end{bmatrix}$ は正則であるが，その逆行列

$$A(s)^{-1} = \begin{bmatrix} 1/(s+1) & 1/(s+1) \\ -1/(s+1) & s/(s+1) \end{bmatrix}$$

は多項式行列でない． ◁

まず，多項式行列の逆行列が多項式行列になるための必要条件を考えよう．多項式行列 $A(s)$ が正則で，その逆行列 $B(s)$ が多項式行列であるとする．多項式行列の行列式の値は多項式であるから，$\det A(s)$ と $\det B(s)$ はともに多項式であり，「行列式の積 = 積の行列式」という公式により，

$$\det A(s) \cdot \det B(s) = \det(A(s)B(s))$$

が成り立つ．ここで $A(s)B(s) = I$(単位行列) であるから，右辺の値は 1 に等しい．左辺の $\det A(s)$ と $\det B(s)$ はともに多項式であったから，とくに，$\det A(s)$ が 0 でない定数であることが必要条件として導かれる．

次の定理 5.2 に述べるように，上の必要条件は，実は，十分条件にもなっている．行列式の値が 0 でない定数である (正方形の) 多項式行列を，**単模行列** (あるいは**ユニモジュラ行列**) とよぶ．

定理 5.2 多項式行列 $A(s)$ の逆行列が (存在して) 多項式行列であるための必要十分条件は，$A(s)$ が単模行列であることである．

(証明) 必要性についてはすでに示した．十分性を示そう．$A(s)$ が単模行列とする．逆行列 $A(s)^{-1}$ の各要素は「$A(s)$ の余因子 / $\det A(s)$」の形である．多項式行列 $A(s)$ の余因子は多項式であるから，$\det A(s)$ が 0 でない定数ならば，これは多項式になる． ■

命題 5.1 多項式行列 $A(s)$ が単模行列ならば，逆行列 $A(s)^{-1}$ も単模行列である．

(証明) 定理 5.2 (十分性) により，$A(s)^{-1}$ は多項式行列である．このことと $\det A(s)^{-1} = 1/\det A(s)$ が 0 でない定数であることにより，$A(s)^{-1}$ は単模であることがわかる． ■

例 5.4 行列 $A(s) = \begin{bmatrix} s+2 & s \\ 1 & 1 \end{bmatrix}$ を考える．行列式 $\det A(s) = 2$ は 0 でない定数だから，$A(s)$ は単模行列である．逆行列

$$A(s)^{-1} = \begin{bmatrix} 1/2 & -s/2 \\ -1/2 & (s+2)/2 \end{bmatrix}$$

は多項式行列であり，さらに単模行列である． ◁

5.3.2 基本変形

最初に復習であるが，実数を要素とする行列に対する基本列変形は，

(1) 二つの列を入れ替える，
(2) ある列を 0 でない定数倍する，
(3) ある列の定数倍を他の列に加える，

の三つの操作と定義されていた[8, 15]．これに対し，多項式行列に対しては，変換後の行列の多項式性と逆変換の多項式性を保証するために，

(1) 二つの列を入れ替える，
(2) ある列を 0 でない定数倍する，
(3) ある列の多項式倍を他の列に加える，

の三つの操作を**基本列変形**と定義する．多項式行列に対する基本列変形であることをとくに強調したい場合には，**多項式基本列変形**とよぶ．

上記 3 種類の多項式基本列変形は，それぞれ，

$$E_1 = \left[\begin{array}{cc|ccc} & 1 & & & \\ 1 & & & & \\ \hline & & 1 & & \\ & & & \ddots & \\ & & & & 1 \end{array}\right],\quad E_2 = \left[\begin{array}{c|ccc} c & & & \\ \hline & 1 & & \\ & & \ddots & \\ & & & 1 \end{array}\right],\quad E_3 = \left[\begin{array}{cc|ccc} 1 & \beta(s) & & & \\ & 1 & & & \\ \hline & & 1 & & \\ & & & \ddots & \\ & & & & 1 \end{array}\right] \tag{5.20}$$

(c は 0 でない定数，$\beta(s)$ は多項式) のような形の行列で表現される．このような形の行列を**多項式基本行列** (あるいは略して**基本行列**) とよぼう．より正確には，行列 $E_1 = E_1(p,q)$, $E_2 = E_2(p;c)$, $E_3 = E_3(p,q;\beta(s))$ を次のように定義する ($p \neq q$)：

(1) $E_1(p,q)$：行番号と列番号が $\{p,q\}$ の部分が $\begin{bmatrix} 0 & 1 \\ 1 & 0 \end{bmatrix}$ で，他は単位行列，

(2) $E_2(p;c)$：行番号と列番号が $\{p\}$ の部分が $[\,c\,]$ で，他は単位行列，

(3) $E_3(p,q;\beta(s))$：(p,q) 要素が $\beta(s)$，それ以外の非対角要素はすべて 0，対角要素はすべて 1 である行列．行番号と列番号が $\{p,q\}$ の部分は，$p<q$ のとき $\begin{bmatrix} 1 & \beta(s) \\ 0 & 1 \end{bmatrix}$，$q<p$ のとき $\begin{bmatrix} 1 & 0 \\ \beta(s) & 1 \end{bmatrix}$ である．

このとき，

(1) $E_1(p,q)$ を行列 $A(s)$ の右から掛けると，第 p 列と第 q 列が入れ替わる，

(2) $E_2(p;c)$ を行列 $A(s)$ の右から掛けると，第 p 列が c 倍される，

(3) $E_3(p,q;\beta(s))$ を行列 $A(s)$ の右から掛けると，第 p 列の $\beta(s)$ 倍が第 q 列に足し込まれる．

多項式基本行列は単模行列である[*7]．実際，

$$\det E_1(p,q) = -1, \qquad \det E_2(p;c) = c, \qquad \det E_3(p,q;\beta(s)) = 1$$

であり，さらに

$$\begin{aligned} &E_1(p,q)^{-1} = E_1(p,q), \qquad E_2(p;c)^{-1} = E_2(p;1/c), \\ &E_3(p,q;\beta(s))^{-1} = E_3(p,q;-\beta(s)) \end{aligned}$$

が成り立つ．

---

*7　5.4 節の定理 5.4 において，任意の単模行列が多項式基本行列の積の形に表されることを示す．

行変形についても同様に,

(1) 二つの行を入れ替える,
(2) ある行を 0 でない定数倍する,
(3) ある行の多項式倍を他の行に加える,

の三つの操作を (多項式行列に対する) **基本行変形**と定義する. 多項式行列に対するものであることをとくに強調したい場合には, **多項式基本行変形**とよぶ. 基本行変形は, $E_1(p,q)$, $E_2(p;c)$, $E_3(p,q;\beta(s))$ を行列の左から掛けることに相当し,

(1) $E_1(p,q)$ を行列 $A(s)$ の左から掛けると, 第 p 行と第 q 行が入れ替わる.
(2) $E_2(p;c)$ を行列 $A(s)$ の左から掛けると, 第 p 行が c 倍される.
(3) $E_3(p,q;\beta(s))$ を行列 $A(s)$ の左から掛けると, 第 q 行の $\beta(s)$ 倍が第 p 行に足し込まれる.

なお, 基本行変形と基本列変形を合わせて**基本変形** (あるいは**多項式基本変形**) とよぶ.

基本変形の意義は次の命題に集約される[*8]. $\gcd(a_1(s),a_2(s),\ldots,a_n(s))$ は, 多項式 $a_1(s),a_2(s),\ldots,a_n(s)$ の最大共通因子 (最高次の係数は 1) を表す. ただし, $a_j(s)$ がすべて 0 のときには, 最大共通因子は 0 であると約束する.

命題 5.2

(1) 多項式を要素とする任意の行ベクトル $(a_1(s),a_2(s),\ldots,a_n(s)) \neq \mathbf{0}^\top$ は, 基本列変形を繰り返すことによって $(b(s),0,\ldots,0)$ に変換できる. ただし, $b(s) = \gcd(a_1(s),a_2(s),\ldots,a_n(s))$ である.
(2) 多項式を要素とする任意の列ベクトル $(a_1(s),a_2(s),\ldots,a_n(s))^\top \neq \mathbf{0}$ は, 基本行変形を繰り返すことによって $(b(s),0,\ldots,0)^\top$ に変換できる. ただし, $b(s) = \gcd(a_1(s),a_2(s),\ldots,a_n(s))$ である.

(証明) (1) 適当に列を交換して, 次数最小の非零要素が $a_1(s)$ になるようにする. $j=2,\ldots,n$ に対して, $a_j(s)$ を $a_1(s)$ で割った商を $q_j(s)$, 余りを $r_j(s)$ とすると

$$a_j(s) = a_1(s)q_j(s) + r_j(s), \qquad \delta(a_1(s)) > \delta(r_j(s)) \tag{5.21}$$

*8 命題 5.2 は, Hermite 標準形 (定理 5.3) や Smith 標準形 (定理 5.7) の証明に利用される.

が成り立つ ($r_j(s)=0$ のときには $\delta(r_j(s))=-\infty$ とする)．第 1 列の $-q_j(s)$ 倍を第 j 列に加える操作を $j=2,\ldots,n$ に対して行うと，$(a_1(s),a_2(s),\ldots,a_n(s))$ は $(a_1(s),r_2(s),\ldots,r_n(s))$ に変換される．ここで，$r_j(s)=0$ $(j=2,\ldots,n)$ ならば，$b(s)=a_1(s)/\mathrm{lc}(a_1(s))$ として主張が示されたことになる．そうでないときは，上と同じ操作を繰り返す．このとき $r_j(s)\neq 0$ ならば $\delta(a_1(s))>\delta(r_j(s))\geqq 0$ となるので，非零要素の次数の最小値は真に減少し，有限回の繰返しの後にこの操作は終了する．なお，式 (5.21) より $\gcd(a_1(s),r_2(s),\ldots,r_n(s))=\gcd(a_1(s),a_2(s),\ldots,a_n(s))$ であることに注意されたい．

(2) の証明も (1) と同様である (行を列に，列を行に読み替えればよい)．■

例 5.5 行ベクトル (s^3+s^2,s^2+2s+1,s^2-1) は，基本列変形により，次のように変換される：

$$\begin{aligned}
&(s^3+s^2,s^2+2s+1,s^2-1)\ \Rightarrow\ (s^2+2s+1,s^3+s^2,s^2-1)\\
&\to\ (s^2+2s+1,s+1,s^2-1)\ \to\ (s^2+2s+1,s+1,-2s-2)\\
&\Rightarrow\ (s+1,s^2+2s+1,-2s-2)\ \to\ (s+1,0,-2s-2)\ \to\ (s+1,0,0).
\end{aligned}$$

ここで "⇒" は要素の交換，"→" は割り算 (5.21) による変形を意味する．上の変形は，与えられた行ベクトルに

$$\begin{aligned}
&\begin{bmatrix}0&1&0\\1&0&0\\0&0&1\end{bmatrix}\begin{bmatrix}1&-s+1&0\\0&1&0\\0&0&1\end{bmatrix}\begin{bmatrix}1&0&-1\\0&1&0\\0&0&1\end{bmatrix}\begin{bmatrix}0&1&0\\1&0&0\\0&0&1\end{bmatrix}\\
&\times\begin{bmatrix}1&-s-1&0\\0&1&0\\0&0&1\end{bmatrix}\begin{bmatrix}1&0&2\\0&1&0\\0&0&1\end{bmatrix}=\begin{bmatrix}1&-s-1&2\\-s+1&s^2&-2s+1\\0&0&1\end{bmatrix}
\end{aligned}\tag{5.22}$$

を右から掛けた結果となっている．◁

5.3.3 行列式因子

命題 5.2 の証明は，ベクトルの要素の最大共通因子が基本変形で不変に保たれることを示している．基本変形と最大共通因子のこのような関係は，行列に対して以下のように拡張される．

多項式行列 $A(s)$ と自然数 k に対して，$A(s)$ の k 次小行列式をすべて考え，それらの最大共通因子を，行列 $A(s)$ の k 次**行列式因子**とよぶ．これを $d_k(A(s))$ と表して定義を式で書けば，

$$d_k(A(s)) = \gcd\{\det A[I,J] \mid |I| = |J| = k\} \tag{5.23}$$

となる (小行列の記号 $A[I,J]$ については注意 4.2 参照)．右辺において，I は大きさ k の行集合，J は大きさ k の列集合の全体を動くので，$A(s)$ が $m \times n$ 型行列のとき，I は $\binom{m}{k}$ 個，J は $\binom{n}{k}$ 個あり，したがって，$A[I,J]$ は $\binom{m}{k} \times \binom{n}{k}$ 個ある．k の範囲は $1 \leqq k \leqq \min(m,n)$ であるが，$k=0$ の場合も考えて $d_0(A(s)) = 1$ と定義しておくと便利なことが多い．

例 5.6 行列

$$A(s) = \begin{bmatrix} s^3+s^2 & s^2+2s+1 & s^2-1 \\ s^5+2s^4-s^3-s^2 & s^4+3s^3+s^2-s-1 & 2s^3-s^2-s+1 \end{bmatrix}$$

に対して，

$$\begin{aligned}
d_1(A(s)) &= \gcd(s^3+s^2,\ s^2+2s+1,\ s^2-1,\ s^5+2s^4-s^3-s^2, \\
&\qquad s^4+3s^3+s^2-s-1,\ 2s^3-s^2-s+1) = 1, \\
d_2(A(s)) &= \gcd\left(\det \begin{bmatrix} s^3+s^2 & s^2+2s+1 \\ s^5+2s^4-s^3-s^2 & s^4+3s^3+s^2-s-1 \end{bmatrix},\right. \\
&\qquad \det \begin{bmatrix} s^3+s^2 & s^2-1 \\ s^5+2s^4-s^3-s^2 & 2s^3-s^2-s+1 \end{bmatrix}, \\
&\qquad \left.\det \begin{bmatrix} s^2+2s+1 & s^2-1 \\ s^4+3s^3+s^2-s-1 & 2s^3-s^2-s+1 \end{bmatrix}\right) \\
&= s^3(s+1)
\end{aligned}$$

である． ◁

行列式因子は，基本変形によって不変に保たれる．

命題 5.3 $A(s)$ を $m \times n$ 型多項式行列とするとき，任意の m 次基本行列 $E(s)$ と n 次基本行列 $F(s)$ に対して

$$d_k(E(s)A(s)F(s)) = d_k(A(s)) \qquad (1 \leqq k \leqq \min(m,n)) \tag{5.24}$$

が成り立つ．

(証明) 列変形の場合だけを証明すれば十分である．$F(s)$ が $E_1(p,q)$, $E_2(p;c)$ の場合には明らかである．$F(s) = E_3(p,q;\beta(s))$ とする．$B(s) = A(s)\,E_3(p,q;\beta(s))$ とおき，$B[I,J]$ と $A[I,J]$ を比較しよう (ここで $|I| = |J| = k$)．列番号 p, q と J の関係には，(i) $p \in J$, $q \in J$, (ii) $p \in J$, $q \notin J$, (iii) $p \notin J$, $q \notin J$, (iv) $p \notin J$, $q \in J$ の四つの場合がある．(i), (ii), (iii) の場合には $\det B[I,J] = \det A[I,J]$ が成り立ち，$\det B[I,J]$ は $d_k(A(s))$ で割り切れる．(iv) の場合には

$$\det B[I,J] = \det A[I,J] \pm \beta(s) \cdot \det A[I,(J \setminus \{q\}) \cup \{p\}]$$

が成り立つ[*9]ので，$\det B[I,J]$ は $d_k(A(s))$ で割り切れる．ゆえに，$d_k(B(s))$ は $d_k(A(s))$ で割り切れる．基本変形の逆は基本変形であるから，$d_k(A(s))$ も $d_k(B(s))$ で割り切れることになり，したがって $d_k(B(s)) = d_k(A(s))$ である． ■

5.4 Hermite標準形

与えられた多項式行列を，基本列変形によってできるだけ簡単な形に変換することを考える．以下，$A(s)$ を $m \times n$ 型の多項式行列とし，行フルランク ($\mathrm{rank}\,A(s) = m$) であると仮定する．このとき，$m \leqq n$ であるから，$A(s)$ は正方行列あるいは横長の長方行列である．

目標とする「簡単な形」は，$m \times n$ 型多項式行列 $B(s) = (b_{ij}(s))$ で，条件

$$b_{ii}(s) \neq 0, \quad \mathrm{lc}(b_{ii}(s)) = 1 \qquad (1 \leqq i \leqq m), \tag{5.25}$$

$$\delta(b_{ij}(s)) < \delta(b_{ii}(s)) \qquad (1 \leqq j < i \leqq m), \tag{5.26}$$

$$b_{ij}(s) = 0 \qquad (1 \leqq i \leqq m;\ i < j \leqq n) \tag{5.27}$$

を満たすものである[*10]．すなわち，左下三角行列で，各行において，対角要素が非対角要素よりも次数が大きいような多項式行列である．この条件を満たす行列を **Hermite** (エルミート) **標準形**とよぶ．

---

*9 記号 $(J \setminus \{q\}) \cup \{p\}$ は，集合 J から q を取り除き，p を付け加えた (列番号の) 集合を表す．第 2 項 $\pm\beta(s)$ の符号は，J の要素を小さい順に並べてから要素 q を要素 p に置き換えた数列を考え，これを小さい順に並べ換える順列の符号で決まる．注意 4.2 も参照．

*10 式 (5.25) で lc( ) は最高次の係数を表す．零多項式の次数は $-\infty$ と約束しているので，$b_{ij}(s) = 0$ のときには式 (5.26) の条件はつねに成り立つ．したがって，式 (5.26) の条件は，$b_{ij}(s) \neq 0$ のときに $\delta(b_{ij}(s)) < \delta(b_{ii}(s))$ という条件と同値である．

次の定理 5.3 は，任意の多項式行列が基本列変形によって Hermite 標準形に変換できることを示す重要な定理である．命題 5.2 (1) において，任意の行ベクトルが基本列変形によって $(b(s), 0, \ldots, 0)$ の形に変換できることを見たが，この命題は定理 5.3 の特別な ($m = 1$ の) 場合であると同時に，定理 5.3 の証明の本質的な部分を担っている．

定理 5.3 行フルランクの多項式行列は，基本列変形を繰り返すことによって Hermite 標準形に変換できる．

(証明) 与えられた多項式行列を $A(s) = (a_{ij}(s))$ とする．行フルランクの仮定より $A(s)$ の第 1 行ベクトルは $\mathbf{0}^\top$ でないから，命題 5.2 (1) により，基本列変形を繰り返すことで $A(s)$ の第 1 行ベクトル $(a_{11}(s), a_{12}(s), \ldots, a_{1n}(s))$ を $(b_{11}(s), 0, \ldots, 0)$ [ただし $\mathrm{lc}(b_{11}(s)) = 1$] の形に変換できる．行列 $A(s)$ 全体にこの変換を施した後の行列を $A^{(1)}(s) = (a_{ij}^{(1)})$ とすると，

$$a_{11}^{(1)}(s) = b_{11}(s), \qquad a_{1j}^{(1)}(s) = 0 \quad (j \geqq 2)$$

である．

次に，$A^{(1)}(s)$ の第 2 行の第 2 列目以降の行ベクトル $(a_{22}^{(1)}(s), a_{23}^{(1)}(s), \ldots, a_{2n}^{(1)}(s))$ は行フルランクの仮定より $\mathbf{0}^\top$ でないから，これを $(b_{22}(s), 0, \ldots, 0)$ の形に変換することができる [ただし $\mathrm{lc}(b_{22}(s)) = 1$]．さらに，

$$a_{21}^{(1)}(s) = b_{22}(s)q(s) + r(s), \qquad \delta(b_{22}(s)) > \delta(r(s))$$

となる多項式 $q(s)$, $r(s)$ をとり，第 2 列の $-q(s)$ 倍を第 1 列に足し込むことにより，第 2 行ベクトルを $(b_{21}(s), b_{22}(s), 0, \ldots, 0)$ [ただし，$\delta(b_{21}(s)) < \delta(b_{22}(s))$] の形に変換することができる．この変換後の行列を $A^{(2)}(s) = (a_{ij}^{(2)}(s))$ とすると，

$$\begin{aligned} &a_{11}^{(2)}(s) = b_{11}(s), \qquad a_{1j}^{(2)}(s) = 0 \quad (j \geqq 2), \\ &a_{21}^{(2)}(s) = b_{21}(s), \qquad a_{22}^{(2)}(s) = b_{22}(s), \qquad a_{2j}^{(2)}(s) = 0 \quad (j \geqq 3) \end{aligned}$$

である．

以下，同様の変換を行っていくと，$A^{(m)}(s)$ は Hermite 標準形になる． ■

例 5.7　例 5.6 の多項式行列

$$A(s) = \begin{bmatrix} s^3+s^2 & s^2+2s+1 & s^2-1 \\ s^5+2s^4-s^3-s^2 & s^4+3s^3+s^2-s-1 & 2s^3-s^2-s+1 \end{bmatrix}$$

の第 1 行が例 5.5 で扱った行ベクトルに等しいことに注意して，この行列に例 5.5 の列変形を施す [すなわち，式 (5.22) の行列を右から掛ける] と

$$A^{(1)}(s) = \begin{bmatrix} s+1 & 0 & 0 \\ s^3+s^2-1 & s^3 & -s^4+s^3 \end{bmatrix}$$

となる．次に，この行列の第 2 行ベクトルを変換するために，右から

$$\begin{bmatrix} 1 & 0 & 0 \\ 0 & 1 & s-1 \\ 0 & 0 & 1 \end{bmatrix} \begin{bmatrix} 1 & 0 & 0 \\ -1 & 1 & 0 \\ 0 & 0 & 1 \end{bmatrix} = \begin{bmatrix} 1 & 0 & 0 \\ -1 & 1 & s-1 \\ 0 & 0 & 1 \end{bmatrix} \tag{5.28}$$

を掛けると，Hermite 標準形

$$B(s) = \begin{bmatrix} s+1 & 0 & 0 \\ s^2-1 & s^3 & 0 \end{bmatrix}$$

が得られる．　◁

Hermite 標準形の定理 5.3 の系として，単模行列の特徴づけが得られる．

定理 5.4　正方形の多項式行列 $A(s)$ に対して，以下の 3 条件 (a)～(c) は同値である．

(a)　$A(s)$ は単模行列である．

(b)　$A(s)$ は正則で，$A(s)$ の Hermite 標準形は単位行列 I である．

(c)　$A(s)$ は多項式基本行列の積の形に表される．

(証明)　行列 $A(s)$ を $n \times n$ 型行列とする．(a), (b), (c) のいずれの場合にも $A(s)$ は正則行列であり，Hermite 標準形 $B(s) = (b_{ij}(s))$ が定義される．Hermite 標準形の構成法より，基本行列 $E_1(s), E_2(s), \ldots, E_k(s)$ が存在して，$B(s) = A(s)E_1(s)E_2(s) \cdots E_k(s)$ が成り立つ．

[(a) ⇒ (b)]　行列 $B(s)$ は下三角行列で $\det E_i(s)$ は非零定数だから，$c \in F \setminus \{0\}$ として

$$b_{11}(s)\, b_{22}(s) \ \cdots\ b_{nn}(s) = \det B(s) = c \cdot \det A(s) \in F \setminus \{0\}$$

が成り立つ．したがって，対角要素 $b_{11}(s), b_{22}(s), \ldots, b_{nn}(s)$ は定数である．さらに，$\delta(b_{ij}(s)) < \delta(b_{ii}(s))$ $(j < i)$ だから，$b_{ij}(s) = 0$ $(j < i)$ であり，$B(s) = I$(単位行列) となる．

[(b) ⇒ (c)] $I = B(s) = A(s)E_1(s)E_2(s) \cdots E_k(s)$ より $A(s) = E_k(s)^{-1} \cdots E_2(s)^{-1}E_1(s)^{-1}$ となる．各 $E_j(s)^{-1}$ は基本行列である．

[(c) ⇒ (a)] 基本行列は単模行列であるから，これは明らかである． ■

定理 5.4 を用いると，定理 5.3 は次のように言い換えられる．

定理 5.5 行フルランクの多項式行列 $A(s)$ に対して，ある単模行列 $V(s)$ が存在して，$A(s)V(s)$ は Hermite 標準形となる．

例 5.8 例 5.7 において，多項式行列 $A(s)$ から Hermite 標準形 $B(s)$ への変換は，式 (5.22) の行列と式 (5.28) の行列の積

$$V(s) = (5.22) \times (5.28) = \begin{bmatrix} s+2 & -s-1 & -s^2+3 \\ -s^2-s+1 & s^2 & s^3-s^2-2s+1 \\ 0 & 0 & 1 \end{bmatrix}$$

によって $A(s)V(s) = B(s)$ と与えられる．ここで $\det V(s) = 1$ であることは，直接の計算でも容易に確かめることができる． ◁

定理 5.3 (あるいは定理 5.5) で Hermite 標準形の存在を示したが，実は，Hermite 標準形は一意的に確定する．

定理 5.6 行フルランクの多項式行列の Hermite 標準形は一意に定まる．

(証明) 与えられた $A(s)$ から相異なる Hermite 標準形 $B(s) = (b_{ij}(s))$, $B'(s) = (b'_{ij}(s))$ が得られたとして，矛盾を導こう．行列 $A(s)$ と多項式ベクトルの積の全体

$$\Lambda(A(s)) = \{A(s)\boldsymbol{x}(s) \mid \boldsymbol{x}(s) \in F[s]^n\}$$

を考える ($F[s]^n$ は F 上の多項式を要素とする n 次元ベクトルの全体を表す)．任意の n 次単模行列 $V(s)$ に対して

$$
\begin{aligned}
\Lambda(A(s)V(s)) &= \{A(s)V(s)\boldsymbol{x}(s) \mid \boldsymbol{x}(s) \in F[s]^n\} \\
&= \{A(s)\boldsymbol{y}(s) \mid \boldsymbol{y}(s) = V(s)\boldsymbol{x}(s),\ \boldsymbol{x}(s) \in F[s]^n\} \\
&= \{A(s)\boldsymbol{y}(s) \mid \boldsymbol{y}(s) \in F[s]^n\} \\
&= \Lambda(A(s))
\end{aligned}
$$

が成り立つから，$\Lambda(A(s)) = \Lambda(B(s)) = \Lambda(B'(s))$ である．

行列 $B(s)$ と行列 $B'(s)$ は相異なるから，$b_{ij}(s) \neq b'_{ij}(s)$ となる (i,j) がある ($i \geqq j$ である)．そのような (i,j) の中で i が最小のものを考える．このとき $\delta(b_{ii}(s)) \geqq \delta(b'_{ii}(s))$ と仮定してよい [$\delta(b_{ii}(s)) < \delta(b'_{ii}(s))$ ならば $B(s)$ と $B'(s)$ を入れ替える]．

行列 $B(s)$ の列ベクトルを $\boldsymbol{b}_1(s), \boldsymbol{b}_2(s), \ldots, \boldsymbol{b}_n(s)$ と表し，$B'(s)$ の列ベクトルを $\boldsymbol{b}'_1(s), \boldsymbol{b}'_2(s), \ldots, \boldsymbol{b}'_n(s)$ と表す [$\boldsymbol{b}_k(s) = \boldsymbol{b}'_k(s) = \boldsymbol{0}$ $(k > m)$ である]．第 j 列ベクトルに着目すると，$\boldsymbol{b}'_j(s) \in \Lambda(B'(s)) = \Lambda(B(s))$, $\boldsymbol{b}_j(s) \in \Lambda(B(s))$ より $\boldsymbol{b}'_j(s) - \boldsymbol{b}_j(s) \in \Lambda(B(s))$ であるから，ある $\boldsymbol{x}(s) \in F[s]^n$ が存在して

$$
\boldsymbol{b}'_j(s) - \boldsymbol{b}_j(s) = B(s)\boldsymbol{x}(s) = x_1(s)\boldsymbol{b}_1(s) + x_2(s)\boldsymbol{b}_2(s) + \cdots + x_m(s)\boldsymbol{b}_m(s)
$$

である．行番号 i の選び方より左辺 $\boldsymbol{b}'_j(s) - \boldsymbol{b}_j(s)$ の第 1 成分 ～ 第 $(i-1)$ 成分は 0 であり，一方 $B(s)$ は左下三角形であるから，$x_1(s) = x_2(s) = \cdots = x_{i-1}(s) = 0$ である．したがって，上式の第 i 成分より

$$
b'_{ij}(s) - b_{ij}(s) = x_i(s)b_{ii}(s) \tag{5.29}
$$

となる．ここで $b_{ij}(s) \neq b'_{ij}(s)$ だから，$x_i(s)$ は零でない多項式である．

最初に $i \neq j$ の場合を考えると，Hermite 標準形の条件と最初の仮定により

$$
\delta(b'_{ij}(s)) < \delta(b'_{ii}(s)) \leqq \delta(b_{ii}(s)), \qquad \delta(b_{ij}(s)) < \delta(b_{ii}(s))
$$

となり，$\delta(b'_{ij}(s) - b_{ij}(s)) < \delta(b_{ii}(s))$ が成り立つ．しかし，これは式 (5.29) に矛盾する．

次に $i = j$ の場合を考える．式 (5.29) で $i = j$ とした式より $0 \neq b'_{ii}(s) = (1 + x_i(s))b_{ii}(s)$ となるが，$\delta(b_{ii}(s)) \geqq \delta(b'_{ii}(s))$ と仮定したから，$x_i(s)$ は定数 c_i で，$\delta(b_{ii}(s)) = \delta(b'_{ii}(s))$ である．このとき，$\mathrm{lc}(b_{ii}(s)) = \mathrm{lc}(b'_{ii}(s)) = 1$ より $c_i = 0$ が導かれるが，これは $x_i(s)$ が零でない多項式であることに矛盾する．

相異なる Hermite 標準形があると仮定して，いずれの場合にも矛盾が導かれたので，Hermite 標準形の一意性が証明されたことになる． ■

本節では，$A(s)$ が行フルランクであるという条件の下で Hermite 標準形を論じたが，より一般の場合にも同様の議論が可能である．文献 [4] の VI 章 2 節を参照されたい．

5.5 Smith 標準形 (単因子標準形)

Hermite 標準形は列変形だけによる三角化であるが，列変形と行変形の両方を用いると，対角行列にすることができる．基本変形を繰り返すことは単模行列を掛けることと同等である (定理 5.4) から，単模行列を左右から掛けて対角行列に変換できると言い換えることもできる．

例 5.9 多項式行列

$$A(s)=\begin{bmatrix} s+1 & 0 \\ s^2-1 & s^3 \end{bmatrix}$$

は Hermite 標準形になっているので，列変形によってこれ以上簡単な形に変換できない．しかし，行変形 (第 2 行に第 1 行の $-s+1$ 倍を足す) を用いれば，

$$\begin{bmatrix} 1 & 0 \\ -s+1 & 1 \end{bmatrix}\begin{bmatrix} s+1 & 0 \\ s^2-1 & s^3 \end{bmatrix}=\begin{bmatrix} s+1 & 0 \\ 0 & s^3 \end{bmatrix}$$

のように対角行列に変換できる． ◁

命題 5.4 任意の $m\times n$ 型多項式行列 $A(s)$ に対して，m 次単模行列 $U(s)$ と n 次単模行列 $V(s)$ が存在して，

$$U(s)A(s)V(s)=\left[\begin{array}{ccc|c} \alpha_1(s) & & 0 & \\ & \ddots & & 0_{r,n-r} \\ 0 & & \alpha_r(s) & \\ \hline & 0_{m-r,r} & & 0_{m-r,n-r} \end{array}\right] \tag{5.30}$$

となる．ここで，$r=\operatorname{rank}A(s)$ で，$\alpha_1(s),\alpha_2(s),\ldots,\alpha_r(s)$ は，

$$\text{正規化条件:}\quad \mathrm{lc}(\alpha_1(s))=\mathrm{lc}(\alpha_2(s))=\cdots=\mathrm{lc}(\alpha_r(s))=1, \tag{5.31}$$

$$\text{次数条件:}\quad \delta(\alpha_1(s))\leqq\delta(\alpha_2(s))\leqq\cdots\leqq\delta(\alpha_r(s)) \tag{5.32}$$

を満たす多項式である．

(証明)　$A^{(0)}(s) = A(s)$ とおく．$A^{(0)}(s) = O$ ならば，式 (5.30) の形である．$A^{(0)}(s) \neq O$ のとき，次数の最も小さい非零要素を選び，行と列の入れ替えによって (1,1) 要素に移す．必要なら，第 1 列を定数倍して $\mathrm{lc}(a_{11}^{(0)}(s)) = 1$ とする．

第 1 行に着目する．$j = 2, \ldots, n$ に対して，

$$a_{1j}^{(0)}(s) = a_{11}^{(0)}(s) q_j(s) + r_j(s), \qquad \delta(a_{11}^{(0)}(s)) > \delta(r_j(s))$$

となる多項式 $q_j(s), r_j(s)$ をとり，第 1 列の $-q_j(s)$ 倍を第 j 列に足し込んで $(1, j)$ 要素を $r_j(s)$ に変える．次に，第 1 列に着目し，$i = 2, \ldots, m$ に対して，

$$a_{i1}^{(0)}(s) = a_{11}^{(0)}(s) q_i'(s) + r_i'(s), \qquad \delta(a_{11}^{(0)}(s)) > \delta(r_i'(s))$$

となる多項式 $q_i'(s), r_i'(s)$ をとり，第 1 行の $-q_i'(s)$ 倍を第 i 行に足し込んで $(i, 1)$ 要素を $r_i'(s)$ に変える．

その結果，第 1 行が $(a_{11}^{(0)}(s), 0, \ldots, 0)$, 第 1 列が $(a_{11}^{(0)}(s), 0, \ldots, 0)^\top$ となったならば，第 2 行 ∼ 第 m 行，第 2 列 ∼ 第 n 列からなる $(m-1) \times (n-1)$ 型行列を $A^{(1)}(s) = (a_{ij}^{(1)}(s) \mid 2 \leqq i \leqq m, 2 \leqq j \leqq n)$ として，第 1 段を終了する：

$$\left[\begin{array}{c|ccc} a_{11}^{(0)}(s) & 0 & \cdots & 0 \\ \hline 0 & & & \\ \vdots & & A^{(1)}(s) & \\ 0 & & & \end{array}\right].$$

そうでないときには，第 1 行または第 1 列に $a_{11}^{(0)}(s)$ よりも次数の小さい非零多項式があるから，これを (1,1) 要素に移して，上と同様のことを繰り返す．そうすると，有限回の繰り返しの後に，第 1 段が終了して，$(m-1) \times (n-1)$ 型行列 $A^{(1)}(s)$ が得られる．

この行列に対して，上と同じことを行い，左上の対角要素 $a_{22}^{(1)}(s)$ と $(m-2) \times (n-2)$ 型行列 $A^{(2)}(s) = (a_{ij}^{(2)}(s) \mid 3 \leqq i \leqq m, 3 \leqq j \leqq n)$ を求めて，第 2 段を終了する．以下，同様の変換を行っていくと，対角要素 $a_{11}^{(0)}(s), a_{22}^{(1)}(s), \ldots, a_{rr}^{(r-1)}(s)$ と $A^{(r)} = O$ が得られる．最後に，対角要素が次数条件 (5.32) を満たすように行と列を並べ換えればよい．■

実は，式 (5.30) の対角形において，対角要素の $\alpha_1(s), \alpha_2(s), \ldots, \alpha_r(s)$ の間に整除条件

$$\alpha_1(s) \mid \alpha_2(s) \mid \cdots \mid \alpha_r(s) \tag{5.33}$$

を課すことができる．ここで，記号 $a(s) \mid b(s)$ は多項式 $a(s)$ が多項式 $b(s)$ の因子であることを表し，式 (5.33) は，$i = 1, \ldots, r-1$ に対して $\alpha_i(s)$ が $\alpha_{i+1}(s)$ を割り切ることを意味している．整除条件 (5.33) を満たす対角行列 (5.30) を **Smith** (スミス) **標準形**とよぶ．

下の定理 5.7 に示すように，任意の多項式行列 $A(s)$ は単模行列を左右から掛けることによって Smith 標準形に変換でき，さらに，Smith 標準形は $A(s)$ によって一意に確定する．なお，次の例 5.10 のように，与えられた多項式行列 $A(s)$ に対して命題 5.4 の対角行列 (整除条件を課さない形) は一意的に定まらない．

例 5.10 対角行列

$$A(s) = \begin{bmatrix} s+1 & 0 \\ 0 & s^3 \end{bmatrix}$$

は，整除条件 (5.33) を満たさないので Smith 標準形でない．次のように多項式基本変形を繰り返すと Smith 標準形が得られる (列変形を "$\longrightarrow$"，行変形を "$\Longrightarrow$" で表す)：

$$\begin{bmatrix} s+1 & 0 \\ 0 & s^3 \end{bmatrix} \overset{E_3(1,2;s^2-s+1)}{\longrightarrow} \begin{bmatrix} s+1 & s^3+1 \\ 0 & s^3 \end{bmatrix}$$

$$\overset{E_3(1,2;-1)}{\Longrightarrow} \begin{bmatrix} s+1 & 1 \\ 0 & s^3 \end{bmatrix} \overset{E_1(1,2)}{\longrightarrow} \begin{bmatrix} 1 & s+1 \\ s^3 & 0 \end{bmatrix}$$

$$\overset{E_3(1,2;-s-1)}{\longrightarrow} \begin{bmatrix} 1 & 0 \\ s^3 & -s^3(s+1) \end{bmatrix} \overset{E_3(2,1;-s^3)}{\Longrightarrow} \begin{bmatrix} 1 & 0 \\ 0 & -s^3(s+1) \end{bmatrix}$$

$$\overset{E_2(2;-1)}{\longrightarrow} \begin{bmatrix} 1 & 0 \\ 0 & s^3(s+1) \end{bmatrix} \quad \text{(Smith 標準形)}.$$

上の変形の鍵は，一般に二つの多項式 $\alpha(s)$, $\beta(s)$ に対して

$$\alpha(s)v(s) + \beta(s)u(s) = \gcd(\alpha(s), \beta(s))$$

を満たす多項式 $v(s)$, $u(s)$ が存在するという事実 (5.2 節の定理 5.1) である．上の例題では $\alpha(s) = s+1$, $\beta(s) = s^3$, $\gcd(\alpha(s), \beta(s)) = \gcd(s+1, s^3) = 1$ であり，$v(s) = s^2 - s + 1$, $u(s) = -1$ に対して

$$\alpha(s)v(s) + \beta(s)u(s) = (s+1)(s^2 - s + 1) + s^3(-1) = 1$$

となる．上に示した変形では，最初に $E_3(1,2;v) = E_3(1,2;s^2-s+1)$ で列変形を行い，次に $E_3(1,2;u) = E_3(1,2;-1)$ で行変形を行うことによって，(1,2) 要素に $1 = \gcd(\alpha,\beta)$ をつくり出している． ◁

定理 5.7 任意の多項式行列は，単模行列による行変形と列変形によって Smith 標準形に変換できる．すなわち，任意の $m \times n$ 型多項式行列 $A(s)$ に対して，m 次単模行列 $U(s)$ と n 次単模行列 $V(s)$ が存在して，

$$U(s)A(s)V(s) = \left[\begin{array}{ccc|c} \alpha_1(s) & & 0 & \\ & \ddots & & 0_{r,n-r} \\ 0 & & \alpha_r(s) & \\ \hline & 0_{m-r,r} & & 0_{m-r,n-r} \end{array}\right] \tag{5.34}$$

となる．ここで，$r = \operatorname{rank} A$ であり，$\alpha_1(s), \alpha_2(s), \ldots, \alpha_r(s)$ は

$$\begin{aligned} &\text{正規化条件 (5.31)：} && \operatorname{lc}(\alpha_1(s)) = \operatorname{lc}(\alpha_2(s)) = \cdots = \operatorname{lc}(\alpha_r(s)) = 1, \\ &\text{整除条件 (5.33)：} && \alpha_1(s) \mid \alpha_2(s) \mid \cdots \mid \alpha_r(s) \end{aligned}$$

を満たす多項式で，行列 $A(s)$ によって一意的に定まる．

(証明) 命題 5.4 により，$A(s)$ は正規化条件 (5.31) と次数条件 (5.32) を満たす対角行列 (5.30) としてよい．その非零対角要素 $\alpha_1(s), \alpha_2(s), \ldots, \alpha_r(s)$ が整除条件 (5.33) を満たしていないとしよう．$\alpha_i(s) \mid \alpha_{i+1}(s)$ を満たさない最小の i に対して，行番号と列番号が $\{i, i+1\}$ の部分 $\operatorname{diag}(\alpha_i(s), \alpha_{i+1}(s))$ に着目する*11．$\alpha(s) = \alpha_i(s)$, $\beta(s) = \alpha_{i+1}(s)$, $g(s) = \gcd(\alpha(s), \beta(s))$ とおき，

$$\alpha(s)v(s) + \beta(s)u(s) = g(s)$$

を満たす多項式 $v(s)$, $u(s)$ をとって

$$\begin{aligned} &\begin{bmatrix} 1 & u(s) \\ 0 & 1 \end{bmatrix} \begin{bmatrix} \alpha(s) & 0 \\ 0 & \beta(s) \end{bmatrix} \begin{bmatrix} 1 & v(s) \\ 0 & 1 \end{bmatrix} \\ &= \begin{bmatrix} \alpha(s) & \alpha(s)v(s) + \beta(s)u(s) \\ 0 & \beta(s) \end{bmatrix} = \begin{bmatrix} \alpha(s) & g(s) \\ 0 & \beta(s) \end{bmatrix} \end{aligned}$$

*11　以下は，例 5.10 の議論を一般の場合にしたものである．

と変換する．次に列を入れ替えてから

$$\begin{bmatrix} 1 & 0 \\ -\beta(s)/g(s) & 1 \end{bmatrix} \begin{bmatrix} g(s) & \alpha(s) \\ \beta(s) & 0 \end{bmatrix} \begin{bmatrix} 1 & -\alpha(s)/g(s) \\ 0 & 1 \end{bmatrix}$$
$$= \begin{bmatrix} g(s) & 0 \\ 0 & -\alpha(s)\beta(s)/g(s) \end{bmatrix}$$

と変換する．最後に第 2 列の符号を変えると，$\mathrm{diag}\,(g(s), \alpha(s)\beta(s)/g(s))$ となる．ここで $\delta(g(s)) < \delta(\alpha_i(s))$ である．変換後の対角要素

$$\alpha_1(s), \ldots, \alpha_{i-1}(s); g(s), \alpha_i(s)\alpha_{i+1}(s)/g(s); \alpha_{i+2}(s), \ldots, \alpha_r(s)$$

の次数を小さい順に並べたもの $(\delta_1', \delta_2', \ldots, \delta_r')$ は，変換前の対角要素 $\alpha_1(s), \alpha_2(s), \ldots, \alpha_r(s)$ の次数を (小さい順に) 並べたもの $(\delta_1, \delta_2, \ldots, \delta_r) = (\delta(\alpha_1(s)), \delta(\alpha_2(s)), \ldots, \delta(\alpha_r(s)))$ よりも辞書式順序で真に小さくなっている．したがって，上記の変形を有限回行えば整除条件 (5.33) が満されるようになり，Smith 標準形が得られる．

一意性は次のように示される．Smith 標準形 $U(s)A(s)V(s)$ の k 次行列式因子 $d_k(U(s)A(s)V(s))$ は，整除条件 (5.33) により

$$d_k(U(s)A(s)V(s)) = \alpha_1(s)\alpha_2(s)\cdots\alpha_k(s)$$

と与えられる．一方，行列式因子は基本変形によって不変である (命題 5.3) から，$d_k(U(s)A(s)V(s))$ は $A(s)$ の行列式因子 $d_k(A(s))$ に等しい．したがって

$$d_k(A(s)) = \alpha_1(s)\alpha_2(s)\cdots\alpha_k(s) \qquad (k = 1, \ldots, r),$$

すなわち

$$\alpha_k(s) = d_k(A(s)) \;/\; d_{k-1}(A(s)) \qquad (k = 1, \ldots, r)$$

であり，これは $U(s)$, $V(s)$ に依らない． ■

Smith 標準形 (5.34) における対角要素 $\alpha_1(s), \alpha_2(s), \ldots, \alpha_r(s)$ を，与えられた行列 $A(s)$ の**単因子**とよび*12，$e_1(A(s)), e_2(A(s)), \ldots, e_r(A(s))$ と表す．単因子と行列式因子の間に次の関係が成り立つ：

$$d_k(A(s)) = e_1(A(s))e_2(A(s))\cdots e_k(A(s)) \qquad (k = 1, \ldots, r), \tag{5.35}$$
$$e_k(A(s)) = \frac{d_k(A(s))}{d_{k-1}(A(s))} \qquad (k = 1, \ldots, r). \tag{5.36}$$

*12 これを**不変多項式**とよび，単因子を別の意味に使う流儀[4]もあるので注意が必要である．

Smith 標準形を**単因子標準形**とよぶこともある．

例 5.11 多項式行列

$$A(s) = \begin{bmatrix} s^3+s^2 & s^2+2s+1 & s^2-1 \\ s^5+2s^4-s^3-s^2 & s^4+3s^3+s^2-s-1 & 2s^3-s^2-s+1 \end{bmatrix}$$

の単因子は $e_1(A(s)) = 1$, $e_2(A(s)) = s^3(s+1)$ であり，行列式因子は $d_1(A(s)) = 1$, $d_2(A(s)) = s^3(s+1)$ である (例 5.6)．Smith 標準形と Hermite 標準形は，

$$\text{Smith 標準形} = \begin{bmatrix} 1 & 0 & 0 \\ 0 & s^3(s+1) & 0 \end{bmatrix}, \quad \text{Hermite 標準形} = \begin{bmatrix} s+1 & 0 & 0 \\ s^2-1 & s^3 & 0 \end{bmatrix}$$

で与えられる (例 5.7，例 5.9，例 5.10 参照)． ◁

注意 5.2 二つの多項式行列 $A(s)$, $B(s)$ に対して

$$U(s)\,A(s)\,V(s) = B(s) \tag{5.37}$$

を満たす単模行列 $U(s)$, $V(s)$ が存在するとき，$A(s)$ は $B(s)$ と**等価**であるという．式 (5.37) より $A(s) = U(s)^{-1}\,B(s)\,V(s)^{-1}$ となり，$U(s)^{-1}$, $V(s)^{-1}$ は単模行列だから，$A(s)$ が $B(s)$ と等価ならば $B(s)$ は $A(s)$ と等価である．等価であるという関係は同値関係 (注意 1.3 参照) であり，これによって多項式行列全体が同値類に分類される．この同値類の代表元が Smith 標準形である．二つの多項式行列が等価であるための必要十分条件は，すべての単因子が一致することである． ◁

注意 5.3 整数行列に対しても，多項式行列の場合と同様に Hermite 標準形や Smith 標準形が定義されていた (4.3 節，4.4 節)．その根底には，整数の集合 $\mathbb{Z}$ と多項式の集合 $F[s]$ が共通の代数構造をもっているという事実がある．

一般に，加減算と乗算が定義された集合 R を**環**というが，さらに，乗算が可換 (任意の $a, b \in R$ に対して $ab = ba$) で，乗算に関する単位元が存在 (ある $e \in R$ が存在して任意の $a \in R$ に対して $ea = ae = a$) し，零因子をもたない ($a \neq 0$, $b \neq 0$ ならば $ab \neq 0$) とき，R を**整域**という．$\mathbb{Z}$ や $F[s]$ は整域である．さらに，$\mathbb{Z}$ や $F[s]$ においては「割り算」ができることを抽象化して，一般に，整域 R が以下の条件 (i), (ii), (iii) を満たす関数 $\varphi : R \setminus \{0\} \to \mathbb{Z}$ をもつとき，**Euclid** (ユークリッド) **整域**とよぶ：

(i) $\varphi(a) \geqq 0 \quad (a \in R)$,

(ii) $\varphi(ab) \geqq \varphi(a) \quad (a \in R, b \in R \setminus \{0\})$,

(iii) 任意の $a \in R$, $b \in R \setminus \{0\}$ に対して，ある $q, r \in R$ が存在して，$a = bq + r$，ただし，$r = 0$ または $r \neq 0, \varphi(r) < \varphi(b)$.

たとえば，$R = \mathbb{Z}$ に対して $\varphi(a) = |a|$ は条件を満たし，$R = F[s]$ に対して $\varphi(a) = \delta(a)$(多項式 a の次数) は条件を満たすので，$\mathbb{Z}$ と $F[s]$ は Euclid 整域である.

一般に，Euclid 整域 R 上の行列に対して，Hermite 標準形や Smith 標準形を考えることができる．これに対して，2 変数以上の多項式環は整域ではあるが Euclid 整域ではないので，多変数多項式行列に対して Hermite 標準形や Smith 標準形をうまく拡張することはできない.

Euclid 整域のさらなる例として，プロパーな有理式の集合

$$R = \{a/b \mid a, b \in F[s],\ b \neq 0,\ \delta(a) \leqq \delta(b)\}, \qquad \varphi(a/b) = \delta(b) - \delta(a)$$

がある．ここで，有理式が**プロパー**とは「分母の次数 $\geqq$ 分子の次数」であることを意味する．また，プロパーで安定な実係数有理式の全体 RH_∞ も Euclid 整域を成す．ここで，実係数有理式が**安定**とは，拡張複素閉右半平面

$$\mathbb{C}_{+\mathrm{e}} = \{z \in \mathbb{C} \mid \mathrm{Re}(z) \geqq 0\} \cup \{\infty\}$$

に極をもたないことをいう．$\mathbb{C}_{+\mathrm{e}}$ に含まれる零点の個数 (重複度を込めて数える) を表す関数を φ とする．RH_∞ 上の行列の Smith 標準形は制御理論において重要な役割を果たす[42, 44, 45]. ◁

5.6 線形方程式系の解

本節では，多項式を要素とする行列とベクトルに関する線形方程式系 $A(s)\boldsymbol{x}(s) = \boldsymbol{b}(s)$ の解 $\boldsymbol{x}(s)$ の存在を考える．行列 $A(s)$ は $m \times n$ 型多項式行列，$\boldsymbol{b}(s)$ は m 次多項式ベクトルとする．多項式行列 $A(s)$ が正則であっても逆行列は多項式行列と限らない (有理式を要素として含む) ことからも察せられるように，解 $\boldsymbol{x}(s)$ を多項式ベクトルの範囲で考える際には整除性が関係してくるところが要点である．議論の進め方は整数を要素とする行列とベクトルに関する線形方程式系 (4.5 節) のときと同じである.

まず，多項式ベクトルの変換についての基本事実を示そう．

命題 5.5 $V(s)$ を n 次単模行列，$\boldsymbol{x}(s)$ を n 次有理式ベクトルとする．$V(s)\boldsymbol{x}(s)$ が多項式ベクトルであるための必要十分条件は，$\boldsymbol{x}(s)$ が多項式ベクトルであることである．

(証明) $\boldsymbol{y}(s) = V(s)\boldsymbol{x}(s)$ とおく．$\boldsymbol{x}(s)$ が多項式ベクトルなら，多項式行列と多項式ベクトルの積である $\boldsymbol{y}(s)$ は多項式ベクトルである．逆に，$\boldsymbol{y}(s)$ が多項式ベクトルのとき，単模行列の逆行列は多項式行列である (定理 5.2) から，$\boldsymbol{x}(s) = V(s)^{-1}\boldsymbol{y}(s)$ は多項式ベクトルである．■

与えられた方程式 $A(s)\boldsymbol{x}(s) = \boldsymbol{b}(s)$ の多項式解 $\boldsymbol{x}(s)$ を考えるときに，単模行列 $U(s), V(s)$ を用いて，方程式 $A(s)\boldsymbol{x}(s) = \boldsymbol{b}(s)$ を

$$(U(s)A(s)V(s))(V(s)^{-1}\boldsymbol{x}(s)) = U(s)\boldsymbol{b}(s)$$

と書き換える．上の命題 5.5 により，$\boldsymbol{x}(s)$ が多項式ベクトルであることは $\tilde{\boldsymbol{x}}(s) = V(s)^{-1}\boldsymbol{x}(s)$ が多項式ベクトルであることと同値であり，単模行列 $U(s), V(s)$ をうまく選べば係数行列 $\tilde{A}(s) = U(s)A(s)V(s)$ を Smith 標準形 (5.34) (あるいは式 (5.30) の対角形) に変換できるので，解析が容易になる．後の引用のために変数変換をまとめると，

$$\tilde{A}(s) = U(s)A(s)V(s), \quad \tilde{\boldsymbol{x}}(s) = V(s)^{-1}\boldsymbol{x}(s), \quad \tilde{\boldsymbol{b}}(s) = U(s)\boldsymbol{b}(s) \tag{5.38}$$

であり，$A(s)\boldsymbol{x}(s) = \boldsymbol{b}(s)$ は $\tilde{A}(s)\tilde{\boldsymbol{x}}(s) = \tilde{\boldsymbol{b}}(s)$ と等価である．

このように考えていくと，次の定理が導かれる．

定理 5.8 $m \times n$ 型多項式行列 $A(s)$ と m 次多項式ベクトル $\boldsymbol{b}(s)$ に関して，以下の 3 条件 (a)〜(c) は同値である．

(a) $A(s)\boldsymbol{x}(s) = \boldsymbol{b}(s)$ が多項式ベクトルの解 $\boldsymbol{x}(s)$ をもつ．

(b) 任意の有理式ベクトル $\boldsymbol{y}(s)$ について，$\boldsymbol{y}(s)^\top A(s)$ が多項式ベクトルならば $\boldsymbol{y}(s)^\top \boldsymbol{b}(s)$ は多項式である．

(c) $A(s)$ と $[A(s) \mid \boldsymbol{b}(s)]$ は，単因子がすべて一致する[*13]．

---

*13　単因子の個数はランクに等しいので，この条件は $A(s)$ と $[A(s) \mid \boldsymbol{b}(s)]$ のランクが一致することを含む．

(証明) Smith 標準形を用いて，定理 4.11 の証明と同様にできる． ■

右辺ベクトル $\boldsymbol{b}(s)$ が任意に動く場合の可解性は，次のようになる．

定理 5.9 $m \times n$ 型多項式行列 $A(s)$(ただし $\mathrm{rank}\, A(s) = m$) に関して，以下の 3 条件 (a)〜(c) は同値である．

(a) 任意の m 次多項式ベクトル $\boldsymbol{b}(s)$ に対して $A(s)\boldsymbol{x}(s) = \boldsymbol{b}(s)$ が多項式ベクトルの解 $\boldsymbol{x}(s)$ をもつ．
(b) 有理式ベクトル $\boldsymbol{y}(s)$ について，$\boldsymbol{y}(s)^\top A(s)$ が多項式ベクトルならば $\boldsymbol{y}(s)$ は多項式ベクトルである．
(c) 単因子 $e_1(A(s)), e_2(A(s)), \ldots, e_m(A(s))$ はすべて 1 である[*14]．

(証明) 定理 5.8 の条件 (a)〜(c) のそれぞれについて，それが任意の m 次多項式ベクトル $\boldsymbol{b}(s)$ (とくに，単位ベクトル $\boldsymbol{e}_1, \ldots, \boldsymbol{e}_m$) に対して成り立つ条件は，上のようになる． ■

5.7 行　列　束

5.7.1 定　義

次数が 1 以下の多項式行列を，**行列束**(そく)あるいは**行列ペンシル**とよぶ．行列束は，定数行列 A_1, A_0 を用いて

$$A(s) = sA_1 + A_0 \tag{5.39}$$

の形に表される．本節では，とくに断らない限り，$A(s)$ はランクが r の $m \times n$ 型行列束とする．なお，係数の範囲を明確にする必要がある場合には，いままで通り，係数は体 F の要素 (すなわち，A_1, A_0 は体 F 上の行列) として議論する．応用上は $F = \mathbb{R}$(実数体) あるいは $F = \mathbb{C}$(複素数体) の場合が普通であるが，本節では F は有理数体 $\mathbb{Q}$ を含む体であると仮定する．

行列束 $A(s)$ が正方形 $(m = n)$ で，行列式 $\det A(s)$ が s の多項式として 0 でないとき，$A(s)$ を**正則な行列束**とよぶ．正則でない行列束を**特異な行列束**という．

---

*14　この条件は $e_m(A(s)) = 1$ と同値であり，m 次行列式因子 $d_m(A(s)) = 1$ とも同値である．

すなわち，特異な行列束 $A(s)$ とは，正方形でない $(m \neq n)$ か，あるいは，正方形であって $\det A(s) = 0$ である行列束である．

例 5.12 $A(s) = \begin{bmatrix} s & 1 \\ 1 & s \end{bmatrix}$ は正則な行列束である．実際，$\det A(s) = s^2 - 1 \neq 0$ で，その次数は $n = 2$ に等しい．係数行列は $A_1 = \begin{bmatrix} 1 & 0 \\ 0 & 1 \end{bmatrix}$，$A_0 = \begin{bmatrix} 0 & 1 \\ 1 & 0 \end{bmatrix}$ ともに正則である． ◁

例 5.13 $A(s) = \begin{bmatrix} 1 & s \\ 1 & 1 \end{bmatrix}$ は正則な行列束である．実際，$\det A(s) = -s + 1 \neq 0$ である．係数行列 $A_0 = \begin{bmatrix} 1 & 0 \\ 1 & 1 \end{bmatrix}$ は正則であるが，$A_1 = \begin{bmatrix} 0 & 1 \\ 0 & 0 \end{bmatrix}$ は正則でない．そのため，行列式 $\det A(s) = -s + 1$ の次数は $n = 2$ より小さい． ◁

例 5.14 $A(s) = \begin{bmatrix} s & 1 & 0 \\ 0 & s & 1 \end{bmatrix}$ は特異な行列束である． ◁

5.7.2 真 の 等 価 性

二つの行列束

$$A(s) = sA_1 + A_0, \qquad B(s) = sB_1 + B_0$$

に対して

$$P\,A(s)\,Q = B(s) \tag{5.40}$$

を満たす正則な定数行列 P, Q が存在するとき，$A(s)$ と $B(s)$ は**真に等価**であるという．条件 (5.40) は

$$P\,A_1\,Q = B_1, \qquad P\,A_0\,Q = B_0 \tag{5.41}$$

と同値である．

この概念の意義を微分方程式の文脈で説明しよう．行列束 $A(s) = sA_1 + A_0$ が微分方程式

$$A_1 \frac{\mathrm{d}\boldsymbol{x}}{\mathrm{d}t}(t) + A_0 \boldsymbol{x}(t) = \boldsymbol{f}(t) \tag{5.42}$$

に対応しているとき，真の等価性 (5.40) は，変数変換

$$\boldsymbol{y} = Q^{-1}\boldsymbol{x}, \qquad \boldsymbol{g} = P\,\boldsymbol{f} \tag{5.43}$$

によって微分方程式 (5.42) を

$$B_1 \frac{\mathrm{d}\boldsymbol{y}}{\mathrm{d}t}(t) + B_0 \boldsymbol{y}(t) = \boldsymbol{g}(t)$$

と書き換えることに相当する．変数変換 (5.43) に微分が含まれないことが，真の等価性の意味である．これに対して，5.5 節の注意 5.2 に述べた等価性 (5.37) は，単模行列 $U(s)$, $V(s)$ を用いた

$$\boldsymbol{y} = V(s)^{-1}\boldsymbol{x}, \qquad \boldsymbol{g} = U(s)\,\boldsymbol{f} \tag{5.44}$$

という形の変換になるので，新しい変数 $\boldsymbol{y}$ にもとの変数 $\boldsymbol{x}$ の導関数が含まれる可能性があり，微分方程式の変形という観点からは適当でない．

次の 5.7.3 項において，与えられた行列束と真に等価な行列束の標準形として，Kronecker 標準形を論じる．また，5.7.4 項において，真の等価性と等価性の関係を明らかにする．

5.7.3 Kronecker 標準形

a. 定　　理

任意の行列束 $A(s)$ に対して，正則な定数行列 P, Q をうまく選べば，$PA(s)Q$ を簡単な形のブロック対角形にすることができる．これを **Kronecker** (クロネッカー) **標準形**とよぶ．Kronecker 標準形は，与えられた行列束 $A(s)$ と真に等価な行列束の中で最も簡単な形と位置づけられる．

一般的な記号を定義する前に，まず，Kronecker 標準形の例を示す．

例 5.15 次の行列束は Kronecker 標準形である[*15]：

*15　定理 5.10 の記号では，$\nu = 2$, $c = 1$ ($\rho_1 = 2$), $d = 1$ ($\mu_1 = 3$), $p = 2$ ($\varepsilon_1 = 2$, $\varepsilon_2 = 1$), $q = 1$ ($\eta_1 = 2$) の場合にあたる．

$$
\left[\begin{array}{cccccccccccccc}
s+2 & 1 & \leftarrow H & & & & & & & & & & & \\
0 & s+2 & & & & & & & & & & & & \\
 & & s & 1 & & & & & & & & & & \\
 & K_2 \rightarrow & 0 & s & & & & & & & & & & \\
 & & & & 1 & s & 0 & & & & & & & \\
 & & & N_3 \rightarrow & 0 & 1 & s & & & & & & & \\
 & & & & 0 & 0 & 1 & & & & & & & \\
 & & & & & & & s & 1 & 0 & & & & \\
 & & & & & & L_2 \rightarrow & 0 & s & 1 & & & & \\
 & & & & & & & & & L_1 \rightarrow & s & 1 & & \\
 & & & & & & & & & & & & s & 0 \\
 & & & & & & & & & & & U_2 \rightarrow & 1 & s \\
 & & & & & & & & & & & & 0 & 1
\end{array}\right].
$$

◁

それでは，記号を定義して定理を述べよう．正の整数 ρ, μ に対して，$\rho \times \rho$ 型行列束 $K_\rho(s)$ と $\mu \times \mu$ 型行列束 $N_\mu(s)$ を

$$
K_\rho(s) = \begin{bmatrix} s & 1 & 0 & \cdots & 0 \\ 0 & s & 1 & \ddots & \vdots \\ \vdots & \ddots & \ddots & \ddots & 0 \\ \vdots & & \ddots & s & 1 \\ 0 & \cdots & \cdots & 0 & s \end{bmatrix}, \quad N_\mu(s) = \begin{bmatrix} 1 & s & 0 & \cdots & 0 \\ 0 & 1 & s & \ddots & \vdots \\ \vdots & \ddots & \ddots & \ddots & 0 \\ \vdots & & \ddots & 1 & s \\ 0 & \cdots & \cdots & 0 & 1 \end{bmatrix}
$$

と定義する．また，正の整数 ε, η に対して $\varepsilon \times (\varepsilon+1)$ 型行列束 $L_\varepsilon(s)$ と $(\eta+1) \times \eta$ 型行列束 $U_\eta(s)$ を

$$
L_\varepsilon(s) = \begin{bmatrix} s & 1 & 0 & \cdots & 0 \\ 0 & s & 1 & \ddots & \vdots \\ \vdots & \ddots & \ddots & \ddots & 0 \\ 0 & \cdots & 0 & s & 1 \end{bmatrix}, \quad U_\eta(s) = \begin{bmatrix} s & 0 & \cdots & 0 \\ 1 & s & \ddots & \vdots \\ 0 & 1 & \ddots & 0 \\ \vdots & \ddots & \ddots & s \\ 0 & \cdots & 0 & 1 \end{bmatrix}
$$

と定義する．

定理 5.10 体 F 上の行列束 $A(s)$ に対して，F 上の正則行列 P, Q が存在して

$$\begin{aligned} PA(s)Q &= \mathrm{diag}\,(H(s); K_{\rho_1}(s), \ldots, K_{\rho_c}(s); N_{\mu_1}(s), \ldots, N_{\mu_d}(s); \\ &\qquad L_{\varepsilon_1}(s), \ldots, L_{\varepsilon_p}(s); U_{\eta_1}(s), \ldots, U_{\eta_q}(s); O) \end{aligned} \tag{5.45}$$

が成り立つ．ただし

$$\rho_1 \geqq \cdots \geqq \rho_c \geqq 1, \qquad \mu_1 \geqq \cdots \geqq \mu_d \geqq 1,$$
$$\varepsilon_1 \geqq \cdots \geqq \varepsilon_p \geqq 1, \qquad \eta_1 \geqq \cdots \geqq \eta_q \geqq 1$$

であり，$H(s) = sH_1 + H_0$ は $\nu \times \nu$ 型行列束で，H_1, H_0 は F 上の正則行列である．このとき，パラメータ $\nu, c, d, p, q, \rho_1, \ldots, \rho_c, \mu_1, \ldots, \mu_d, \varepsilon_1, \ldots, \varepsilon_p, \eta_1, \ldots, \eta_q$ の値は，与えられた行列束 $A(s)$ によって一意に定まる．

(証明) 本項 (5.7.3 項) の c. 目を参照されたい．■

注意 5.4 定理 5.10 の Kronecker 標準形において，$H_1 = I$ あるいは $H_0 = I$ とすることができる．◁

注意 5.5 正則な行列束 $A(s)$ においては，横長ブロック $L_\varepsilon(s)$ と縦長ブロック $U_\eta(s)$ は出現しない (すなわち $p = q = 0$ である)．また，式 (5.45) の右辺の最後の零行列 O も出現しない (0×0 型行列になる)．◁

b. 応用と例

Kronecker 標準形は**微分代数方程式** (DAE) の解析[43]に有用である．定数係数の線形微分方程式

$$C\,\frac{\mathrm{d}\boldsymbol{x}}{\mathrm{d}t}(t) = A\boldsymbol{x}(t) + \boldsymbol{f}(t) \tag{5.46}$$

を考える*16．ここで，$\boldsymbol{f}(t)$ は外部からの入力を表す既知関数であり，$\boldsymbol{x}(t)$ が未知関数である．また，A, C は正方形の定数行列とし，行列束 $A - sC$ は正則とする．

定理 5.10，注意 5.4，注意 5.5 より，正則な定数行列 P, Q をうまく選ぶことによって

$$P(A - sC)Q = \mathrm{diag}\,(B - sI_{\mu_0}; I_{\mu_1} - sT_{\mu_1}, \ldots, I_{\mu_d} - sT_{\mu_d}) \tag{5.47}$$

---

*16 式 (5.42) で $A_1 = C$, $A_0 = -A$ の場合である．

と変形できる[*17]．ここで，B は定数行列であり，T_μ は

$$T_\mu = \begin{bmatrix} 0 & 1 & 0 & \cdots & 0 \\ 0 & 0 & 1 & \ddots & \vdots \\ \vdots & \ddots & \ddots & \ddots & 0 \\ \vdots & & \ddots & 0 & 1 \\ 0 & \cdots & \cdots & 0 & 0 \end{bmatrix}$$

の形の $\mu \times \mu$ 型行列である ($N_\mu(s) = I_\mu + sT_\mu$ に注意)．これに応じて変数を

$$\begin{bmatrix} \boldsymbol{y}_0 \\ \boldsymbol{y}_1 \\ \vdots \\ \boldsymbol{y}_d \end{bmatrix} = Q^{-1}\boldsymbol{x}, \qquad \begin{bmatrix} \boldsymbol{g}_0 \\ \boldsymbol{g}_1 \\ \vdots \\ \boldsymbol{g}_d \end{bmatrix} = P\boldsymbol{f}$$

と変換して式 (5.46) を書き直すと，

$$\frac{\mathrm{d}\boldsymbol{y}_0}{\mathrm{d}t}(t) = B\boldsymbol{y}_0(t) + \boldsymbol{g}_0(t), \tag{5.48}$$

$$T_{\mu_k}\frac{\mathrm{d}\boldsymbol{y}_k}{\mathrm{d}t}(t) = \quad \boldsymbol{y}_k(t) + \boldsymbol{g}_k(t) \qquad (k = 1, \ldots, d) \tag{5.49}$$

となる．ここで $\boldsymbol{y}_0(t), \boldsymbol{y}_1(t), \ldots, \boldsymbol{y}_d(t)$ が未知関数である．

式 (5.48) は，いわゆる，**正規形**の線形微分方程式となっており，任意のベクトル $\boldsymbol{\eta}_0 \in \mathbb{R}^{\mu_0}$ に対して，初期条件 $\boldsymbol{y}_0(0) = \boldsymbol{\eta}_0$ を満たす解 $\boldsymbol{y}_0(t)$ が一意的に定まる．具体的には

$$\boldsymbol{y}_0(t) = \exp(Bt)\,\boldsymbol{\eta}_0 + \int_0^t \exp[B(t-\tau)]\,\boldsymbol{g}_0(\tau)\mathrm{d}\tau \tag{5.50}$$

となる．ここで，$\exp(Bt)$ は

$$\exp(Bt) = \sum_{j=0}^{\infty} \frac{1}{j!}(Bt)^j$$

で定義される行列の指数関数である．

これに対して，式 (5.49) は特異性を内包している．以下，$1 \leqq k \leqq d$ を満たす k を一つ固定して考える．

---

*17　定理 5.10 を $A + sC$ に適用して，s を $-s$ に変える．$\mu_0 = \nu + \rho_1 + \cdots + \rho_c$ である．

式 (5.49) で $\mu_k = 1$ の場合は，$\boldsymbol{y}_k(t) = y(t)$, $\boldsymbol{g}_k(t) = g(t)$ として，

$$0 \cdot y'(t) = y(t) + g(t)$$

となり，解は

$$y(t) = -g(t)$$

となる．初期値 $y(0)$ を自由に指定することはできない．

式 (5.49) で $\mu_k = 2$ の場合には，$\boldsymbol{y}_k(t) = (y(t), z(t))^\top$, $\boldsymbol{g}_k(t) = (g(t), h(t))^\top$ として

$$\begin{bmatrix} 0 & 1 \\ 0 & 0 \end{bmatrix} \begin{bmatrix} y'(t) \\ z'(t) \end{bmatrix} = \begin{bmatrix} y(t) \\ z(t) \end{bmatrix} + \begin{bmatrix} g(t) \\ h(t) \end{bmatrix}$$

となり，解は

$$y(t) = -g(t) - h'(t), \tag{5.51}$$

$$z(t) = -h(t) \tag{5.52}$$

となる．初期値を自由に指定することができないことと，解が外力項の導関数を含むことに注意されたい．

一般の $\mu_k \geqq 1$ に対して，方程式 (5.49) の解は

$$\boldsymbol{y}_k(t) = -\sum_{p=0}^{\mu_k - 1} {T_{\mu_k}}^p \boldsymbol{g}_k^{(p)}(t) \tag{5.53}$$

と与えられる．ここで，$\boldsymbol{g}_k^{(p)}(t)$ は関数 $\boldsymbol{g}_k(t)$ の p 階導関数を表し，$p = 0$ のとき ${T_{\mu_k}}^p = I_{\mu_k}$ と約束する．式 (5.53) より，$\mu_k \geqq 2$ の場合には，解が外力項の $(\mu_k - 1)$ 階導関数を含むことになり，外力が連続であっても解の連続性が保証されないことになる．

以上のように，Kronecker 標準形を用いることによって，微分代数方程式の構造的な性質を知ることができる．たとえば，式 (5.47) において $\mu_1 \geqq 2$ の場合には，方程式 (5.46) で記述されるシステムが何らかの意味で不安定あるいは不整合である場合が多い．

例 5.16　5.1.2 項の RLC 回路 (図 5.1) を記述する式 (5.2) の行列

$$A(s) = \left[\begin{array}{ccc|ccc} 1 & 1 & 1 & & & \\ \hline & & & 1 & -1 & 0 \\ & & & 0 & 1 & -1 \\ \hline -1 & 0 & 0 & sC & 0 & 0 \\ 0 & R & 0 & 0 & -1 & 0 \\ 0 & 0 & sL & 0 & 0 & -1 \end{array}\right] \tag{5.54}$$

は正則な行列束であり，その Kronecker 標準形は

$$B(s) = \left[\begin{array}{cc|cccc} s & -1/L & & & & \\ 1/C & s+1/(RC) & & & & \\ \hline & & 1 & & & \\ & & & 1 & & \\ & & & & 1 & \\ & & & & & 1 \end{array}\right] \tag{5.55}$$

である．定理 5.10 におけるパラメータの値は，$\nu = 2$, $c = 0$, $d = 4$ $(\mu_1 = \mu_2 = \mu_3 = \mu_4 = 1)$, $p = 0$, $q = 0$ である．2 次系の動的システム (微分方程式) とそれに付随する四つの代数的関係式に分解されたことになる．また，$\mu_k \geqq 2$ のブロックがないことは，このシステムが特異性をもたないことを示している．なお，$PA(s)Q = B(s)$ における変換行列は，たとえば

$$P = \begin{bmatrix} 0 & -1/L & -1/L & 0 & 0 & 1/L \\ 1/C & 1/(RC) & 0 & 1/C & -1/(RC) & 0 \\ 1 & 1/R & 0 & 0 & -1/R & 0 \\ 0 & -1/R & 0 & 0 & 1/R & 0 \\ 0 & -1 & 0 & 0 & 0 & 0 \\ 0 & -1 & -1 & 0 & 0 & 0 \end{bmatrix},$$

$$Q = \begin{bmatrix} -1 & -1/R & 1 & 0 & 0 & 0 \\ 0 & 1/R & 0 & 1 & 0 & 0 \\ 1 & 0 & 0 & 0 & 0 & 0 \\ 0 & 1 & 0 & 0 & 0 & 0 \\ 0 & 1 & 0 & 0 & 1 & 0 \\ 0 & 1 & 0 & 0 & 0 & 1 \end{bmatrix}$$

で与えられる (P, Q のとり方は一意ではない). ◁

例 5.17　図 5.3 の RLC 回路[40]を考える．この回路は電圧源 $V_0(t)$(枝 1), 抵抗 R_1(枝 2), 抵抗 R_2(枝 3), インダクタ L(枝 4), キャパシタ C(枝 5) から成る．各枝の電流 $i_1, \ldots, i_5$ と電圧 $v_1, \ldots, v_5$ を並べたベクトル $\boldsymbol{x} = (i_1, \ldots, i_5, v_1, \ldots, v_5)^\top$ を状態変数とすると，この回路は行列束

$$A(s) = \left[\begin{array}{ccccc|ccccc} 1 & -1 & 0 & 0 & -1 & & & & & \\ -1 & 0 & 1 & 1 & 1 & & & & & \\ \hline & & & & & -1 & 0 & 0 & 0 & -1 \\ & & & & & 0 & 1 & 1 & 0 & -1 \\ & & & & & 0 & 0 & -1 & 1 & 0 \\ \hline 0 & 0 & 0 & 0 & 0 & -1 & 0 & 0 & 0 & 0 \\ 0 & R_1 & 0 & 0 & 0 & 0 & -1 & 0 & 0 & 0 \\ 0 & 0 & R_2 & 0 & 0 & 0 & 0 & -1 & 0 & 0 \\ 0 & 0 & 0 & sL & 0 & 0 & 0 & 0 & -1 & 0 \\ 0 & 0 & 0 & 0 & -1 & 0 & 0 & 0 & 0 & sC \end{array}\right] \tag{5.56}$$

を用いて $A(s)\boldsymbol{x} = \boldsymbol{b}$ と記述される．ただし，$\boldsymbol{b} = (0,0,0,0,0;V_0,0,0,0,0)^\top$ である．$A(s)$ は正則な行列束であり，Kronecker 標準形は

$$B(s) = \mathrm{diag}\left(\left[\ s + \frac{R_1 R_2}{L(R_1 + R_2)}\ \right], \begin{bmatrix} 1 & s \\ 0 & 1 \end{bmatrix}, [1], [1], [1], [1], [1], [1], [1]\right)$$

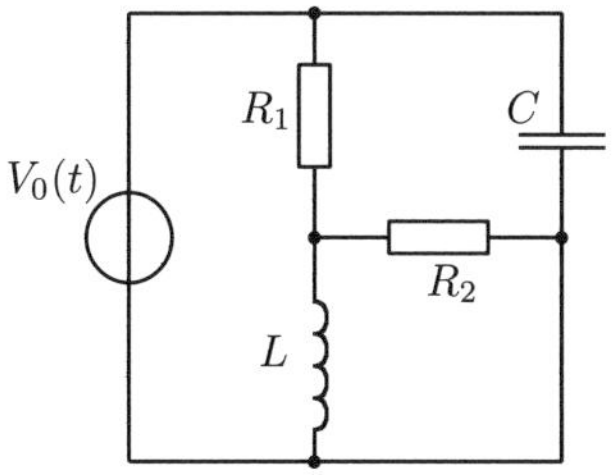

図 5.3　電気回路

で与えられる．定理 5.10 におけるパラメータの値は，$\nu=1, c=0, d=8$ ($\mu_1=2$, $\mu_2=\cdots=\mu_8=1$), $p=0, q=0$ である．$\mu_1=2$ だから式 (5.51), (5.52) の形の解をもち，電圧源の電圧 $V_0(t)$ の微分が内部状態に反映される． ◁

c. 定理の証明

Kronecker 標準形の定理 5.10 の一般の場合の証明は長くなるので本書では割愛せざるをえない (文献 [4] の XII 章を参照されたい)．ここでは応用上最も重要な場合である $\mathbb{C}$ 上の正則行列束の場合に限って証明を与える．

行列束 $A(s)=sA_1+A_0$ が正則だから，ある $c\in\mathbb{C}$ に対して cA_1+A_0 は (定数の) 正則行列である．$A(s)=sA_1+A_0=(s-c)A_1+(cA_1+A_0)$ より

$$A(s)\approx(cA_1+A_0)^{-1}A(s)=(s-c)(cA_1+A_0)^{-1}A_1+I \tag{5.57}$$

となる ($\approx$ は真に等価であることを表す)．行列 $(cA_1+A_0)^{-1}A_1$ の Jordan 標準形より，ある正則行列 S_1 に対して

$$S_1^{-1}\cdot(cA_1+A_0)^{-1}A_1\cdot S_1=\begin{bmatrix} J_0 & O \\ O & J_1 \end{bmatrix} \tag{5.58}$$

となる．ここで，J_0 は固有値 0 に対応する Jordan 細胞を集めた行列であり，J_1 は非零固有値に対応する Jordan 細胞を集めた行列である*18．式 (5.57), (5.58) より

$$A(s)\approx\begin{bmatrix} (s-c)J_0+I & O \\ O & (s-c)J_1+I \end{bmatrix} \tag{5.59}$$

となる．

式 (5.59) の右辺の第 1 ブロックを

$$(s-c)J_0+I=sJ_0+(I-cJ_0)\approx s(I-cJ_0)^{-1}J_0+I \tag{5.60}$$

と変形する．行列 $(I-cJ_0)^{-1}J_0$ の固有値はすべて 0 であるから，Jordan 標準形より，ある正則行列 S_2 に対して

$$S_2^{-1}\cdot(I-cJ_0)^{-1}J_0\cdot S_2=\mathrm{diag}\ (J(0,\mu_1),\ldots,J(0,\mu_d)) \tag{5.61}$$

---

*18　たとえば，$J_0=\mathrm{diag}\left(\begin{bmatrix} 0 \end{bmatrix},\begin{bmatrix} 0 & 1 \\ 0 & 0 \end{bmatrix},\begin{bmatrix} 0 & 1 \\ 0 & 0 \end{bmatrix},\begin{bmatrix} 0 & 1 & 0 \\ 0 & 0 & 1 \\ 0 & 0 & 0 \end{bmatrix}\right)$,
$J_1=\mathrm{diag}\left(\begin{bmatrix} 2 \end{bmatrix},\begin{bmatrix} -2 \end{bmatrix},\begin{bmatrix} 3 & 1 \\ 0 & 3 \end{bmatrix},\begin{bmatrix} 4 & 1 \\ 0 & 4 \end{bmatrix}\right)$ という具合である．

となる．ここで，$J(\alpha,\mu)$ は固有値 α に対応する大きさ μ の Jordan 細胞を表す*19．式 (5.60), (5.61) と $sJ(0,\mu)+I=N_\mu(s)$ より

$$(s-c)J_0+I \approx \mathrm{diag}\,(N_{\mu_1}(s),\ldots,N_{\mu_d}(s)) \tag{5.62}$$

が導かれる．

次に，式 (5.59) の右辺の第 2 ブロックを

$$(s-c)J_1+I = sJ_1+(I-cJ_1) \approx sI+J_1^{-1}(I-cJ_1) \tag{5.63}$$

と変形する．行列 $J_1^{-1}(I-cJ_1)$ の Jordan 標準形において，固有値 0 に対応する Jordan 細胞を $J(0,\rho_1), J(0,\rho_2),\ldots,J(0,\rho_c)$ とし，それ以外の部分を H_0 とすると，H_0 は正則行列である．このとき，ある正則行列 S_3 に対して

$$S_3^{-1}\cdot J_1^{-1}(I-cJ_1)\cdot S_3 = \mathrm{diag}\,(H_0, J(0,\rho_1),\ldots,J(0,\rho_c)) \tag{5.64}$$

が成り立っている．$H(s)=sI+H_0$ とおき，$sI+J(0,\rho)=K_\rho(s)$ に注意すると，式 (5.63), (5.64) より

$$(s-c)J_1+I \approx \mathrm{diag}\,(H(s);\ K_{\rho_1}(s),\ldots,K_{\rho_c}(s)) \tag{5.65}$$

となる．式 (5.62) と式 (5.65) を式 (5.59) に代入すると，式 (5.45) の形が得られる．

一意性を証明するために

$$B(s)=\mathrm{diag}\,(H(s);K_{\rho_1}(s),\ldots,K_{\rho_c}(s);N_{\mu_1}(s),\ldots,N_{\mu_d}(s))$$

を $A(s)$ と真に等価な Kronecker 標準形とする ($\rho_1 \geqq \cdots \geqq \rho_c \geqq 1$, $\mu_1 \geqq \cdots \geqq \mu_d \geqq 1$)．$H(s)=sH_1+H_0$ は $\nu\times\nu$ 型行列束で，H_1, H_0 は正則行列だから，

$$\det H(s) = s^\nu \det H_1 + \cdots + \det H_0$$

における s^ν の係数 $\det H_1$ と定数項 $\det H_0$ は零でない．したがって，ν は $\det B(s) = s^{\rho_1+\cdots+\rho_c}\det H(s)$ に含まれる項の最高次数と最低次数の差に等しい．一方，$\det B(s)$ は $\det A(s)$ の定数倍であるから，ν は $A(s)$ から一意に定まる．

次に，$B(s)$ の単因子は $A(s)$ の単因子に等しいことを利用して，$c, d, \rho_1,\ldots,\rho_c, \mu_1,\ldots,\mu_d$ が $A(s)$ から一意に定まることを証明する．$K_\rho(s)$ の単因子は 1 が

---

*19　定理 5.10 の記号を用いて $J(\alpha,\mu)=K_\mu(\alpha)$ と書くこともできる．

$\rho - 1$ 個と s^ρ であり，$N_\mu(s)$ の単因子はすべて 1 である．また，$H(s)$ の単因子を $e_1(s) \mid e_2(s) \mid \cdots \mid e_\nu(s)$ とすると，$\det H(s)$ の定数項は 0 でないので，$\gcd(\det H(s), s^\rho) = 1$ であり，これは $k = 1, \ldots, \nu$ に対して $\gcd(e_k(s), s^\rho) = 1$ であることと等価である．したがって，$B(s)$ の単因子は

$$c \leqq \nu \text{ のとき：}\quad 1, 1, \ldots, 1;\ e_1(s), \ldots, e_{\nu-c}(s);\ s^{\rho_c} e_{\nu-c+1}(s), \ldots, s^{\rho_1} e_\nu(s),$$
$$c \geqq \nu \text{ のとき：}\quad 1, 1, \ldots, 1;\ s^{\rho_c}, \ldots, s^{\rho_{\nu+1}};\ s^{\rho_\nu} e_1(s), \ldots, s^{\rho_1} e_\nu(s)$$

となる*20．これが $A(s)$ の単因子に等しいから，$c, \rho_1, \ldots, \rho_c$ が $A(s)$ から一意に定まることがわかる．同じ議論を $A^\circ(s) = sA_0 + A_1$ とその Kronecker 標準形に適用すると，$d, \mu_1, \ldots, \mu_d$ も $A(s)$ から一意に定まることがわかる．

5.7.4 等価性と真の等価性の関係

行列束に対する真の等価性の概念と，一般の多項式行列に対する等価性の概念とを比較しておく．二つの多項式行列 $A(s), B(s)$ に対して

$$U(s)\,A(s)\,V(s) = B(s) \tag{5.66}$$

を満たす単模行列 $U(s), V(s)$ が存在するとき，$A(s)$ と $B(s)$ は**等価**というのであった (5.5 節の注意 5.2)．Smith 標準形の定理 5.7 によって，等価であるための必要十分条件は，すべての単因子が一致することである．

二つの行列束が真に等価であれば，当然，等価である．しかし，逆は成り立たない．

例 5.18 行列束 $A(s) = \begin{bmatrix} 1 & s \\ 0 & 1 \end{bmatrix}$ は $B(s) = \begin{bmatrix} 1 & 0 \\ 0 & 1 \end{bmatrix}$ と等価である．実際，単模行列

$$U(s) = \begin{bmatrix} 1 & -s \\ 0 & 1 \end{bmatrix}, \qquad V(s) = \begin{bmatrix} 1 & 0 \\ 0 & 1 \end{bmatrix}$$

に対して $U(s)A(s)V(s) = B(s)$ が成り立つ．しかし，$A(s)$ は s を含み，$B(s)$ は s を含まないことから明らかなように，$PA(s)Q = B(s)$ を満たす正則な定数行列 P, Q は存在しないから，$A(s)$ は $B(s)$ と真に等価ではない． ◁

---

*20 すなわち，$B(s)$ の 1 と異なる単因子は $\max(\nu, c)$ 個あり，$\rho_j = 0$ $(j \geqq c+1)$, $e_j(s) = 1$ $(j \leqq 0)$ と約束すると，$s^{\rho_{\max(\nu,c)+1-i}} e_{i+\nu-\max(\nu,c)}(s)$ $(i = 1, \ldots, \max(\nu, c))$ と表される．

例 5.19 行列束[*21]

$$A(s) = sA_1 + A_0 = s\begin{bmatrix} 1 & 1 & 2 \\ 1 & 1 & 2 \\ 1 & 1 & 3 \end{bmatrix} + \begin{bmatrix} 2 & 1 & 3 \\ 3 & 2 & 5 \\ 3 & 2 & 6 \end{bmatrix} = \begin{bmatrix} s+2 & s+1 & 2s+3 \\ s+3 & s+2 & 2s+5 \\ s+3 & s+2 & 3s+6 \end{bmatrix}$$

は

$$B(s) = sB_1 + B_0 = s\begin{bmatrix} 0 & 0 & 0 \\ 0 & 0 & 0 \\ 0 & 0 & 1 \end{bmatrix} + \begin{bmatrix} 1 & 0 & 0 \\ 0 & 1 & 0 \\ 0 & 0 & 1 \end{bmatrix} = \begin{bmatrix} 1 & 0 & 0 \\ 0 & 1 & 0 \\ 0 & 0 & s+1 \end{bmatrix}$$

と等価である．実際，単模行列

$$U(s) = \begin{bmatrix} 1 & 0 & 0 \\ -1 & 1 & 0 \\ 0 & -1 & 1 \end{bmatrix}, \qquad V(s) = \begin{bmatrix} 1 & -s-1 & -1 \\ -1 & s+2 & -1 \\ 0 & 0 & 1 \end{bmatrix}$$

に対して $U(s)A(s)V(s) = B(s)$ が成り立つ．しかし，$\mathrm{rank}\, A_1 = 2$, $\mathrm{rank}\, B_1 = 1$ だから，$PA(s)Q = B(s)$ を満たす正則な定数行列 P, Q は存在しない．　$\lhd$

上の例の示すように，一般には，等価性と真の等価性の間には差があるが，行列束 $A(s) = sA_1 + A_0$ に対して，係数を入れ替えた行列束

$$A^\circ(s) = sA_0 + A_1 = A_1 + sA_0 \tag{5.67}$$

を考えると，等価性と真の等価性の関係が明らかになる．式 (5.41) より，$A(s)$ と $B(s)$ が真に等価であることと $A^\circ(s)$ と $B^\circ(s)$ が真に等価であることは同値である．したがって，真の等価性 $\approx$ と等価性 $\sim$ について

$$\begin{array}{ccc} \boxed{A(s) \approx B(s)} & \Longleftrightarrow & \boxed{A^\circ(s) \approx B^\circ(s)} \\ \Downarrow & & \Downarrow \\ \boxed{A(s) \sim B(s)} & & \boxed{A^\circ(s) \sim B^\circ(s)} \end{array} \tag{5.68}$$

のような関係がある． さらに，次の定理が成り立つ．

定理 5.11 正則な行列束 $A(s), B(s)$ が真に等価であるための必要十分条件は，$A(s)$ と $B(s)$ が等価で，かつ $A^\circ(s)$ と $B^\circ(s)$ が等価であることである．

---

*21　文献 [4] の XII 章 2 節の例である．

(証明) 後の注意 5.6 を参照されたい. ■

上の定理より，正則な行列束に対して，図式 (5.68) は

$$\begin{array}{ccc} \boxed{A(s) \approx B(s)} & \Longleftrightarrow & \boxed{A^\circ(s) \approx B^\circ(s)} \\ \Updownarrow & & \Updownarrow \\ \multicolumn{3}{c}{\boxed{A(s) \sim B(s) \quad \text{かつ} \quad A^\circ(s) \sim B^\circ(s)}} \end{array} \tag{5.69}$$

と強められる.

例 5.20 例 5.18 の行列束に定理 5.11 を適用する. $A(s)$ と $B(s)$ は等価であったが,

$$A^\circ(s) = \begin{bmatrix} s & 1 \\ 0 & s \end{bmatrix}, \qquad B^\circ(s) = \begin{bmatrix} s & 0 \\ 0 & s \end{bmatrix}$$

は等価でない. 実際, $A^\circ(s)$ の単因子は $1, s^2$ であり, $B^\circ(s)$ の単因子は s, s である. このことと定理 5.11 より $A(s)$ と $B(s)$ は真に等価でないことがわかる. ◁

例 5.21 例 5.19 の行列束に定理 5.11 を適用する.

$$A^\circ(s) = \begin{bmatrix} 1 & 1 & 2 \\ 1 & 1 & 2 \\ 1 & 1 & 3 \end{bmatrix} + s \begin{bmatrix} 2 & 1 & 3 \\ 3 & 2 & 5 \\ 3 & 2 & 6 \end{bmatrix} = \begin{bmatrix} 1+2s & 1+s & 2+3s \\ 1+3s & 1+2s & 2+5s \\ 1+3s & 1+2s & 3+6s \end{bmatrix}$$

の単因子は $1, 1, s^2(s+1)$ であり*22,

$$B^\circ(s) = \begin{bmatrix} 0 & 0 & 0 \\ 0 & 0 & 0 \\ 0 & 0 & 1 \end{bmatrix} + s \begin{bmatrix} 1 & 0 & 0 \\ 0 & 1 & 0 \\ 0 & 0 & 1 \end{bmatrix} = \begin{bmatrix} s & 0 & 0 \\ 0 & s & 0 \\ 0 & 0 & 1+s \end{bmatrix}$$

の単因子は $1, s, s(s+1)$ である. したがって $A^\circ(s)$ と $B^\circ(s)$ は等価でなく, 定理 5.11 より $A(s)$ と $B(s)$ は真に等価でない. ◁

注意 5.6 定理 5.11 は文献 [4] の XII 章 定理 2 の内容を応用に使いやすい形に書き換えたものである. ここでは, 文献 [4] の XII 章 2 節の議論を参照しながら, 定

*22 $\begin{bmatrix} 1 & 0 & 0 \\ -1 & 1 & 0 \\ -1 & 0 & 1 \end{bmatrix} A^\circ(s) \begin{bmatrix} 1 & 0 & 0 \\ -1 & 1 & -2 \\ 0 & 0 & 1 \end{bmatrix} = \begin{bmatrix} s & 1+s & s \\ 0 & s & 0 \\ 0 & s & 1+s \end{bmatrix}$ と変形して行列式因子を計算すると, $d_1(A^\circ(s)) = 1$, $d_2(A^\circ(s)) = 1$, $d_3(A^\circ(s)) = s^2(s+1)$ となる.

理 5.11 の証明の概略を述べる．

行列束 $A(s) = sA_1 + A_0$ にもう一つの変数 t を導入して，$A(s,t) = sA_1 + tA_0$ の形 (**斉次形**) にする．斉次形の行列束 $A(s,t)$ に対しても，式 (5.23) と同様にして行列式因子 $d_k(A(s,t))$ $(k = 1, \ldots, r)$ を定義し，単因子を

$$e_k(A(s,t)) = \frac{d_k(A(s,t))}{d_{k-1}(A(s,t))} \qquad (k = 1, \ldots, r)$$

と定義する [式 (5.36) 参照]．一般に斉次多項式の既約因子は斉次多項式になるので，$d_k(A(s,t))$, $e_k(A(s,t))$ は (s,t) に関する斉次多項式となる．このとき，次の事実が知られている．

> 文献 [4] の XII 章 定理 2：正則な行列束 $A(s)$, $B(s)$ が真に等価であるための必要十分条件は，その斉次形の単因子が一致する [すなわち $e_k(A(s,t)) = e_k(B(s,t))$ $(k = 1, \ldots, r)$ が成り立つ] ことである．

この定理を定理 5.11 に翻訳するには以下のようにする．まず，$A(s,1) = A(s)$, $A(1,t) = A^\circ(t)$ である．行列式因子については，$d_k(A(s,t))$ に $t = 1$ を代入したもの $d_k(A(s,t))|_{t=1}$ が $d_k(A(s))$ に一致し，$d_k(A(s,t))$ に $s = 1$ を代入したもの $d_k(A(s,t))|_{s=1}$ が $d_k(A^\circ(t))$ に一致する．これより，単因子についても，

$$e_k(A(s,t))|_{t=1} = e_k(A(s)), \qquad e_k(A(s,t))|_{s=1} = e_k(A^\circ(t))$$

が成り立つ．一般に斉次多項式 $f(s,t)$, $g(s,t)$ に対して，

$$f(s,t) = g(s,t) \iff f(s,1) = g(s,1) \text{ かつ } f(1,t) = g(1,t)$$

であるから，$f(s,t) = e_k(A(s,t))$，$g(s,t) = e_k(B(s,t))$ と対応させると，

$$e_k(A(s,t)) = e_k(B(s,t)) \iff e_k(A(s)) = e_k(B(s)) \text{ かつ } e_k(A^\circ(t)) = e_k(B^\circ(t))$$

が成り立つ．したがって，定理 5.11 は文献 [4] の XII 章 定理 2 と等価である．◁

6　一般逆行列

正則な正方行列に対しては，逆行列が存在して一意に定まる．一方，特異な正方行列や長方形行列に対しては，逆行列は存在しない．しかし，長方形行列を含めた任意の行列に対して逆行列の概念を拡張しておくと，応用上便利なことが多い．本章では，この拡張された逆行列の概念 (一般逆行列) について基本的な事実を述べる．いくつかの型の一般逆行列の導出法と特徴づけを示し，最後に Newton 法への応用について触れる．

6.1　一般逆行列とは

6.1.1　定義と構成法

特異な正方行列や長方形行列に対して，逆行列の概念をどのように拡張したらよいであろうか．行列 A が正則な正方行列であるならば，線形方程式系 $A\boldsymbol{x} = \boldsymbol{y}$ の解は，逆行列 A^{-1} を用いて $\boldsymbol{x} = A^{-1}\boldsymbol{y}$ と与えられる．そこで，一般の $m \times n$ 型行列 A に対しても，線形方程式系

$$A\boldsymbol{x} = \boldsymbol{y} \tag{6.1}$$

が解をもつような任意の $\boldsymbol{y}$ に対して

$$\boldsymbol{x} = G\boldsymbol{y}$$

が解となるような $n \times m$ 型行列 G を，A の拡張された逆行列と定義することは素直であろう．このように定義された行列 G は，行列 A の**一般逆行列**とよばれ，A^{-} で表される*1．以下では，実行列の場合を考える*2．

一般逆行列を具体的に構成してみよう．与えられた $m \times n$ 型行列 A の階数を $r = \operatorname{rank} A$ とし，A の階数標準形[8, 15]への変換

*1　様々な分野で一般逆行列あるいは擬似逆行列とよばれるものがあるが，たとえば，**Drazin** (ドレイジン) 逆行列や **Bott–Duffin** (ボット–ダフィン) 逆行列は，この意味での一般逆行列とはなっていない[48]．

*2　複素行列の場合も，同様の議論が可能である．

$$SAT = \begin{bmatrix} I_r & O_{r,n-r} \\ O_{m-r,r} & O_{m-r,n-r} \end{bmatrix} \tag{6.2}$$

を考える．ここで，S は m 次正則行列，T は n 次正則行列であるが，S と T の選び方は一意ではない．式 (6.1) の $A\boldsymbol{x} = \boldsymbol{y}$ において，

$$\tilde{\boldsymbol{x}} = T^{-1}\boldsymbol{x}, \qquad \tilde{\boldsymbol{y}} = S\boldsymbol{y}$$

とおくと，方程式は

$$(SAT)\tilde{\boldsymbol{x}} = \tilde{\boldsymbol{y}}$$

と書き換えられる．この方程式が解をもつための必要十分条件は

$$\tilde{y}_{r+1} = 0,\ \tilde{y}_{r+2} = 0,\ \ldots,\ \tilde{y}_m = 0 \tag{6.3}$$

であり，このとき解は

$$\tilde{x}_1 = \tilde{y}_1,\ \ldots,\ \tilde{x}_r = \tilde{y}_r; \quad \tilde{x}_{r+1},\ \ldots,\ \tilde{x}_n \text{ は任意の実数} \tag{6.4}$$

と与えられる．

ここで，条件 (6.3) を満たす $\tilde{\boldsymbol{y}}$ に対して，

$$\tilde{\boldsymbol{x}} = \tilde{G}\tilde{\boldsymbol{y}}$$

が式 (6.4) を満たすような $n \times m$ 型行列 $\tilde{G}$ は，任意の $r \times (m-r)$ 型行列 B，任意の $(n-r) \times r$ 型行列 C，任意の $(n-r) \times (m-r)$ 型行列 D を用いて，

$$\tilde{G} = \begin{bmatrix} I_r & B \\ C & D \end{bmatrix}$$

と与えられる．すなわち，

$$\tilde{\boldsymbol{x}} = \begin{bmatrix} I_r & B \\ C & D \end{bmatrix} \tilde{\boldsymbol{y}}$$

である．この対応 $\tilde{\boldsymbol{y}} \mapsto \tilde{\boldsymbol{x}}$ をもとの変数に戻して表現すれば，

$$\boldsymbol{x} = T \begin{bmatrix} I_r & B \\ C & D \end{bmatrix} S\boldsymbol{y}$$

となり，したがって，A の一般逆行列 A^- が

$$A^- = T\begin{bmatrix} I_r & B \\ C & D \end{bmatrix} S \tag{6.5}$$

と与えられる．

一般逆行列 A^- は，方程式 $A\boldsymbol{x} = \boldsymbol{y}$ に解 $\boldsymbol{x}$ が存在するような $\boldsymbol{y}$ に対して一つの $\boldsymbol{x}$ を与えるという条件で決まる行列であるが，一つの $\boldsymbol{y}$ に対して一般に解 $\boldsymbol{x}$ は複数個あるので，どの解 $\boldsymbol{x}$ を選ぶかの自由度がある．とくに，方程式が解をもたないような $\boldsymbol{y}$ に対しては何の制約もない．この自由度が式 (6.5) における行列 B, C, D の任意性に現れている．とくに，$A = O_{m,n}$ (零行列) に対しては，任意の $n \times m$ 型行列が A^- となる．

例 6.1 行列

$$A = \begin{bmatrix} -2 & 1 & 1 \\ 1 & -2 & 1 \\ 1 & 1 & -2 \\ -2 & 1 & 1 \end{bmatrix}$$

の一般逆行列 A^- を求めよう．行列 A のランクは 2 であり，

$$S = \left[\begin{array}{rrrr} 1 & 0 & 0 & 0 \\ 0 & 1 & 0 & 0 \\ \hline 1 & 1 & 1 & 0 \\ -1 & 0 & 0 & 1 \end{array}\right], \qquad T = \left[\begin{array}{cc|c} -2/3 & -1/3 & 1 \\ -1/3 & -2/3 & 1 \\ 0 & 0 & 1 \end{array}\right] \tag{6.6}$$

によって階数標準形 (6.2) に変換される．式 (6.5) において

$$B = \begin{bmatrix} b_{11} & b_{12} \\ b_{21} & b_{22} \end{bmatrix}, \qquad C = \begin{bmatrix} c_1 & c_2 \end{bmatrix}, \qquad D = \begin{bmatrix} d_1 & d_2 \end{bmatrix}$$

とおくと，

$$A^- = \left[\begin{array}{cc|c} -2/3 & -1/3 & 1 \\ -1/3 & -2/3 & 1 \\ 0 & 0 & 1 \end{array}\right] \left[\begin{array}{cc|cc} 1 & 0 & b_{11} & b_{12} \\ 0 & 1 & b_{21} & b_{22} \\ \hline c_1 & c_2 & d_1 & d_2 \end{array}\right] \left[\begin{array}{cccc} 1 & 0 & 0 & 0 \\ 0 & 1 & 0 & 0 \\ \hline 1 & 1 & 1 & 0 \\ -1 & 0 & 0 & 1 \end{array}\right]$$

$$= \begin{bmatrix} -2/3 & -1/3 & 0 & 0 \\ -1/3 & -2/3 & 0 & 0 \\ 0 & 0 & 0 & 0 \end{bmatrix}$$

$$+ b_{11} \begin{bmatrix} -2/3 & -2/3 & -2/3 & 0 \\ -1/3 & -1/3 & -1/3 & 0 \\ 0 & 0 & 0 & 0 \end{bmatrix} + b_{12} \begin{bmatrix} 2/3 & 0 & 0 & -2/3 \\ 1/3 & 0 & 0 & -1/3 \\ 0 & 0 & 0 & 0 \end{bmatrix}$$

$$+ b_{21} \begin{bmatrix} -1/3 & -1/3 & -1/3 & 0 \\ -2/3 & -2/3 & -2/3 & 0 \\ 0 & 0 & 0 & 0 \end{bmatrix} + b_{22} \begin{bmatrix} 1/3 & 0 & 0 & -1/3 \\ 2/3 & 0 & 0 & -2/3 \\ 0 & 0 & 0 & 0 \end{bmatrix}$$

$$+ c_1 \begin{bmatrix} 1 & 0 & 0 & 0 \\ 1 & 0 & 0 & 0 \\ 1 & 0 & 0 & 0 \end{bmatrix} + c_2 \begin{bmatrix} 0 & 1 & 0 & 0 \\ 0 & 1 & 0 & 0 \\ 0 & 1 & 0 & 0 \end{bmatrix}$$

$$+ d_1 \begin{bmatrix} 1 & 1 & 1 & 0 \\ 1 & 1 & 1 & 0 \\ 1 & 1 & 1 & 0 \end{bmatrix} + d_2 \begin{bmatrix} -1 & 0 & 0 & 1 \\ -1 & 0 & 0 & 1 \\ -1 & 0 & 0 & 1 \end{bmatrix}$$

と計算される．一般逆行列 A^- は 8 個のパラメータ $b_{11}, b_{12}, b_{21}, b_{22}, c_1, c_2, d_1, d_2$ を含んでいる．　$\lhd$

6.1.2　特　徴　づ　け

次に，一般逆行列の定義を少し抽象的な別の形で与えてみよう．最初に述べた A^- の定義は，

$$\text{「任意の } \boldsymbol{y} \in \mathrm{Im}(A) \text{ に対して，} A^-\boldsymbol{y} \text{ は } A\boldsymbol{x} = \boldsymbol{y} \text{ の解」} \tag{6.7}$$

であった．ここで，条件 $\boldsymbol{y} \in \mathrm{Im}(A)$ は $\boldsymbol{y} = A\boldsymbol{x}$ を満たす $\boldsymbol{x} \in \mathbb{R}^n$ が存在することと同値であり，$A^-\boldsymbol{y}$ が $A\boldsymbol{x} = \boldsymbol{y}$ の解であることは $AA^-\boldsymbol{y} = \boldsymbol{y}$ が成り立つことと同値であるから，式 (6.7) の定義は

$$\text{「任意の } \boldsymbol{x} \in \mathbb{R}^n \text{ に対して，} AA^-A\boldsymbol{x} = A\boldsymbol{x}\text{」} \tag{6.8}$$

と書き直せる．したがって，A^- が一般逆行列であることを

$$AA^-A = A \tag{6.9}$$

が成立することとして定義してもよい．

上の議論から当然のことであるが，式 (6.5) で定義される A^- は条件 (6.9) を満たし，一方，式 (6.2) の階数標準形を用いて条件 (6.9) から A^- を求めると，式 (6.5) の表現が得られる．

6.1.3 一般解の表示式

一般逆行列 A^- を用いると，解をもつ方程式 $A\boldsymbol{x} = \boldsymbol{y}$ の一般解 $\boldsymbol{x}$ を

$$\boldsymbol{x} = A^-\boldsymbol{y} + (I - A^-A)\boldsymbol{s}, \qquad \boldsymbol{s} \in \mathbb{R}^n \tag{6.10}$$

と陽に記述できる．実際，一般解は特解と斉次方程式の任意の解の和の形に書けることから

$$\boldsymbol{x} = A^-\boldsymbol{y} + \boldsymbol{z}, \qquad \boldsymbol{z} \in \mathrm{Ker}(A)$$

と書けるが，一般逆行列 A^- について

$$\mathrm{Ker}(A) = \mathrm{Ker}(A^-A) = \mathrm{Im}(I - A^-A) \tag{6.11}$$

が成立するので，$\boldsymbol{z} \in \mathrm{Ker}(A)$ であることは

$$\boldsymbol{z} = (I - A^-A)\boldsymbol{s}$$

を満たす $\boldsymbol{s}$ が存在することと同値であり，式 (6.10) が導かれる．

注意 6.1 関係式 (6.11) を証明しておこう．
(i) $\mathrm{Ker}(A) = \mathrm{Ker}(A^-A)$ の証明：$A\boldsymbol{x} = \boldsymbol{0}$ ならば $A^-A\boldsymbol{x} = \boldsymbol{0}$ となることより $\mathrm{Ker}(A) \subseteqq \mathrm{Ker}(A^-A)$ である．逆に，$A^-A\boldsymbol{x} = \boldsymbol{0}$ ならば $AA^-A\boldsymbol{x} = A\boldsymbol{x} = \boldsymbol{0}$ [式 (6.9) を用いた] であるから，$\mathrm{Ker}(A) \supseteqq \mathrm{Ker}(A^-A)$ も成り立つ．
(ii) $\mathrm{Ker}(A^-A) = \mathrm{Im}(I - A^-A)$ の証明：$A^-A\boldsymbol{x} = \boldsymbol{0}$ ならば $\boldsymbol{x} = (I - A^-A)\boldsymbol{x}$ であるから，$\mathrm{Ker}(A^-A) \subseteqq \mathrm{Im}(I - A^-A)$ である．一方，式 (6.9) より $A^-AA^-A = A^-A$ が成り立つことに注意すれば，$A^-A(I - A^-A) = O$ であるから $\mathrm{Ker}(A^-A) \supseteqq \mathrm{Im}(I - A^-A)$ も成り立つ． ◁

6.2 最小ノルム型一般逆行列

6.2.1 定義と構成法

すでに述べたように，一般逆行列は解をもつ方程式の一つの解を与える．ここでは「一つの解」として，Euclid ノルム*3が最小となる解を用いた場合の一般逆行列を考えよう．この一般逆行列は，**最小ノルム型一般逆行列**とよばれる．

6.1 節で行ったように，行列 A を適当な標準形 (に類する形) に変換して考えるとよい．6.1 節では正則行列 S, T による SAT の形の変換を用いたが，ここでは解 $\boldsymbol{x}$ のノルム $\|\boldsymbol{x}\|_2$ を不変に保つために，直交行列 Q と正則行列 S による SAQ の形の変換を用いることになる．

まず，直交行列 Q を用いて方程式 $A\boldsymbol{x} = \boldsymbol{y}$ を

$$(AQ)(Q^\top \boldsymbol{x}) = \boldsymbol{y}$$

と変形するとき

$$\|Q^\top \boldsymbol{x}\|_2 = \|\boldsymbol{x}\|_2$$

が成り立つことに注意する．直交行列 Q は AQ が簡単な形になるように選ぶ．具体的には，$A^\top$ を

$$A^\top P = QR \tag{6.12}$$

と QR 分解[8, 26]する．ここで Q は n 次直交行列，R は $n \times m$ 型上三角行列*4，P は m 次置換行列である．この分解から，

$$P^\top AQ = R^\top = \begin{bmatrix} \tilde{R}^\top & O_{r,n-r} \\ * & O_{m-r,n-r} \end{bmatrix} \tag{6.13}$$

(ただし，$r = \operatorname{rank} A$ で，$\tilde{R}^\top$ は正則な r 次下三角行列，$*$ は $(m-r) \times r$ 型行列) が得られる．さらに，行基本変形を繰り返して

$$SAQ = \begin{bmatrix} I_r & O_{r,n-r} \\ O_{m-r,r} & O_{m-r,n-r} \end{bmatrix} \tag{6.14}$$

と変形する (S は m 次正則行列である)．

---

*3　実ベクトル $\boldsymbol{x} = (x_i)$ に対して，$\|\boldsymbol{x}\|_2 = (\sum_i {x_i}^2)^{1/2}$ を **Euclid** (ユークリッド) ノルムという．

*4　$R = (r_{ij})$ とするとき，$i > j$ に対して $r_{ij} = 0$．

方程式 $A\boldsymbol{x}=\boldsymbol{y}$ において，$\tilde{\boldsymbol{x}}=Q^{\top}\boldsymbol{x}$，$\tilde{\boldsymbol{y}}=S\boldsymbol{y}$ とおくと，

$$(SAQ)\tilde{\boldsymbol{x}}=\tilde{\boldsymbol{y}} \tag{6.15}$$

となる．さらに $\|\tilde{\boldsymbol{x}}\|_2=\|\boldsymbol{x}\|_2$ であるから，$A\boldsymbol{x}=\boldsymbol{y}$ の解でノルムが最小となる解 $\boldsymbol{x}$ を求めることは，方程式 (6.15) の解でノルムが最小となる解 $\tilde{\boldsymbol{x}}$ を求めることと等価である．

変形後の方程式 (6.15) が解をもつための必要十分条件は

$$\tilde{y}_{r+1}=0,\ \tilde{y}_{r+2}=0,\ \ldots,\ \tilde{y}_m=0 \tag{6.16}$$

であり，このときノルム最小の解 $\tilde{\boldsymbol{x}}$ は

$$\tilde{x}_1=\tilde{y}_1,\ \ldots,\ \tilde{x}_r=\tilde{y}_r;\quad \tilde{x}_{r+1}=\cdots=\tilde{x}_n=0$$

で与えられる．この関係を行列を用いて書くと，B, D をそれぞれ任意の $r\times(m-r)$ 型行列，$(n-r)\times(m-r)$ 型行列として

$$\tilde{\boldsymbol{x}}=\begin{bmatrix} I_r & B \\ O & D \end{bmatrix}\tilde{\boldsymbol{y}}$$

と書ける．もとの変数に戻せば

$$\boldsymbol{x}=Q\begin{bmatrix} I_r & B \\ O & D \end{bmatrix}S\boldsymbol{y}$$

である．したがって，Euclid ノルムが最小の解を与える一般逆行列 (最小ノルム型一般逆行列) は

$$A^{\vee}=Q\begin{bmatrix} I_r & B \\ O & D \end{bmatrix}S \tag{6.17}$$

で与えられる (本書では最小ノルム型一般逆行列を $A^{\vee}$ で表す)．

最小ノルム型一般逆行列 $A^{\vee}$ は，方程式が解をもつ場合に最小ノルム解を与えるという条件で決まる行列である．方程式が解をもつときに最小ノルム解は一意に定まるが，一方，解をもたないような $\boldsymbol{y}$ に対しては $A^{\vee}\boldsymbol{y}$ の値に制約はない．この自由度が式 (6.17) における行列 B, D の任意性に現れている．

例 6.2 例 6.1 の行列 A に対して，最小ノルム型一般逆行列 $A^\vee$ を求めよう．式 (6.12) の $A^\top P = QR$ において，$P = I$,

$$Q = \frac{1}{\sqrt{6}} \left[\begin{array}{cc|c} -2 & 0 & \sqrt{2} \\ 1 & -\sqrt{3} & \sqrt{2} \\ 1 & \sqrt{3} & \sqrt{2} \end{array}\right], \quad R = \left[\begin{array}{cc|cc} \sqrt{6} & -\sqrt{6}/2 & -\sqrt{6}/2 & \sqrt{6} \\ 0 & 3/\sqrt{2} & -3/\sqrt{2} & 0 \\ \hline 0 & 0 & 0 & 0 \end{array}\right]$$

とし，式 (6.14) の $SAQ = \begin{bmatrix} I & O \\ O & O \end{bmatrix}$ において

$$S = \left[\begin{array}{cccc} 1/\sqrt{6} & 0 & 0 & 0 \\ \sqrt{2}/6 & \sqrt{2}/3 & 0 & 0 \\ \hline 1 & 1 & 1 & 0 \\ -1 & 0 & 0 & 1 \end{array}\right]$$

とすることができる．このとき，式 (6.17) において

$$B = \begin{bmatrix} \check{b}_{11} & \check{b}_{12} \\ \check{b}_{21} & \check{b}_{22} \end{bmatrix}, \qquad D = \begin{bmatrix} \check{d}_1 & \check{d}_2 \end{bmatrix}$$

とおけば，

$$\begin{aligned} A^\vee &= \frac{1}{\sqrt{6}} \left[\begin{array}{cc|c} -2 & 0 & \sqrt{2} \\ 1 & -\sqrt{3} & \sqrt{2} \\ 1 & \sqrt{3} & \sqrt{2} \end{array}\right] \left[\begin{array}{cc|cc} 1 & 0 & \check{b}_{11} & \check{b}_{12} \\ 0 & 1 & \check{b}_{21} & \check{b}_{22} \\ \hline 0 & 0 & \check{d}_1 & \check{d}_2 \end{array}\right] \left[\begin{array}{cccc} 1/\sqrt{6} & 0 & 0 & 0 \\ \sqrt{2}/6 & \sqrt{2}/3 & 0 & 0 \\ \hline 1 & 1 & 1 & 0 \\ -1 & 0 & 0 & 1 \end{array}\right] \\ &= \begin{bmatrix} -1/3 & 0 & 0 & 0 \\ 0 & -1/3 & 0 & 0 \\ 1/3 & 1/3 & 0 & 0 \end{bmatrix} \\ &\quad + \frac{\check{b}_{11}}{\sqrt{6}} \begin{bmatrix} -2 & -2 & -2 & 0 \\ 1 & 1 & 1 & 0 \\ 1 & 1 & 1 & 0 \end{bmatrix} + \frac{\check{b}_{12}}{\sqrt{6}} \begin{bmatrix} 2 & 0 & 0 & -2 \\ -1 & 0 & 0 & 1 \\ -1 & 0 & 0 & 1 \end{bmatrix} \\ &\quad + \frac{\check{b}_{21}}{\sqrt{2}} \begin{bmatrix} 0 & 0 & 0 & 0 \\ -1 & -1 & -1 & 0 \\ 1 & 1 & 1 & 0 \end{bmatrix} + \frac{\check{b}_{22}}{\sqrt{2}} \begin{bmatrix} 0 & 0 & 0 & 0 \\ 1 & 0 & 0 & -1 \\ -1 & 0 & 0 & 1 \end{bmatrix} \\ &\quad + \frac{\check{d}_1}{\sqrt{3}} \begin{bmatrix} 1 & 1 & 1 & 0 \\ 1 & 1 & 1 & 0 \\ 1 & 1 & 1 & 0 \end{bmatrix} + \frac{\check{d}_2}{\sqrt{3}} \begin{bmatrix} -1 & 0 & 0 & 1 \\ -1 & 0 & 0 & 1 \\ -1 & 0 & 0 & 1 \end{bmatrix} \end{aligned}$$

と計算される．$A^\vee$ は 6 個のパラメータ $\check{b}_{11}, \check{b}_{12}, \check{b}_{21}, \check{b}_{22}, \check{d}_1, \check{d}_2$ を含んでいる．◁

6.2.2 特 徴 づ け

一般の一般逆行列の場合と同様に，最小ノルム型一般逆行列 $A^\vee$ を抽象的な形で特徴づけることもできる．式 (6.10) で示したように，方程式 $A\boldsymbol{x} = \boldsymbol{y}$ の解は

$$\boldsymbol{x} = A^\vee \boldsymbol{y} + (I - A^\vee A)\boldsymbol{s}, \qquad \boldsymbol{s} \in \mathbb{R}^n \tag{6.18}$$

と書ける．したがって，$A^\vee \boldsymbol{y}$ が最小ノルムであることは，任意の $\boldsymbol{s} \in \mathbb{R}^n$ に対して

$$\|A^\vee \boldsymbol{y}\|_2{}^2 \leqq \|A^\vee \boldsymbol{y} + (I - A^\vee A)\boldsymbol{s}\|_2{}^2$$

が成り立つことと同値であり，したがって (注意 6.2 参照)

$$(I - A^\vee A)^\top A^\vee \boldsymbol{y} = \boldsymbol{0}$$

である．さらに，任意の $\boldsymbol{y} \in \mathrm{Im}(A)$ (すなわち，ある $\boldsymbol{x} \in \mathbb{R}^n$ によって $\boldsymbol{y} = A\boldsymbol{x}$ と書ける任意の $\boldsymbol{y}$) に対して上の条件が成り立つので

$$(I - A^\vee A)^\top A^\vee A = O$$

となる．この条件は，一般逆行列を特徴づける条件 $AA^\vee A = A$ [式 (6.9)] の下で

$$(A^\vee A)^\top = A^\vee A \tag{6.19}$$

と同値である．以上より，最小ノルム型一般逆行列 $A^\vee$ は

$$AA^\vee A = A, \qquad (A^\vee A)^\top = A^\vee A \tag{6.20}$$

によって特徴づけられることがわかった．

上の議論から当然のことであるが，式 (6.17) で定義される $A^\vee$ は条件 (6.20) を満たし，一方，式 (6.14) を用いて条件 (6.20) から $A^\vee$ を求めると，式 (6.17) の表現が得られる．

注意 6.2 ベクトル $\boldsymbol{a}$ と行列 B が与えられたとき，任意のベクトル $\boldsymbol{s}$ に対して

$$\|\boldsymbol{a}\|_2{}^2 \leqq \|\boldsymbol{a} + B\boldsymbol{s}\|_2{}^2$$

が成り立つための必要十分条件は，$B^\top \boldsymbol{a} = \boldsymbol{0}$ である．この条件は

$$\|\boldsymbol{a} + B\boldsymbol{s}\|_2{}^2 - \|\boldsymbol{a}\|_2{}^2 = 2\boldsymbol{s}^\top B^\top \boldsymbol{a} + \boldsymbol{s}^\top B^\top B\boldsymbol{s}$$

における s の 1 次の項が消える条件として導出される．◁

注意 6.3　一般逆行列の一般形 (6.5) によれば，$A = S^{-1}\begin{bmatrix} I & O \\ O & O \end{bmatrix}T^{-1}$ を満たす正則行列 S, T を用いて $A^{\vee} = T\begin{bmatrix} I & B \\ C & D \end{bmatrix}S$ と表される．この $A^{\vee}$ が条件 (6.20) を満たすための必要十分条件は，$T^{\top}T = \begin{bmatrix} V_{11} & V_{12} \\ V_{21} & V_{22} \end{bmatrix}$ と分割するとき，$C = -V_{22}^{-1}V_{21}$ が成り立つことである ($T^{\top}T$ は正定値対称だから V_{22} は正則であることに注意)．◁

例 6.3　注意 6.3 を利用して，例 6.1 の行列 A の最小ノルム型一般逆行列 $A^{\vee}$ を求めよう．式 (6.6) の T に対して

$$T^{\top}T = \left[\begin{array}{cc|c} 5/9 & 4/9 & -1 \\ 4/9 & 5/9 & -1 \\ \hline -1 & -1 & 3 \end{array}\right]$$

であるから，$(c_1, c_2) = -3^{-1}(-1, -1) = (1/3, 1/3)$ となる．したがって

$$\begin{aligned} A^{\vee} \;=\; & \begin{bmatrix} -1/3 & 0 & 0 & 0 \\ 0 & -1/3 & 0 & 0 \\ 1/3 & 1/3 & 0 & 0 \end{bmatrix} \\ & + b_{11}\begin{bmatrix} -2/3 & -2/3 & -2/3 & 0 \\ -1/3 & -1/3 & -1/3 & 0 \\ 0 & 0 & 0 & 0 \end{bmatrix} + b_{12}\begin{bmatrix} 2/3 & 0 & 0 & -2/3 \\ 1/3 & 0 & 0 & -1/3 \\ 0 & 0 & 0 & 0 \end{bmatrix} \\ & + b_{21}\begin{bmatrix} -1/3 & -1/3 & -1/3 & 0 \\ -2/3 & -2/3 & -2/3 & 0 \\ 0 & 0 & 0 & 0 \end{bmatrix} + b_{22}\begin{bmatrix} 1/3 & 0 & 0 & -1/3 \\ 2/3 & 0 & 0 & -2/3 \\ 0 & 0 & 0 & 0 \end{bmatrix} \\ & + d_1\begin{bmatrix} 1 & 1 & 1 & 0 \\ 1 & 1 & 1 & 0 \\ 1 & 1 & 1 & 0 \end{bmatrix} + d_2\begin{bmatrix} -1 & 0 & 0 & 1 \\ -1 & 0 & 0 & 1 \\ -1 & 0 & 0 & 1 \end{bmatrix} \end{aligned}$$

である．ここのパラメータ $(b_{11}, b_{12}, b_{21}, b_{22}, d_1, d_2)$ と例 6.2 におけるパラメータ $(\check{b}_{11}, \check{b}_{12}, \check{b}_{21}, \check{b}_{22}, \check{d}_1, \check{d}_2)$ との間には，線形変換による 1 対 1 対応がある．◁

注意 6.4　最小ノルム型一般逆行列 $A^{\vee}$ を与える公式

$$A^{\vee} = A^{\top}(AA^{\top})^{-} \tag{6.21}$$

について説明しておこう．右辺の行列 $X = A^\top(AA^\top)^-$ が最小ノルム型一般逆行列の条件 $AXA = A$, $(XA)^\top = XA$ を満たすことは，以下のように示される．まず，$\mathrm{Im}(AA^\top) = \mathrm{Im}(A)$ より，$AA^\top C = A$ を満たす行列 C が存在する．この行列 C を用いると

$$AXA = AA^\top(AA^\top)^- AA^\top C = AA^\top C = A$$

となる．また，

$$XA = A^\top(AA^\top)^- A = C^\top AA^\top(AA^\top)^- AA^\top C = C^\top AA^\top C$$

より $(XA)^\top = XA$ が成り立つ．

式 (6.21) は便利な公式であるが，任意の $A^\vee$ が式 (6.21) の形で書ける訳ではないことに注意が必要である．このことは，両者のランクを考えてみれば明らかである．実際，行列 $A^\vee$ のランクは r 以上 $\min(m,n)$ 以下の任意の値をとりうる [式 (6.17) 参照]．一方，$A^\top(AA^\top)^-$ は一般逆行列 (の一つ) だから $\mathrm{rank}\, A^\top(AA^\top)^- \geqq r$ であり，しかも，$\mathrm{rank}\, A^\top(AA^\top)^- \leqq \mathrm{rank}\, A^\top = r$ であるから，$\mathrm{rank}\, A^\top(AA^\top)^- = r$ である．このように，式 (6.21) は，行列 $A^\top(AA^\top)^-$ が可能な $A^\vee$ のうちの一つになっていることを示しているにすぎない．◁

6.3　最小 2 乗型一般逆行列

6.3.1　定 義 と 構 成 法

6.1 節で述べたように，一般逆行列の定義では，解のない方程式に対してどのような値を与えるかについて何も制約を設けていない．本項では，解のない方程式 $A\boldsymbol{x} = \boldsymbol{y}$ に対して，誤差の Euclid ノルム $\|A\boldsymbol{x} - \boldsymbol{y}\|_2$ が最小となるような解 $\boldsymbol{x}$ (**最小 2 乗解**) を与える一般逆行列を考えよう．この一般逆行列は，**最小 2 乗型一般逆行列**とよばれる．

まず，方程式 $A\boldsymbol{x} = \boldsymbol{y}$ の誤差 $\|A\boldsymbol{x} - \boldsymbol{y}\|_2$ が直交変換に対して不変であることに着目する．すなわち，任意の直交行列 Q に対して

$$\|Q^\top(A\boldsymbol{x} - \boldsymbol{y})\|_2 = \|A\boldsymbol{x} - \boldsymbol{y}\|_2$$

が成り立つ．そこで，方程式 $A\boldsymbol{x} = \boldsymbol{y}$ を

$$Q^\top A\boldsymbol{x} = Q^\top \boldsymbol{y}$$

と変形して，$Q^\top A$ を簡単な形にすることを考える．具体的には，A を

$$AP = QR \tag{6.22}$$

と QR 分解[8, 26]する．ここで Q は m 次直交行列，R は $m \times n$ 型上三角行列，P は n 次置換行列である．この分解から

$$Q^\top AP = R = \begin{bmatrix} \tilde{R} & * \\ O_{m-r,r} & O_{m-r,n-r} \end{bmatrix} \tag{6.23}$$

[ただし，$r = \operatorname{rank} A$ で，$\tilde{R}$ は正則な r 次上三角行列，$*$ は $r \times (n-r)$ 型行列] が得られる．さらに，列基本変形を繰り返して

$$Q^\top AT = \begin{bmatrix} I_r & O_{r,n-r} \\ O_{m-r,r} & O_{m-r,n-r} \end{bmatrix} \tag{6.24}$$

と変形する (T は n 次正則行列である)．

方程式 $A\boldsymbol{x} = \boldsymbol{y}$ において，$\tilde{\boldsymbol{x}} = T^{-1}\boldsymbol{x}$, $\tilde{\boldsymbol{y}} = Q^\top \boldsymbol{y}$ とおくと

$$(Q^\top AT)\tilde{\boldsymbol{x}} = \tilde{\boldsymbol{y}} \tag{6.25}$$

となる．さらに

$$\|(Q^\top AT)\tilde{\boldsymbol{x}} - \tilde{\boldsymbol{y}}\|_2 = \|A\boldsymbol{x} - \boldsymbol{y}\|_2$$

であるから，$A\boldsymbol{x} = \boldsymbol{y}$ の最小 2 乗解 $\boldsymbol{x}$ を求めることは，方程式 (6.25) の最小 2 乗解 $\tilde{\boldsymbol{x}}$ を求めることと等価である．

変形後の方程式 (6.25) の最小 2 乗解 $\tilde{\boldsymbol{x}}$ は明らかに

$$\tilde{x}_1 = \tilde{y}_1,\ \ldots,\ \tilde{x}_r = \tilde{y}_r; \quad \tilde{x}_{r+1},\ \ldots,\ \tilde{x}_n \text{ は任意の実数} \tag{6.26}$$

と与えられる．この関係を行列を用いて書くと，C, D をそれぞれ任意の $(n-r) \times r$ 型行列，$(n-r) \times (m-r)$ 型行列として

$$\tilde{\boldsymbol{x}} = \begin{bmatrix} I_r & O \\ C & D \end{bmatrix} \tilde{\boldsymbol{y}}$$

と書ける．もとの変数に戻せば

$$\boldsymbol{x} = T \begin{bmatrix} I_r & O \\ C & D \end{bmatrix} Q^\top \boldsymbol{y}$$

である．したがって，最小 2 乗型一般逆行列は

$$A^{\wedge} = T \begin{bmatrix} I_r & O \\ C & D \end{bmatrix} Q^{\top} \tag{6.27}$$

で与えられる (本書では最小 2 乗型一般逆行列を $A^{\wedge}$ で表す).

最小 2 乗型一般逆行列 $A^{\wedge}$ は，方程式が解をもたない場合も含めて最小 2 乗解を与えるという条件で決まる行列である．しかし，最小 2 乗解は一般には一意に定まらない．この自由度が式 (6.27) における行列 C, D の任意性に現れている．

例 6.4 例 6.1 の行列 A に対して，最小 2 乗型一般逆行列 $A^{\wedge}$ を求めよう．式 (6.22) の $AP = QR$ において，$P = I$,

$$Q = \frac{1}{\sqrt{10}} \left[\begin{array}{cc|cc} -2 & 0 & \sqrt{5} & 1 \\ 1 & -\sqrt{5} & 0 & 2 \\ 1 & \sqrt{5} & 0 & 2 \\ -2 & 0 & -\sqrt{5} & 1 \end{array}\right],$$

$$R = \left[\begin{array}{cc|c} \sqrt{10} & -\sqrt{10}/2 & -\sqrt{10}/2 \\ 0 & 3/\sqrt{2} & -3/\sqrt{2} \\ \hline 0 & 0 & 0 \\ 0 & 0 & 0 \end{array}\right]$$

とし，式 (6.24) の

$$Q^{\top} A T = \begin{bmatrix} I & O \\ O & O \end{bmatrix}$$

において

$$T = \left[\begin{array}{cc|c} 1/\sqrt{10} & \sqrt{2}/6 & 1 \\ 0 & \sqrt{2}/3 & 1 \\ 0 & 0 & 1 \end{array}\right]$$

とすることができる．このとき，式 (6.27) において $C = [\hat{c}_1, \hat{c}_2]$, $D = [\hat{d}_1, \hat{d}_2]$ とおけば，

$$A^{\wedge} = \left[\begin{array}{cc|c} 1/\sqrt{10} & \sqrt{2}/6 & 1 \\ 0 & \sqrt{2}/3 & 1 \\ 0 & 0 & 1 \end{array}\right] \left[\begin{array}{cc|cc} 1 & 0 & 0 & 0 \\ 0 & 1 & 0 & 0 \\ \hline \hat{c}_1 & \hat{c}_2 & \hat{d}_1 & \hat{d}_2 \end{array}\right]$$

$$\times \frac{1}{\sqrt{10}} \left[\begin{array}{cccc} -2 & 1 & 1 & -2 \\ 0 & -\sqrt{5} & \sqrt{5} & 0 \\ \hline \sqrt{5} & 0 & 0 & -\sqrt{5} \\ 1 & 2 & 2 & 1 \end{array}\right]$$

$$= \begin{bmatrix} -1/5 & -1/15 & 4/15 & -1/5 \\ 0 & -1/3 & 1/3 & 0 \\ 0 & 0 & 0 & 0 \end{bmatrix}$$

$$+ \frac{\hat{c}_1}{\sqrt{10}} \begin{bmatrix} -2 & 1 & 1 & -2 \\ -2 & 1 & 1 & -2 \\ -2 & 1 & 1 & -2 \end{bmatrix} + \frac{\hat{c}_2}{\sqrt{2}} \begin{bmatrix} 0 & -1 & 1 & 0 \\ 0 & -1 & 1 & 0 \\ 0 & -1 & 1 & 0 \end{bmatrix}$$

$$+ \frac{\hat{d}_1}{\sqrt{2}} \begin{bmatrix} 1 & 0 & 0 & -1 \\ 1 & 0 & 0 & -1 \\ 1 & 0 & 0 & -1 \end{bmatrix} + \frac{\hat{d}_2}{\sqrt{10}} \begin{bmatrix} 1 & 2 & 2 & 1 \\ 1 & 2 & 2 & 1 \\ 1 & 2 & 2 & 1 \end{bmatrix}$$

と計算される．$A^{\wedge}$ は 4 個のパラメータ $\hat{c}_1, \hat{c}_2, \hat{d}_1, \hat{d}_2$ を含んでいる．　$\triangleleft$

6.3.2　特　徴　づ　け

次に，最小 2 乗型一般逆行列 $A^{\wedge}$ の抽象的な形での特徴づけを与えよう．方程式 $A\boldsymbol{x} = \boldsymbol{y}$ に対して $A^{\wedge}\boldsymbol{y}$ が最小 2 乗誤差を与えるから，任意の $\boldsymbol{x} \in \mathbb{R}^n$ に対して

$$\|AA^{\wedge}\boldsymbol{y} - \boldsymbol{y}\|_2{}^2 \leqq \|A\boldsymbol{x} - \boldsymbol{y}\|_2{}^2$$

が成り立つ．ここで $\boldsymbol{x} = \boldsymbol{w} + A^{\wedge}\boldsymbol{y}$ とおくと，上の条件は，任意の $\boldsymbol{w} \in \mathbb{R}^n$ に対して

$$\|(AA^{\wedge} - I)\boldsymbol{y}\|_2{}^2 \leqq \|(AA^{\wedge} - I)\boldsymbol{y} + A\boldsymbol{w}\|_2{}^2$$

が成り立つことと同値であり，したがって (注意 6.2 参照)

$$A^{\top}(AA^{\wedge} - I)\boldsymbol{y} = \boldsymbol{0} \tag{6.28}$$

となる．さらに，上の条件が任意の $\boldsymbol{y} \in \mathbb{R}^m$ に対して成り立つので

$$A^{\top}(AA^{\wedge} - I) = O,$$

すなわち

$$(AA^{\wedge})^{\top}A = A \tag{6.29}$$

である．この条件 (6.29) は

$$AA^{\wedge}A = A, \qquad (AA^{\wedge})^{\top} = AA^{\wedge} \tag{6.30}$$

と同値であり (注意 6.5 参照)，最小 2 乗型一般逆行列 $A^{\wedge}$ は条件 (6.30) によって特徴づけられる．

上の議論から当然のことであるが，式 (6.27) で定義される $A^{\wedge}$ は条件 (6.30) を満たし，一方，式 (6.24) を用いて条件 (6.30) から $A^{\wedge}$ を求めると，式 (6.27) の表現が得られる．

注意 6.5 条件 (6.29) と (6.30) の同値性の証明を与える．まず，(6.30) ならば (6.29) が成り立つことは明らかである．逆を示すために，式 (6.29) の右から $A^{\wedge}$ を掛けると $(AA^{\wedge})^{\top}(AA^{\wedge}) = AA^{\wedge}$ となる．この式は $AA^{\wedge}$ が対称行列であること，すなわち $(AA^{\wedge})^{\top} = AA^{\wedge}$ を示している．これを式 (6.29) に代入すれば $AA^{\wedge}A = A$ が得られる．なお，式 (6.29) から $AA^{\wedge}A = A$ が導かれることは，その意味と式 (6.9) から当然である．実際，解のある方程式 $A\boldsymbol{x} = \boldsymbol{y}$ に対する最小 2 乗解 $A^{\wedge}\boldsymbol{y}$ は方程式 $A\boldsymbol{x} = \boldsymbol{y}$ の解であり，したがって，$A^{\wedge}$ は一般逆行列 (の一種) であるからである． ◁

注意 6.6 一般逆行列の一般形 (6.5) によれば，$A = S^{-1}\begin{bmatrix} I & O \\ O & O \end{bmatrix}T^{-1}$ を満たす正則行列 S, T を用いて $A^{\wedge} = T\begin{bmatrix} I & B \\ C & D \end{bmatrix}S$ と表される．この $A^{\wedge}$ が条件 (6.30) を満たすための必要十分条件は，$SS^{\top} = \begin{bmatrix} U_{11} & U_{12} \\ U_{21} & U_{22} \end{bmatrix}$ と分割するとき，$B = -U_{12}U_{22}^{-1}$ が成り立つことである ($SS^{\top}$ は正定値対称だから U_{22} は正則であることに注意). ◁

例 6.5 注意 6.6 を利用して，例 6.1 の行列 A の最小 2 乗型一般逆行列 $A^{\wedge}$ を求めよう．式 (6.6) の S に対して

$$SS^{\top} = \left[\begin{array}{cc|cc} 1 & 0 & 1 & -1 \\ 0 & 1 & 1 & 0 \\ \hline 1 & 1 & 3 & -1 \\ -1 & 0 & -1 & 2 \end{array}\right]$$

であるから，

$$\begin{bmatrix} b_{11} & b_{12} \\ b_{21} & b_{22} \end{bmatrix} = -\begin{bmatrix} 1 & -1 \\ 1 & 0 \end{bmatrix} \begin{bmatrix} 3 & -1 \\ -1 & 2 \end{bmatrix}^{-1} = \frac{1}{5}\begin{bmatrix} -1 & 2 \\ -2 & -1 \end{bmatrix}$$

となる．したがって

$$\begin{aligned} A^{\wedge} \;=\; & \begin{bmatrix} -1/5 & -1/15 & 4/15 & -1/5 \\ 0 & -1/3 & 1/3 & 0 \\ 0 & 0 & 0 & 0 \end{bmatrix} \\ & + c_1 \begin{bmatrix} 1 & 0 & 0 & 0 \\ 1 & 0 & 0 & 0 \\ 1 & 0 & 0 & 0 \end{bmatrix} + c_2 \begin{bmatrix} 0 & 1 & 0 & 0 \\ 0 & 1 & 0 & 0 \\ 0 & 1 & 0 & 0 \end{bmatrix} \\ & + d_1 \begin{bmatrix} 1 & 1 & 1 & 0 \\ 1 & 1 & 1 & 0 \\ 1 & 1 & 1 & 0 \end{bmatrix} + d_2 \begin{bmatrix} -1 & 0 & 0 & 1 \\ -1 & 0 & 0 & 1 \\ -1 & 0 & 0 & 1 \end{bmatrix} \end{aligned}$$

である．ここのパラメータ (c_1, c_2, d_1, d_2) と例 6.4 におけるパラメータ $(\hat{c}_1, \hat{c}_2, \hat{d}_1, \hat{d}_2)$ との間には，線形変換による 1 対 1 対応がある．　◁

注意 6.7　式 (6.28) の導出は，最小 2 乗法における標準的な論法を一般逆行列を主役として書き換えたものとなっている．一般逆行列を表に出さずに書けば，以下のようになる．方程式 $A\boldsymbol{x} = \boldsymbol{y}$ の最小 2 乗解を $\hat{\boldsymbol{x}}$ とすると，任意の $\boldsymbol{x} \in \mathbb{R}^n$ に対して

$$\|A\hat{\boldsymbol{x}} - \boldsymbol{y}\|_2{}^2 \leqq \|A\boldsymbol{x} - \boldsymbol{y}\|_2{}^2$$

が成り立つ．ここで $\boldsymbol{x} = \boldsymbol{w} + \hat{\boldsymbol{x}}$ とおくと，上の条件は，任意の $\boldsymbol{w} \in \mathbb{R}^n$ に対して

$$\|A\hat{\boldsymbol{x}} - \boldsymbol{y}\|_2{}^2 \leqq \|A\hat{\boldsymbol{x}} - \boldsymbol{y} + A\boldsymbol{w}\|_2{}^2$$

が成り立つことと同値であり，したがって (注意 6.2 参照)

$$A^{\top}(A\hat{\boldsymbol{x}} - \boldsymbol{y}) = \boldsymbol{0} \tag{6.31}$$

が成り立つ．この式に $\hat{\boldsymbol{x}} = A^{\wedge}\boldsymbol{y}$ を代入すると式 (6.28) が得られる．なお，式 (6.31) を変形して $\hat{\boldsymbol{x}}$ に関する方程式の形にした式

$$A^{\top}A\,\hat{\boldsymbol{x}} = A^{\top}\boldsymbol{y} \tag{6.32}$$

は，最小 2 乗法における基本方程式であり，**正規方程式**とよばれる．　◁

注意 6.8 最小 2 乗型一般逆行列 $A^\wedge$ を与える公式

$$A^\wedge = (A^\top A)^- A^\top \tag{6.33}$$

に触れておこう．証明は注意 6.4 と同様であるが，ここでは，$\mathrm{Im}(A^\top A) = \mathrm{Im}(A^\top)$ より $A^\top AC = A^\top$ を満たす C が存在することを用いる．$X = (A^\top A)^- A^\top$ として

$$AXA = C^\top A^\top A(A^\top A)^- A^\top A = C^\top A^\top A = A,$$
$$AX = A(A^\top A)^- A^\top = C^\top A^\top A(A^\top A)^- A^\top AC = C^\top A^\top AC = (AX)^\top$$

が成り立つ．任意の $A^\wedge$ が式 (6.33) の形で書ける訳ではないことに注意されたい*5． ◁

6.3.3 一般解の表示式

最小 2 乗型一般逆行列 $A^\wedge$ を用いると，任意の最小 2 乗解 $\boldsymbol{x}$ は

$$\boldsymbol{x} = A^\wedge \boldsymbol{y} + \boldsymbol{z}, \qquad \boldsymbol{z} \in \mathrm{Ker}(A), \tag{6.34}$$

$$\boldsymbol{x} = A^\wedge \boldsymbol{y} + (I - A^\wedge A)\boldsymbol{s}, \qquad \boldsymbol{s} \in \mathbb{R}^n \tag{6.35}$$

のように 2 通りに表示できる．これを示そう．

最初に，最小 2 乗解 $\boldsymbol{x}$ は一般には一意に定まらないがベクトル $A\boldsymbol{x}$ は一意に定まることに注意する．実際，$\boldsymbol{x}^{(1)}$ と $\boldsymbol{x}^{(2)}$ の両方が最小 2 乗誤差 $d = \min_{\boldsymbol{x}} \|A\boldsymbol{x} - \boldsymbol{y}\|_2$ を与えたとすると，中線定理を用いて

$$\begin{aligned}
&\|A\boldsymbol{x}^{(1)} - A\boldsymbol{x}^{(2)}\|_2{}^2 \\
&\quad = 2(\|A\boldsymbol{x}^{(1)} - \boldsymbol{y}\|_2{}^2 + \|A\boldsymbol{x}^{(2)} - \boldsymbol{y}\|_2{}^2) - \|A(\boldsymbol{x}^{(1)} + \boldsymbol{x}^{(2)}) - 2\boldsymbol{y}\|_2{}^2 \\
&\quad = 2(\|A\boldsymbol{x}^{(1)} - \boldsymbol{y}\|_2{}^2 + \|A\boldsymbol{x}^{(2)} - \boldsymbol{y}\|_2{}^2) - 4\|A\left(\frac{\boldsymbol{x}^{(1)} + \boldsymbol{x}^{(2)}}{2}\right) - \boldsymbol{y}\|_2{}^2 \\
&\quad \leqq 2(d^2 + d^2) - 4d^2 = 0
\end{aligned}$$

となるので，$A\boldsymbol{x}^{(1)} = A\boldsymbol{x}^{(2)}$ が成り立つ

*5 $\mathrm{rank}\,(A^\top A)^- A^\top = r$ であるが，$\mathrm{rank}\, A^\wedge$ は r 以上 $\min(m, n)$ 以下の任意の値をとりうる．

上の式で $\boldsymbol{x}^{(1)} = \boldsymbol{x}, \boldsymbol{x}^{(2)} = A^{\wedge}\boldsymbol{y}$ とおけば，$A(\boldsymbol{x} - A^{\wedge}\boldsymbol{y}) = \boldsymbol{0}$ が導かれる．したがって $\boldsymbol{z} = \boldsymbol{x} - A^{\wedge}\boldsymbol{y}$ として，式 (6.34) が成立する．逆に，式 (6.34) の形で与えられる $\boldsymbol{x}$ に対して

$$A\boldsymbol{x} = A(A^{\wedge}\boldsymbol{y} + \boldsymbol{z}) = A(A^{\wedge}\boldsymbol{y})$$

が成り立つから，$\boldsymbol{x}$ は最小 2 乗解である．式 (6.35) は，6.1.3 項の式 (6.11) で示した事実 $\mathrm{Ker}(A) = \mathrm{Im}(I - A^{\wedge}A)$ を用いて，式 (6.34) からただちに導かれる (6.1.3 項の議論と同じである)．

6.4　Moore–Penrose 型一般逆行列

6.4.1　定義と構成法

6.3 節において，必ずしも解をもたない方程式系 $A\boldsymbol{x} = \boldsymbol{y}$ に対しても最小 2 乗解を与える一般逆行列を考えた．一般に最小 2 乗解は一意には定まらない．そこで，最小 2 乗解の中で，ノルム最小のものを与えるような一般逆行列を考えよう．このような一般逆行列は **Moore–Penrose** (ムーア–ペンローズ) **型一般逆行列**とよばれ，A^+ で表される．

まず，$A^\top$ の QR 分解から得られる式 (6.13) を考え，その右辺をさらに QR 分解すると，

$$P^\top AQ = \tilde{Q}\begin{bmatrix} \hat{R} & O_{r,n-r} \\ O_{m-r,r} & O_{m-r,n-r} \end{bmatrix} \tag{6.36}$$

(ただし，$\tilde{Q}$ は m 次直交行列，$\hat{R}$ は正則な r 次上三角行列) が得られる．これより

$$\hat{Q}^\top AQ = \begin{bmatrix} \hat{R} & O_{r,n-r} \\ O_{m-r,r} & O_{m-r,n-r} \end{bmatrix} \tag{6.37}$$

である．ここで，$\hat{Q} = P\tilde{Q}$ は m 次直交行列である．

方程式 $A\boldsymbol{x} = \boldsymbol{y}$ において，$\tilde{\boldsymbol{x}} = Q^\top\boldsymbol{x}$，$\tilde{\boldsymbol{y}} = \hat{Q}^\top\boldsymbol{y}$ とおくと，

$$(\hat{Q}^\top AQ)\tilde{\boldsymbol{x}} = \tilde{\boldsymbol{y}} \tag{6.38}$$

となる．さらに

$$\|\tilde{\boldsymbol{x}}\|_2 = \|\boldsymbol{x}\|_2, \qquad \|(\hat{Q}^\top AQ)\tilde{\boldsymbol{x}} - \tilde{\boldsymbol{y}}\|_2 = \|A\boldsymbol{x} - \boldsymbol{y}\|_2$$

であるから，$A\boldsymbol{x} = \boldsymbol{y}$ の最小 2 乗解の中からノルム最小の解 $\boldsymbol{x}$ を求めることは，方程式 (6.38) の最小 2 乗解の中からノルム最小の解 $\tilde{\boldsymbol{x}}$ を求めることと等価である．

変形後の方程式 (6.38) の最小 2 乗解の中でノルム最小のものは，明らかに

$$\begin{bmatrix} \tilde{x}_1 \\ \vdots \\ \tilde{x}_r \end{bmatrix} = \hat{R}^{-1} \begin{bmatrix} \tilde{y}_1 \\ \vdots \\ \tilde{y}_r \end{bmatrix}, \qquad \tilde{x}_{r+1} = \cdots = \tilde{x}_n = 0$$

で与えられる．この関係は

$$\tilde{\boldsymbol{x}} = \begin{bmatrix} \hat{R}^{-1} & O \\ O & O \end{bmatrix} \tilde{\boldsymbol{y}}$$

と書ける．もとの変数に戻せば

$$\boldsymbol{x} = Q \begin{bmatrix} \hat{R}^{-1} & O \\ O & O \end{bmatrix} \hat{Q}^\top \boldsymbol{y}$$

である．したがって Moore–Penrose 型一般逆行列 A^+ は

$$A^+ = Q \begin{bmatrix} \hat{R}^{-1} & O \\ O & O \end{bmatrix} \hat{Q}^\top \tag{6.39}$$

で与えられる

例 6.6 例 6.1 の行列 A に対して，Moore–Penrose 型一般逆行列 A^+ を求めよう．例 6.2 に示した Q を用いるとき，式 (6.36) の $P^\top AQ = \tilde{Q} \begin{bmatrix} \hat{R} & O \\ O & O \end{bmatrix}$ において，$P = I$,

$$\tilde{Q} = \frac{1}{\sqrt{10}} \left[\begin{array}{cccc} 2 & 0 & \sqrt{5} & 1 \\ -1 & \sqrt{5} & 0 & 2 \\ \hline -1 & -\sqrt{5} & 0 & 2 \\ 2 & 0 & -\sqrt{5} & 1 \end{array} \right], \qquad \hat{R} = \begin{bmatrix} \sqrt{15} & 0 \\ 0 & 3 \end{bmatrix}$$

とすることができる．このとき，式 (6.39) より

$$A^+ = \frac{1}{15} \begin{bmatrix} -2 & 1 & 1 & -2 \\ 1 & -3 & 2 & 1 \\ 1 & 2 & -3 & 1 \end{bmatrix}$$

と計算される． ◁

6.4.2 特徴づけ

次に，Moore–Penrose 型一般逆行列 A^+ の抽象的な形での特徴づけを与えよう．行列 A^+ は最小 2 乗型一般逆行列でもあるので，そのための条件 (6.30) として

$$AA^+A = A, \qquad (AA^+)^\top = AA^+ \tag{6.40}$$

が成り立つ．このとき，式 (6.35) に示したように，方程式 $A\boldsymbol{x} = \boldsymbol{y}$ の最小 2 乗解は

$$\boldsymbol{x} = A^+\boldsymbol{y} + (I - A^+A)\boldsymbol{s}, \qquad \boldsymbol{s} \in \mathbb{R}^n$$

と書ける．したがって，$A^+\boldsymbol{y}$ が最小ノルムであることは，任意の $\boldsymbol{s} \in \mathbb{R}^n$ に対して

$$\|A^+\boldsymbol{y}\|_2{}^2 \leqq \|A^+\boldsymbol{y} + (I - A^+A)\boldsymbol{s}\|_2{}^2$$

が成り立つことを意味し，したがって (注意 6.2 参照)

$$(I - A^+A)^\top A^+\boldsymbol{y} = \boldsymbol{0}$$

である．さらに，上の条件が任意の $\boldsymbol{y} \in \mathbb{R}^m$ に対して成り立つので

$$(I - A^+A)^\top A^+ = O,$$

すなわち

$$(A^+A)^\top A^+ = A^+ \tag{6.41}$$

である．この条件 (6.41) は

$$A^+AA^+ = A^+, \qquad (A^+A)^\top = A^+A \tag{6.42}$$

と同値である (証明は注意 6.5 と同様)．結局，Moore–Penrose 型一般逆行列 A^+ は条件 (6.40), (6.42) を満たす行列として特徴づけられることになる．

上の議論から当然のことであるが，式 (6.39) で定義される A^+ は条件 (6.40), (6.42) を満たし，一方，式 (6.37) を用いて条件 (6.40), (6.42) から A^+ を求めると，式 (6.39) の表現が得られる．

行列 A に対して，A^-, $A^\vee$, $A^\wedge$ は一般に一意に決まらないが，これとは対照的に，最小 2 乗解の中でノルム最小の解は一意に定まるので A^+ は一意に確定する．

なお，この一意性は上記の抽象的特徴づけ (6.40)，(6.42) を用いて示すこともできる．実際，X, Y を (6.40)，(6.42) を満たす行列とするとき，

$$\begin{aligned} X &= XAX = XAYAX = X(AY)^\top (AX)^\top = XY^\top A^\top X^\top A^\top \\ &= XY^\top A^\top = XAY = XAYAY = (XA)^\top (YA)^\top Y \\ &= A^\top X^\top A^\top Y^\top Y = A^\top Y^\top Y = YAY = Y \end{aligned}$$

となる．

注意 6.9 一般逆行列の一般形 (6.5) によれば，$A = S^{-1}\begin{bmatrix} I_r & O \\ O & O \end{bmatrix}T^{-1}$ を満たす行列 S, T を用いて $A^+ = T\begin{bmatrix} I_r & B \\ C & D \end{bmatrix}S$ と表される．これより

$$A^+AA^+ = T\begin{bmatrix} I_r & B \\ C & CB \end{bmatrix}S$$

と計算されるので，$A^+AA^+ = A^+$ が成り立つための必要十分条件は，$D = CB$ であり，このとき

$$A^+ = T\begin{bmatrix} I_r \\ C \end{bmatrix}\begin{bmatrix} I_r & B \end{bmatrix}S \tag{6.43}$$

となる．一方，注意 6.3，注意 6.6 に示したように，$(AA^+)^\top = AA^+$, $(A^+A)^\top = A^+A$ となるための必要十分条件は，$SS^\top = \begin{bmatrix} U_{11} & U_{12} \\ U_{21} & U_{22} \end{bmatrix}$, $T^\top T = \begin{bmatrix} V_{11} & V_{12} \\ V_{21} & V_{22} \end{bmatrix}$ として，

$$B = -U_{12}U_{22}^{-1}, \qquad C = -V_{22}^{-1}V_{21} \tag{6.44}$$

である．したがって，Moore–Penrose 型一般逆行列 A^+ は，式 (6.43), (6.44) でも与えられる． ◁

例 6.7 注意 6.9 を利用して，例 6.1 の行列 A の Moore–Penrose 型一般逆行列 A^+ を求めよう．例 6.5，例 6.3 の計算より

$$B = \frac{1}{5}\begin{bmatrix} -1 & 2 \\ -2 & -1 \end{bmatrix}, \qquad C = \frac{1}{3}\begin{bmatrix} 1 & 1 \end{bmatrix}$$

である．この B, C と式 (6.6) の S, T を用いて式 (6.43) を計算すると

$$A^+ = \frac{1}{15}\begin{bmatrix} -2 & 1 & 1 & -2 \\ 1 & -3 & 2 & 1 \\ 1 & 2 & -3 & 1 \end{bmatrix}$$

となる．これは例 6.6 の結果と一致している． ◁

注意 6.10 行列 A が $m \times r$ 型行列 E と $r \times n$ 型行列 F の積

$$A = EF$$

の形 ($r = \mathrm{rank}\, A$) に表現されているとき，Moore–Penrose 型一般逆行列 A^+ は

$$A^+ = F^\top (FF^\top)^{-1}(E^\top E)^{-1}E^\top \tag{6.45}$$

で与えられることが知られている．

実際，式 (6.45) の右辺の行列を X とすると，

$$AX = EF \cdot F^\top (FF^\top)^{-1}(E^\top E)^{-1}E^\top = E(E^\top E)^{-1}E^\top$$

より $(AX)^\top = AX$ が成り立ち，

$$AXA = E(E^\top E)^{-1}E^\top \cdot EF = EF = A$$

であるから，条件 (6.40) が満たされる．また，

$$XA = F^\top (FF^\top)^{-1}(E^\top E)^{-1}E^\top \cdot EF = F^\top (FF^\top)^{-1}F$$

より $(XA)^\top = XA$ が成り立ち，

$$\begin{aligned} XAX &= F^\top (FF^\top)^{-1}F \cdot F^\top (FF^\top)^{-1}(E^\top E)^{-1}E^\top \\ &= F^\top (FF^\top)^{-1}(E^\top E)^{-1}E^\top = X \end{aligned}$$

であるから，条件 (6.42) が満たされる．したがって，X は A の Moore–Penrose 型一般逆行列 A^+ に等しい．

次に，ここの式 (6.45) が注意 6.9 の表現式 [式 (6.43), (6.44)] と整合的であることを示そう．式 (6.2) より

$$A = S^{-1}\begin{bmatrix} I & O \\ O & O \end{bmatrix} T^{-1} = S^{-1}\begin{bmatrix} I \\ O \end{bmatrix}\begin{bmatrix} I & O \end{bmatrix} T^{-1}$$

であるから

$$E = S^{-1}\begin{bmatrix} I \\ O \end{bmatrix}, \qquad F = \begin{bmatrix} I & O \end{bmatrix} T^{-1}$$

とすることができる．$(SS^\top)^{-1} = \begin{bmatrix} W_{11} & W_{12} \\ W_{21} & W_{22} \end{bmatrix}$ とおくと $E^\top E = W_{11}$，$E^\top = [W_{11}, W_{12}]S$ より

$$(E^\top E)^{-1}E^\top = \begin{bmatrix} I & W_{11}^{-1}W_{12} \end{bmatrix} S$$

と計算される．一方，ブロック行列の逆行列の公式を $SS^\top = \begin{bmatrix} U_{11} & U_{12} \\ U_{21} & U_{22} \end{bmatrix}$ に適用すると

$$W_{11} = (U_{11} - U_{12}U_{22}^{-1}U_{21})^{-1}, \quad W_{12} = -W_{11}U_{12}U_{22}^{-1}$$

となるから，

$$(E^\top E)^{-1}E^\top = \begin{bmatrix} I & -U_{12}U_{22}^{-1} \end{bmatrix} S = \begin{bmatrix} I & B \end{bmatrix} S$$

となる．同様に

$$F^\top (FF^\top)^{-1} = T \begin{bmatrix} I \\ C \end{bmatrix}$$

となる．これを式 (6.45) の右辺に代入すると，注意 6.9 の表現式が得られる．◁

6.5 応　　用

一般逆行列は様々な応用をもつ．たとえば，統計学 (とくに回帰分析) では，一般逆行列 (および射影行列) を用いた整然とした理論体系ができている[48, 49]．また，数値計算，最適化，逆問題，構造工学，ロボット工学などにおいては，有用な道具として広く用いられている．ここでは，数値計算分野への応用の例として，自由度が不整合な方程式系に対する Newton 法について述べる．

通常の **Newton** (ニュートン) **法**では，n 個の未知数をもつ n 個の方程式

$$\begin{cases} f_1(x_1, \ldots, x_n) = 0, \\ \qquad\qquad \vdots \\ f_n(x_1, \ldots, x_n) = 0 \end{cases}$$

(これを $\boldsymbol{f}(\boldsymbol{x}) = \boldsymbol{0}$ と略記する) の解を求める問題を扱い，適当な初期値 $\boldsymbol{x}^{(0)}$ から始めて，反復

$$\boldsymbol{x}^{(p+1)} = \boldsymbol{x}^{(p)} - J(\boldsymbol{x}^{(p)})^{-1}\boldsymbol{f}(\boldsymbol{x}^{(p)}) \qquad (p = 0, 1, 2, \ldots) \tag{6.46}$$

によって近似解列を計算する．ここで $J(\boldsymbol{x})$ は **Jacobi** (ヤコビ) **行列**

$$J(\boldsymbol{x}) = \begin{bmatrix} \dfrac{\partial f_1}{\partial x_1}(\boldsymbol{x}) & \dots & \dfrac{\partial f_1}{\partial x_n}(\boldsymbol{x}) \\ \vdots & & \vdots \\ \dfrac{\partial f_n}{\partial x_1}(\boldsymbol{x}) & \dots & \dfrac{\partial f_n}{\partial x_n}(\boldsymbol{x}) \end{bmatrix} \tag{6.47}$$

である．

未知数の個数と方程式の個数が一致しない方程式系[*6]

$$\begin{cases} f_1(x_1, \dots, x_n) = 0, \\ \qquad\qquad \vdots \\ f_m(x_1, \dots, x_n) = 0 \end{cases}$$

(ここで $m \neq n$) の解を求める必要も工学のいろいろな場面で生じる．この場合，Jacobi 行列 $J(\boldsymbol{x})$ は式 (6.47) と同様に定義される $m \times n$ 型行列であるが，長方形の行列なので逆行列をもたない．そこで，Newton 法の反復式 (6.46) のかわりに，$J(\boldsymbol{x}^{(p)})$ の Moore–Penrose 型一般逆行列 $J(\boldsymbol{x}^{(p)})^+$ を用いた反復

$$\boldsymbol{x}^{(p+1)} = \boldsymbol{x}^{(p)} - J(\boldsymbol{x}^{(p)})^+ \boldsymbol{f}(\boldsymbol{x}^{(p)}) \qquad (p = 0, 1, 2, \dots) \tag{6.48}$$

が考えられる．これは**一般化 Newton** (ニュートン) **法**とよばれる[*7]．

一般化 Newton 法 (6.48) で生成される近似解が $\boldsymbol{x}^*$ に収束すれば，式 (6.48) より，$\boldsymbol{x}^*$ は

$$J(\boldsymbol{x}^*)^+ \boldsymbol{f}(\boldsymbol{x}^*) = \boldsymbol{0} \tag{6.49}$$

を満たすことがわかる．式 (6.37), 式 (6.39) から $\mathrm{Ker}(J(\boldsymbol{x}^*)^+) = \mathrm{Ker}(J(\boldsymbol{x}^*)^\top)$ であるから，式 (6.49) は

$$J(\boldsymbol{x}^*)^\top \boldsymbol{f}(\boldsymbol{x}^*) = \boldsymbol{0}$$

と同値である．さらに

$$J(\boldsymbol{x}^*)^\top \boldsymbol{f}(\boldsymbol{x}^*) = \mathrm{grad} \left(\frac{1}{2} \sum_{i=1}^{m} f_i(\boldsymbol{x})^2 \right) \Bigg|_{\boldsymbol{x} = \boldsymbol{x}^*}$$

---

*6　この方程式系も，同様に $\boldsymbol{f}(\boldsymbol{x}) = \boldsymbol{0}$ と略記する．

*7　「一般化 Newton 法」には分野に応じていろいろな意味がある．たとえば，最適化の分野においては，Newton 法を目的関数が微分可能でない場合に拡張したものを「一般化 Newton 法」とよんでいる．

であるから，$\boldsymbol{x}^*$ は $\dfrac{1}{2}\displaystyle\sum_{i=1}^{m} f_i(\boldsymbol{x})^2$ の停留点であることがわかる[*8]．このことから $\displaystyle\sum_{i=1}^{m} f_i(\boldsymbol{x}^*)^2 = 0$ (すなわち $\boldsymbol{f}(\boldsymbol{x}^*) = \boldsymbol{0}$) が保証されるわけではないが，一般化 Newton 法は有効な方法であると期待できる．

例 6.8 変数が 3 個で方程式が 2 個の方程式系

$$
\begin{aligned}
f_1(x_1, x_2, x_3) &= {x_1}^2 + {x_2}^2 + {x_3}^2 - 1 = 0, \\
f_2(x_1, x_2, x_3) &= {x_1}^2 + {x_2}^2 - x_3 = 0
\end{aligned}
$$

を考える．解 (x_1, x_2, x_3) は球面と放物面の交わりの円であり，$a^2 + a - 1 = 0$ を満たす正の実数 $a = (\sqrt{5} - 1)/2$ を用いて ${x_1}^2 + {x_2}^2 = a$，$x_3 = a$ と表される (図 6.1)．初期値 $(-1, 2, 2)$ から始めて一般化 Newton 法 (6.48) を適用すると，表 6.1 のようになる．収束は速く，2 次収束していることが観察される．　$\triangleleft$

上の例のように，変数の個数と方程式の個数が合っていない不整合な方程式に対しても，Moore–Penrose 型一般逆行列を用いた一般化 Newton 法によって，普通の Newton 法と同様にうまく解を求められることもある．

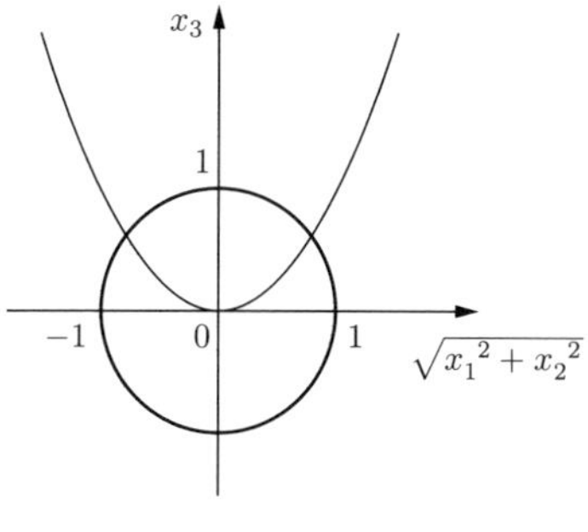

図 **6.1**　一般化 Newton 法の例題 (例 6.8)

---

*8　grad は勾配ベクトルを表す．すなわち (微分可能な) 関数 $\varphi(x_1, \ldots, x_n)$ に対して $\mathrm{grad}\,\varphi = (\partial\varphi/\partial x_1, \ldots, \partial\varphi/\partial x_n)^\top$ である．

表 **6.1** 一般化 Newton 法 (6.48) による近似解 (例 6.8)

$$f_1 = {x_1}^2 + {x_2}^2 + {x_3}^2 - 1,\ \ f_2 = {x_1}^2 + {x_2}^2 - x_3$$

p	$x_1^{(p)}$	$x_2^{(p)}$	$x_3^{(p)}$	f_1	f_2	$({f_1}^2 + {f_2}^2)/2$
0	−1.0000	2.0000	2.0000	8.00E+00	3.00E+00	3.65E+01
1	−0.6000	1.2000	1.0000	1.80E+00	8.00E−01	1.94E+00
2	−0.4111	0.8222	0.6667	2.90E−01	1.78E−01	5.78E−02
3	−0.3561	0.7123	0.6190	1.74E−02	1.51E−02	2.65E−04
4	−0.3516	0.7032	0.6180	1.04E−04	1.03E−04	1.06E−08
5	−0.3516	0.7032	0.6180	4.29E−09	4.29E−09	1.84E−17

(倍精度計算による)

7 群表現論

この章では，システムのもつ対称性を数学的に表現して利用するための手法として，群の表現論の基本的な事柄を説明する．群という抽象的な構造が表現行列という具体的な対象によって記述され，システムのもつ対称性がシステムを記述する行列のブロック対角構造をもたらす仕組を解説する．

7.1 対称性をもつシステム

7.1.1 対称性の利用法

対称性をもつシステムの例として，図 7.1 の**トラスドーム**（ドーム状のトラス構造）を考える．図から明らかなように，この構造物は正六角形の幾何学的な対称性をもっている．一番外側（下）の節点は固定されているものとすれば，217 個の自由節点があり，それぞれの節点の変位は x, y, z 方向の自由度をもつから全部で $3 \times 217 = 651$ の変形の自由度をもつシステムである．図のように中央部分（$\circ$, $\triangle$ の節点）に対称な荷重がかかったとしよう．自由節点の変位を表す 651 次元ベクトル $\boldsymbol{u}$ を変数として微小変形を考えると，651 次元の線形方程式系

$$K\boldsymbol{u} = \boldsymbol{f}$$

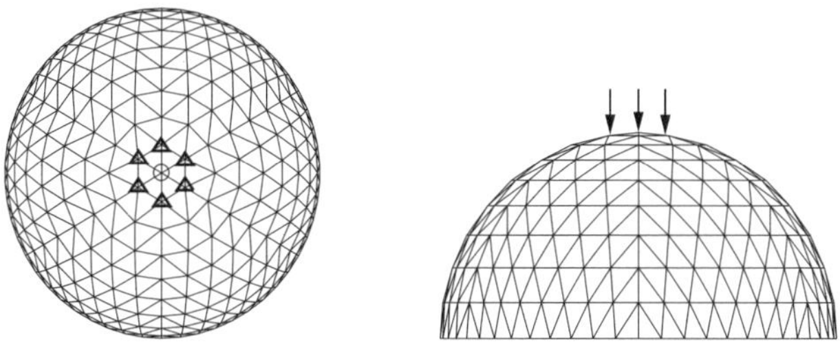

(a)　平面図　　　(b)　立面図

図 7.1　正六角形の対称性をもつトラスドーム

が得られる．この係数行列 K は**剛性行列**とよばれ，対称行列 ($K = K^\top$) である．右辺の $\boldsymbol{f}$ は荷重を表すベクトルである．

部材の断面積と強度がすべて等しいとすれば，このトラスドームは物理的にも正六角形の対称性をもっている．対称性に関係する性質として，たとえば，次のような問題が考えられる．

- 正六角形の対称性を保つ変形の自由度はいくつか．
- 剛性行列はどのような構造的特徴をもつか．ここで「構造的特徴」というのは，対称性だけから決まる性質を意味している．

本章では，対称性をもつシステムの系統的な解析法として，群表現論にもとづく行列のブロック対角化を解説する[*1]．これによると，上のトラスドームの例では，次のことが判明する[*2]．

- 正六角形の対称性を保つ変形の自由度は 61 である．荷重が対称性をもっている場合には変形も対称である．したがって，変形を求めるために 651 次元の線形方程式を解く必要はなく，61 次元の線形方程式を解けばよい．
- 剛性行列 K は，部材の寸法や強度などのパラメータ値とは無関係に決まる直交行列 Q を用いた $Q^\top KQ$ の形の変換により，図 7.2 のようなブロック対角形に変形できる．ブロックのサイズは，61, 48, 52, 56, 109, 109, 108, 108 であり，サイズが 109 の二つのブロックとサイズが 108 の二つのブロックは，それぞれ，同じ行列である．
- 剛性行列 K が図 7.2 にブロック対角化できることの帰結として，K の固有値の重複度の構造がわかる．部材の寸法や強度などのパラメータ値が特別な値でない限り，単純固有値が $61 + 48 + 52 + 56 = 217$ 個あり，重複度 2 の固有値が $109 + 108 = 217$ 個ある．

---

*1　群表現論は広汎な理論体系であり，ブロック対角化の他にも様々な話題がある．文献 [50,51,53–59] などを参照されたい．なお，本書では有限群に限って理論の基礎を説明するが，連続群も応用上重要である．

*2　詳しくは，7.4.4 項の最後の注意 7.8 で述べる．

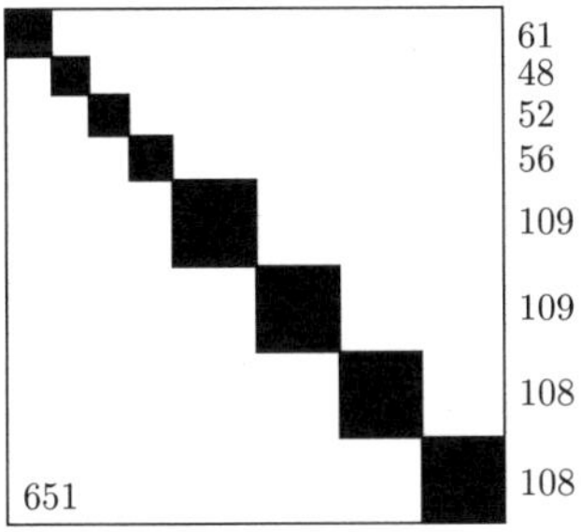

図 **7.2** ブロック対角形 (トラスドームの剛性行列)

7.1.2 対称性の表現法

対称性はどのようにして数式に表現できるのであろうか．簡単な例を用いて，幾何学的な対称性を数式に表現する方法を説明する．

図 7.3 に示した，正三角形の対称性をもつトラス構造 (**トラステント**) を考える．外側の 3 節点 $1, 2, 3$ は固定されており，自由節点は中央の節点 0 だけである．3 本の部材の太さと強度は等しいとし，その断面積を A, **Young** (ヤング) **率**を E とする．節点 0 には鉛直下向きに荷重 f がかかっているとする．

節点 0 の変形前の位置を原点 $(0, 0, 0)$ とし，節点 $1, 2, 3$ の変形前の位置を

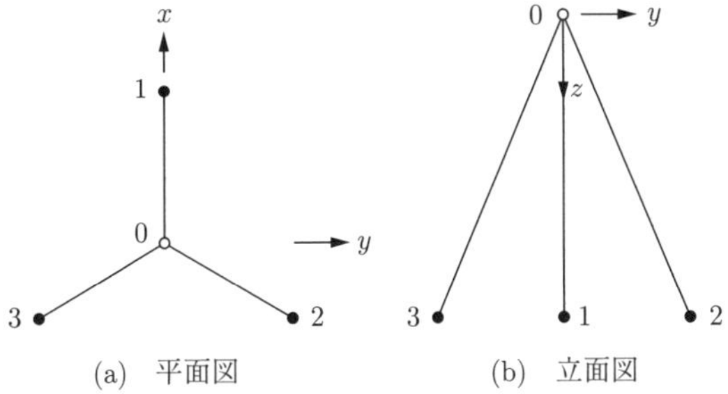

図 **7.3** 正三角形の対称性をもつトラステント

$$(x_1, y_1, z_1) = (1, 0, 2),\ (x_2, y_2, z_2) = \left(-\frac{1}{2}, \frac{\sqrt{3}}{2}, 2\right),\ (x_3, y_3, z_3) = \left(-\frac{1}{2}, -\frac{\sqrt{3}}{2}, 2\right) \tag{7.1}$$

とすると，3 本の部材の変形前の長さはすべて $L = \sqrt{5}$ に等しい．節点 0 の変形後の位置を (x, y, z) とすると，変形後の各部材の長さは

$$\hat{L}_i = ((x - x_i)^2 + (y - y_i)^2 + (z - z_i)^2)^{1/2} \qquad (i = 1, 2, 3)$$

であり，力の釣合いを表す方程式は

$$EA \sum_{i=1}^{3} \left(\frac{1}{L} - \frac{1}{\hat{L}_i}\right) \begin{bmatrix} x - x_i \\ y - y_i \\ z - z_i \end{bmatrix} = \begin{bmatrix} 0 \\ 0 \\ f \end{bmatrix} \tag{7.2}$$

で与えられる．この方程式の解 (x, y, z) として，節点 0 の変形後の位置が定まる．

微小変形を考えるときには，方程式 (7.2) を $(x, y, z) = (0, 0, 0)$ のまわりで線形化して

$$K\boldsymbol{u} = \boldsymbol{f} \tag{7.3}$$

の形を導く．ここで $\boldsymbol{u} = (x, y, z)^\top$, $\boldsymbol{f} = (0, 0, f)^\top$ であり，剛性行列

$$K = \sum_{i=1}^{3} \frac{EA}{L^3} \begin{bmatrix} x_i^2 & x_i y_i & x_i z_i \\ x_i y_i & y_i^2 & y_i z_i \\ x_i z_i & y_i z_i & z_i^2 \end{bmatrix} \tag{7.4}$$

は，方程式 (7.2) の $(x, y, z) = (0, 0, 0)$ における Jacobi 行列*3として計算される．式 (7.4) に式 (7.1) の数値を代入して計算してみると，

$$K = \frac{EA}{L^3} \begin{bmatrix} 3/2 & 0 & 0 \\ 0 & 3/2 & 0 \\ 0 & 0 & 12 \end{bmatrix} \tag{7.5}$$

という非常に特殊な形の行列 (同じ対角要素をもつ対角行列) であることがわかる．実は，構造物のもつ幾何学的対称性が剛性行列 K に反映された結果としてこの特殊な形が生じており，その一般的な仕組を解説することが本章の目標である．その一般論をこの例に適用すると以下のようになる．

---

*3　定義は 7.2.3 項の式 (7.25) を参照のこと．

このトラステントは，z 軸を回転軸とする 120 度の回転，および，xz 平面に関する鏡映に関する対称性をもっている．回転と鏡映は行列

$$R = \begin{bmatrix} \cos(2\pi/3) & -\sin(2\pi/3) & 0 \\ \sin(2\pi/3) & \cos(2\pi/3) & 0 \\ 0 & 0 & 1 \end{bmatrix}, \qquad S = \begin{bmatrix} 1 & 0 & 0 \\ 0 & -1 & 0 \\ 0 & 0 & 1 \end{bmatrix} \tag{7.6}$$

によって表現され，剛性行列 K は，

$$RK = KR, \qquad SK = KS \tag{7.7}$$

を満たす．実際，式 (7.5) の K がこの関係式を満たすことは簡単な計算で確認できる．逆に，式 (7.7) を満たす K が

$$K = \begin{bmatrix} \kappa & 0 & 0 \\ 0 & \kappa & 0 \\ 0 & 0 & \lambda \end{bmatrix} \tag{7.8}$$

の形であることを示すことができる (注意 7.1 参照).

式 (7.7) の関係式は，システムを不変に保つ変換を表す行列 R, S とシステムを記述する行列 K の**可換性**を示している．一般に，システムの対称性は，システムを不変に保つ変換を表す (複数の) 行列と，システムを記述する行列 K との可換性という形で表現されることになる (詳細は 7.2.3 項で述べる)．そして，そのことから，システムを記述する行列 K が直交行列 Q を用いた $Q^\top KQ$ の形の変換により，ブロック対角形に変形できることが導かれる (上の例では Q は単位行列である).

注意 7.1 式 (7.8) に示した行列 K の形を，式 (7.7) の可換性から導出しよう．$K = (k_{ij} \mid i,j = 1,2,3)$ として，式 (7.7) に式 (7.6) の R, S を代入して計算する．$SK = KS$ を書き下すと

$$\begin{bmatrix} k_{11} & k_{12} & k_{13} \\ -k_{21} & -k_{22} & -k_{23} \\ k_{31} & k_{32} & k_{33} \end{bmatrix} = \begin{bmatrix} k_{11} & -k_{12} & k_{13} \\ k_{21} & -k_{22} & k_{23} \\ k_{31} & -k_{32} & k_{33} \end{bmatrix}$$

となるので，$k_{12} = k_{21} = k_{23} = k_{32} = 0$，すなわち

$$K = \begin{bmatrix} k_{11} & 0 & k_{13} \\ 0 & k_{22} & 0 \\ k_{31} & 0 & k_{33} \end{bmatrix}$$

が導かれる．この形を用いて，さらに $RK = KR$ を書き下すと，$\alpha = \cos(2\pi/3)$, $\beta = \sin(2\pi/3)$ として

$$\begin{bmatrix} \alpha \cdot k_{11} & -\beta \cdot k_{22} & \alpha \cdot k_{13} \\ \beta \cdot k_{11} & \alpha \cdot k_{22} & \beta \cdot k_{13} \\ k_{31} & 0 & k_{33} \end{bmatrix} = \begin{bmatrix} \alpha \cdot k_{11} & -\beta \cdot k_{11} & k_{13} \\ \beta \cdot k_{22} & \alpha \cdot k_{22} & 0 \\ \alpha \cdot k_{31} & -\beta \cdot k_{31} & k_{33} \end{bmatrix}$$

となるので，$k_{13} = k_{31} = 0$, $k_{11} = k_{22}$ が導かれる．$\kappa = k_{11} = k_{22}$, $\lambda = k_{33}$ とおけば，式 (7.8) になる． ◁

上の例で単純な場合を示したが，このような対角化 (あるいはブロック対角化) の根底にある一般的な仕組を説明することが本章の目標である．7.2 節で群による対称性の記述法を述べ，7.3 節で群表現の数学的な性質を示した後に，7.4 節で対称性をもつ行列のブロック対角化について詳しく説明する．

7.2 対 称 性 と 群

図 7.4 に示した図形は，鏡映や回転に関する対称性をもっている．幾何学的な直観に頼らない形で対称性の意味をよく考えてみると，対称性とは回転や鏡映などの操作 (変換) に対する不変性であることに気づく．一方，与えられた図形を不変に保つ操作の全体は「群」とよばれる代数構造を成し，対称性と群は表裏一体の関係にある．

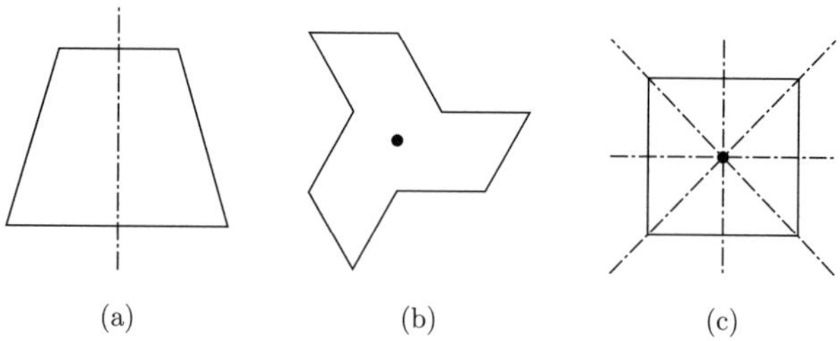

図 7.4　対称性をもつ平面図形 (–·–： 鏡映軸; ●： 回転中心)

7.2.1 群

群の定義と例を与えよう[*4]．集合 G において**積**とよばれる **2 項演算** “$\cdot$” が定義されているとする．すなわち，集合 G の任意の要素 g,h の順序対 (g,h) に対して G の要素 $g\cdot h$ が定められているとし，その要素 $g\cdot h$ を g と h の積とよぶ．この演算が次の三つの条件を満たすとき，G を**群**という．

(1) 任意の $g,h,k\in G$ に対して

$$(g\cdot h)\cdot k = g\cdot(h\cdot k)$$

が成り立つ (これを**結合律**という)．

(2) ある要素 $e\in G$ が存在して，任意の $g\in G$ に対して

$$e\cdot g = g\cdot e = g$$

が成り立つ (この要素 e を**単位元**という)．

(3) 任意の $g\in G$ に対して，ある要素 $h\in G$ が存在して，

$$g\cdot h = h\cdot g = e$$

が成り立つ (この要素 h を g の**逆元**とよび，g^{-1} と記す)．

上の 3 条件から，単位元 e は一つであること，および，各 $g\in G$ に対して，その逆元は一意的に定まることが導かれる．なお，積の記号 $\cdot$ を省略して，$g\cdot h$ のことを gh と書くことが多い．

集合 G は有限集合でも無限集合でもよいが，本書では G が有限集合の場合を扱う．有限集合である群を**有限群**という．有限群 G の要素の個数を**位数**とよび，$|G|$ で表す．

群 G の構造は**乗積表**の形に書くとわかりやすい．これは

	$\cdots$	h	$\cdots$
$\vdots$			
g		gh	
$\vdots$			

*4　詳しくは，文献 [54, 55] などを参照されたい．

のような表で，行番号と列番号がそれぞれ G の要素に対応し，g に対応する行，h に対応する列に積 gh の値を書き込んだものである．

群 G のいくつかの要素 $g_1,\ldots,g_k$ をうまく選ぶと，G の任意の要素が $g_1,\ldots,g_k$ とその逆元 $g_1^{-1},\ldots,g_k^{-1}$ の積の形で書けることがある．このとき，$g_1,\ldots,g_k$ は G を**生成**する，あるいは，$g_1,\ldots,g_k$ は G の**生成元**であるといい，

$$G = \langle g_1,\ldots,g_k \rangle$$

と表す．

例 7.1　二つの要素から成る群 G を考える．G の一方の要素は単位元 e である．もう一つの要素を s とすると，$s\cdot s$ は G の要素であるが，もしこれが s に等しいとすると，$s\cdot s=s$ の右から s の逆元を掛けて $s=e$ が導かれて，矛盾を生じる．したがって，$s\cdot s=e$ であり，乗積表は

	e	s
e	e	s
s	s	e

となる．

要素 s は平面における鏡映操作を表していると解釈することができる．単位元 e は何もしないという操作を表し，$s\cdot s=e$ という関係は，鏡映操作を 2 回行うことは何もしないことと同じであることを表している．このように解釈するとき，上の乗積表をもつ群を D_1 と表すことが多い (下の例 7.3 参照)．図 7.4a に示した図形は，この群 D_1 の対称性をもつ．

要素 s に対する別の解釈も可能である．平面上で原点を中心とする 180 度の回転操作を s に対応させると，$s\cdot s=e$ という関係が成り立つ．このように解釈するとき，上の乗積表をもつ群を C_2 と表すことが多い (下の例 7.2 参照)．

上では s に対して鏡映と回転という異なる幾何学的解釈が可能であることを述べたが，これとは別の種類の解釈として，s が二つの要素の置換を表すという解釈も可能である．

このように，乗積表によって抽象的な意味での群が定義されるが，具体的な操作としての解釈はいろいろありうる．応用の場面においては，群が抽象的に与えられることは稀であり，具体的な操作の集まりとして定義される集合について，群としての構造をしらべて利用することになる．　$\triangleleft$

例 7.2 n を自然数とし，平面上で原点を中心とする $360/n$ 度 ($2\pi/n$ ラジアン) の回転操作を r と表すと，この操作 r を引き続き k 回行う操作 r^k は $2\pi k/n$ ラジアンの回転を表す．とくに，何もしないという操作を $e = r^0$ で表すと，$r^n = e$ が成り立つ．この回転操作の集合は演算 $r^i \cdot r^j = r^{i+j}$ によって群を成し，

$$\mathrm{C}_n = \langle r \rangle = \{e, r, r^2, \ldots, r^{n-1}\} \tag{7.9}$$

と表される．この群 C_n を n 次の**巡回群**とよぶ．たとえば，C_3 の乗積表は

	e	r	r^2
e	e	r	r^2
r	r	r^2	e
r^2	r^2	e	r

(7.10)

であり，図 7.4b に示した図形は C_3 の対称性をもつ． ◁

例 7.3 例 7.2 と同様に，n を自然数とし，平面上で原点を中心とする $360/n$ 度 ($2\pi/n$ ラジアン) の回転操作を r と表し，何もしないという操作を e で表す．さらに，原点を通る直線に関する鏡映操作を s と表すと，回転 r と鏡映 s の間には

$$s \cdot r \cdot s \cdot r = e \tag{7.11}$$

の関係がある (左辺は，最初に回転 r を施し，次に鏡映 s，その次に回転 r，最後に鏡映 s を施す操作を表す)．また，すでに述べたように

$$r^i \cdot r^j = r^{i+j}, \qquad r^n = s \cdot s = e \tag{7.12}$$

が成り立つ．これらの規則 (関係式) によって

$$\mathrm{D}_n = \langle r, s \rangle = \{e, r, \ldots, r^{n-1}, s, sr, \ldots, sr^{n-1}\} \tag{7.13}$$

は群を成す．この群 D_n を n 次の**二面体群**とよぶ．たとえば，D_3 の乗積表は

	e	r	r^2	s	sr	sr^2
e	e	r	r^2	s	sr	sr^2
r	r	r^2	e	sr^2	s	sr
r^2	r^2	e	r	sr	sr^2	s
s	s	sr	sr^2	e	r	r^2
sr	sr	sr^2	s	r^2	e	r
sr^2	sr^2	s	sr	r	r^2	e

(7.14)

である．上の乗積表の左上の部分は式 (7.10) に示した C_3 の乗積表に一致している．図 7.4c に示した図形は D_4 の対称性をもつ．また，図 7.3 のトラステントは D_3 の対称性をもつ．ただし，z 軸を回転軸とする 120 度の回転を r，xz 平面に関する鏡映を s とする．◁

例 7.4 自然数 $n \geqq 1$ に対して，$\{1, 2, \ldots, n\}$ の置換の全体は，置換の合成を積として群を成す．これを n 次**対称群**とよび，S_n と表すことが多い．S_n の位数は $n!$ に等しい．◁

7.2.2 群の表現

群 G の各要素 g に対して正則行列 $T(g)$ が定められていて，条件

$$T(gh) = T(g)T(h) \qquad (g, h \in G) \tag{7.15}$$

が成り立つとき，対応 $T: g \mapsto T(g)$ を群 G の**表現**とよぶ．行列 $T(g)$ のサイズは $g \in G$ に依らずに一定であるが，この共通のサイズ N を表現 T の**次数**あるいは**次元**とよび，T を N 次表現という[*5]．群 G の N 次表現とは，要するに，条件 (7.15) を満たす N 次正則行列 $T(g)$ の集まり $(T(g) \mid g \in G)$ のことである．それぞれの行列 $T(g)$ を**表現行列**という．

式 (7.15) において $h = e$(単位元) とおくと $T(g) = T(g)T(e)$ となるが，$T(g)$ は正則だから，

$$T(e) = I \quad (\text{単位行列}) \tag{7.16}$$

が導かれる．また，式 (7.15) において $h = g^{-1}$(逆元) とおくと $T(e) = T(g)T(g^{-1})$ となるが，$T(e) = I$ だから，

$$T(g^{-1}) = T(g)^{-1} \qquad (g \in G) \tag{7.17}$$

が導かれる．

群 G が $g_1, \ldots, g_k \in G$ によって生成される場合には，生成元に対する T の値 $T(g_1), \ldots, T(g_k)$ から，式 (7.15) によってすべての $T(g)$ $(g \in G)$ が決定される．

---

*5　数学的な用語を使えば，群 G の表現とは，G から $GL(N)$ への**準同型**のことであると述べることができる．ここで，$GL(N)$ は，N 次正則行列の全体を表している．

たとえば，G の要素 g が $g = g_2^{-1} g_1^3$ と表示されるとき $T(g) = T(g_2)^{-1} T(g_1)^3$ であり，このようにして計算される $T(g)$ の値が生成元による表示の仕方に依らずに確定することが条件 (7.15) によって保証される．

群の表現を議論する際には，表現行列 $T(g)$ の要素をどのような範囲で考えるかを明確にすることが重要である．一般には，**体**(たい)(加減乗除の定義された集合)F を固定して，行列の要素はすべて F に属すると仮定して議論する．理論の一部には体 F に応じて異なるところもあるが，本書では $F = \mathbb{R}$(実数体) あるいは $F = \mathbb{C}$(複素数体) であるとして理論の基本的な部分を説明する．

各 $g \in G$ に対して表現行列 $T(g)$ がユニタリ行列であるとき，すなわち

$$T(g)^* T(g) = I \qquad (g \in G) \tag{7.18}$$

が成り立つとき，T を**ユニタリ表現**とよぶ (記号 * は行列の共役転置を表す)．後に 7.3.1 項の命題 7.1 で説明するが，T がユニタリ表現としても一般性を失うことはない．$F = \mathbb{R}$ の場合，条件 (7.18) は

$$T(g)^\top T(g) = I \qquad (g \in G) \tag{7.19}$$

となる．このときは，T を**直交表現**とよぶことが多い．

例 7.5 G を任意の群とするとき，すべての $g \in G$ に対して $T(g) = 1$ と定義すると，1 次の表現が得られる．これを**単位表現**とよぶ．単位表現は任意の群に対して同じであるからそれ自体は群の構造を反映したものではないが，後に述べる既約分解などにおいて重要である． ◁

例 7.6 例 7.1 に示した群 $\mathrm{D}_1 = \{e, s\}$ に対して，

$$T(e) = 1, \qquad T(s) = -1$$

と定義すると，1 次の表現が得られる．条件 (7.15) が満たされることは

$$\begin{aligned}
T(e)T(e) &= 1 \times 1 = 1 = T(e), \\
T(e)T(s) &= 1 \times (-1) = -1 = T(es), \\
T(s)T(e) &= (-1) \times 1 = -1 = T(se), \\
T(s)T(s) &= (-1) \times (-1) = 1 = T(ss)
\end{aligned}$$

のように確かめられる． ◁

例 7.7　例 7.3 に示した群 $\mathrm{D}_3 = \{e, r, r^2, s, sr, sr^2\}$ に対して

$$T(e) = \begin{bmatrix} 1 & 0 \\ 0 & 1 \end{bmatrix}, \quad T(r) = \begin{bmatrix} \alpha & -\beta \\ \beta & \alpha \end{bmatrix}, \quad T(r^2) = \begin{bmatrix} \alpha & \beta \\ -\beta & \alpha \end{bmatrix},$$

$$T(s) = \begin{bmatrix} 1 & 0 \\ 0 & -1 \end{bmatrix}, \quad T(sr) = \begin{bmatrix} \alpha & -\beta \\ -\beta & -\alpha \end{bmatrix}, \quad T(sr^2) = \begin{bmatrix} \alpha & \beta \\ \beta & -\alpha \end{bmatrix}$$

と定義すると，2 次の表現が得られる．ただし，$\alpha = \cos(2\pi/3)$, $\beta = \sin(2\pi/3)$ である．この T が条件 (7.15) を満たすことは容易に確かめられる．群 D_3 は二つの要素 r, s で生成されるので，$T(r)$ と $T(s)$ によってすべての $T(g)$ $(g \in \mathrm{D}_3)$ が決まる．たとえば，$T(sr^2) = T(s)T(r)^2$ などである．　◁

例 7.8　群 G の各要素 g に対応して，集合 $P = \{1, 2, \ldots, N\}$ 上の置換 $\pi(g)$ が引き起こされ，

$$\pi(gh) = \pi(g)\pi(h) \qquad (g, h \in G) \tag{7.20}$$

が成り立つとしよう．ただし，上式の右辺は，置換 $\pi(h)$ を施してから置換 $\pi(g)$ を施すことによって生じる置換を表すものとする．各 $g \in G$ に対して，置換 $\pi(g)$ を表す N 次の**置換行列**を $T(g)$ とする．すなわち，$T(g)$ は

$$T(g) \text{ の } (i,j) \text{ 要素} = \begin{cases} 1 & (\pi(g) \text{ が } j \text{ を } i \text{ に移すとき}) \\ 0 & (\text{それ以外のとき}) \end{cases}$$

であるような N 次行列である．このように定義される T は条件 (7.15) を満たし，G の表現を与える．これを**置換表現**という．たとえば，図 7.3 のトラステントの例では，$G = \mathrm{D}_3$ であり，z 軸を回転軸とする 120 度の回転 r や xz 平面に関する鏡映 s によって節点番号の集合 $P = \{1, 2, 3\}$ 上に置換が引き起こされる．対応する置換表現は

$$T(e) = \begin{bmatrix} 1 & 0 & 0 \\ 0 & 1 & 0 \\ 0 & 0 & 1 \end{bmatrix}, \quad T(r) = \begin{bmatrix} 0 & 0 & 1 \\ 1 & 0 & 0 \\ 0 & 1 & 0 \end{bmatrix}, \quad T(r^2) = \begin{bmatrix} 0 & 1 & 0 \\ 0 & 0 & 1 \\ 1 & 0 & 0 \end{bmatrix},$$

$$T(s) = \begin{bmatrix} 1 & 0 & 0 \\ 0 & 0 & 1 \\ 0 & 1 & 0 \end{bmatrix}, \quad T(sr) = \begin{bmatrix} 0 & 0 & 1 \\ 0 & 1 & 0 \\ 1 & 0 & 0 \end{bmatrix}, \quad T(sr^2) = \begin{bmatrix} 0 & 1 & 0 \\ 1 & 0 & 0 \\ 0 & 0 & 1 \end{bmatrix}$$

となる．これは D_3 の 3 次の表現である．　◁

例 7.9 群 G の要素を任意の順番に列挙して $g_1, g_2, \ldots, g_N$ とする ($N = |G|$ である)．各 $g \in G$ を $g_1, g_2, \ldots, g_N$ に左から掛けると，$g_1, g_2, \ldots, g_N$ の置換が引き起こされる．すなわち，各 $g \in G$ に対して $P = \{1, 2, \ldots, N\}$ 上の置換 $\pi(g)$ が定まり，$gg_j = g_{\pi(g)j}$ $(j = 1, 2, \ldots, N)$ となる．この π によって例 7.8 のように定義される置換表現 T を G の**正則表現**とよぶ．

例として，D_3 の正則表現 T を考える．D_3 の要素を

$$g_1 = e, \quad g_2 = r, \quad g_3 = r^2, \quad g_4 = s, \quad g_5 = sr, \quad g_6 = sr^2$$

のように列挙すると，乗積表 (7.14) より

$$rg_1 = g_2, \quad rg_2 = g_3, \quad rg_3 = g_1, \quad rg_4 = g_6, \quad rg_5 = g_4, \quad rg_6 = g_5;$$
$$sg_1 = g_4, \quad sg_2 = g_5, \quad sg_3 = g_6, \quad sg_4 = g_1, \quad sg_5 = g_2, \quad sg_6 = g_3$$

が成り立つ．したがって

$$T(r) = \begin{bmatrix} 0 & 0 & 1 & 0 & 0 & 0 \\ 1 & 0 & 0 & 0 & 0 & 0 \\ 0 & 1 & 0 & 0 & 0 & 0 \\ 0 & 0 & 0 & 0 & 1 & 0 \\ 0 & 0 & 0 & 0 & 0 & 1 \\ 0 & 0 & 0 & 1 & 0 & 0 \end{bmatrix}, \qquad T(s) = \begin{bmatrix} 0 & 0 & 0 & 1 & 0 & 0 \\ 0 & 0 & 0 & 0 & 1 & 0 \\ 0 & 0 & 0 & 0 & 0 & 1 \\ 1 & 0 & 0 & 0 & 0 & 0 \\ 0 & 1 & 0 & 0 & 0 & 0 \\ 0 & 0 & 1 & 0 & 0 & 0 \end{bmatrix}$$

となる．D_3 は r と s で生成されるので，$T(r)$ と $T(s)$ によってすべての $g \in \mathrm{D}_3$ に対する $T(g)$ が定まる．たとえば $T(sr^2) = T(s)T(r)^2$ などとなる．

正則表現は，理論展開の道具として重要であり，本書では，7.5 節の命題 7.10 の証明や例 7.29 における証明で用いられる． ◁

7.2.3 システムの対称性

システムが群対称性をもつことを方程式の性質として定式化する方法を説明する．あるシステムが方程式

$$\boldsymbol{F}(\boldsymbol{u}) = \boldsymbol{0} \tag{7.21}$$

によって記述されるとする．ここで，$\boldsymbol{u} \in \mathbb{R}^N$ はシステムの状態を表す N 次元ベクトルであり，$\boldsymbol{F} : \mathbb{R}^N \to \mathbb{R}^N$ は (適当に滑らかな) 関数である．たとえば，7.1.2

項で扱ったトラステント (図 7.3) の場合には，$\boldsymbol{u} = (x, y, z)^\top$ で

$$\boldsymbol{F}(\boldsymbol{u}) = \begin{bmatrix} F_1 \\ F_2 \\ F_3 \end{bmatrix} = \sum_{i=1}^{3} EA\left(\frac{1}{L} - \frac{1}{\hat{L}_i}\right) \begin{bmatrix} x - x_i \\ y - y_i \\ z - z_i \end{bmatrix} - \begin{bmatrix} 0 \\ 0 \\ f \end{bmatrix} \tag{7.22}$$

である [式 (7.2) 参照].

方程式 (7.21) で記述されるシステムが群 G の対称性をもつことは，関数 $\boldsymbol{F}(\boldsymbol{u})$ の性質として

$$T(g)\boldsymbol{F}(\boldsymbol{u}) = \boldsymbol{F}(T(g)\boldsymbol{u}) \qquad (g \in G) \tag{7.23}$$

と記述される．ここで $T(g)$ は群 G の N 次表現である[*6]．式 (7.23) の性質を，関数 $\boldsymbol{F}(\boldsymbol{u})$ の群 G に関する**同変性**あるいは**共変性**という．群 G が $g_1, \ldots, g_k \in G$ によって生成される場合には，生成元 $g_1, \ldots, g_k$ に対して条件 (7.23) が成り立てば，任意の $g \in G$ に対して条件 (7.23) が成り立つ[*7].

トラステントの場合には

$$G = \mathrm{D}_3 = \langle r, s \rangle = \{e, r, r^2, s, sr, sr^2\}$$

であり，r は z 軸を回転軸とする 120 度の回転，s は xz 平面に関する鏡映を表すので

$$T(r) = \begin{bmatrix} \cos(2\pi/3) & -\sin(2\pi/3) & 0 \\ \sin(2\pi/3) & \cos(2\pi/3) & 0 \\ 0 & 0 & 1 \end{bmatrix}, \qquad T(s) = \begin{bmatrix} 1 & 0 & 0 \\ 0 & -1 & 0 \\ 0 & 0 & 1 \end{bmatrix} \tag{7.24}$$

となる．式 (7.22) の $\boldsymbol{F}(\boldsymbol{u})$ に対して

$$T(r)\boldsymbol{F}(\boldsymbol{u}) = \boldsymbol{F}(T(r)\boldsymbol{u}), \qquad T(s)\boldsymbol{F}(\boldsymbol{u}) = \boldsymbol{F}(T(s)\boldsymbol{u})$$

が成り立つ [このとき，節点の座標値 (7.1) を使う].

方程式 $\boldsymbol{F}(\boldsymbol{u})$ の **Jacobi** (ヤコビ) 行列は,

---

*6　ここでは T は実数上の表現と了解されたい．複素数の場合 ($\boldsymbol{u} \in \mathbb{C}^N$, $\boldsymbol{F} : \mathbb{C}^N \to \mathbb{C}^N$) でも，$T$ を複素数上の表現として，同様に議論できる．

*7　条件 (7.23) が $g, h \in G$ に対して成り立つとすると，条件 (7.15) より $T(gh)\boldsymbol{F}(\boldsymbol{u}) = T(g)T(h)\boldsymbol{F}(\boldsymbol{u}) = T(g)\boldsymbol{F}(T(h)\boldsymbol{u}) = \boldsymbol{F}(T(g)T(h)\boldsymbol{u}) = \boldsymbol{F}(T(gh)\boldsymbol{u})$ となるからである．

$$J(\boldsymbol{u}) = \left(\frac{\partial F_i}{\partial u_j} \,\middle|\, i, j = 1, \ldots, N \right) = \begin{bmatrix} \dfrac{\partial F_1}{\partial u_1} & \cdots & \dfrac{\partial F_1}{\partial u_N} \\ \vdots & & \vdots \\ \dfrac{\partial F_N}{\partial u_1} & \cdots & \dfrac{\partial F_N}{\partial u_N} \end{bmatrix} \tag{7.25}$$

で定義される $N \times N$ 型行列である．方程式の対称性 (同変性) を表す式 (7.23) を $\boldsymbol{u}$ で微分すると，Jacobi 行列の対称性 (同変性) を表す式

$$T(g)J(\boldsymbol{u}) = J(T(g)\boldsymbol{u})T(g) \qquad (g \in G) \tag{7.26}$$

が導かれる．とくに，システムの状態 $\boldsymbol{u}$ が G の対称性をもっていて

$$T(g)\boldsymbol{u} = \boldsymbol{u} \qquad (g \in G) \tag{7.27}$$

となっている場合には

$$T(g)J(\boldsymbol{u}) = J(\boldsymbol{u})T(g) \qquad (g \in G) \tag{7.28}$$

が成り立つ．この式は，Jacobi 行列 $J(\boldsymbol{u})$ と表現行列 $T(g)$ が交換可能であることを示している．このように，線形化されたシステム (あるいは線形システム) の対称性は，Jacobi 行列 $J(\boldsymbol{u})$ と表現行列 $T(g)$ の**可換性**という形で表現される．

トラステントの場合には，線形化システムを考えることは微小変形を考えることに対応し，$\boldsymbol{u} = \boldsymbol{0}$ における Jacobi 行列 $J(\boldsymbol{u})$ は式 (7.4), (7.5) の剛性行列 K である．可換性 (7.28) を生成元 r, s について書くと，式 (7.24) の表現行列 $T(r)$, $T(s)$ を用いて

$$T(r)K = KT(r), \qquad T(s)K = KT(s) \tag{7.29}$$

となる．この $T(r)$, $T(s)$ は式 (7.6) の R, S と同じ行列であるから，式 (7.29) と式 (7.7) は同じことを表現している．

ポテンシャル系の対称性を考察しておこう[*8]．念のために確認しておくと，方程式 (7.21) における関数 $\boldsymbol{F} : \mathbb{R}^N \to \mathbb{R}^N$ が，あるスカラー関数 $U : \mathbb{R}^N \to \mathbb{R}$ によって

$$\boldsymbol{F} = \left(\frac{\partial U}{\partial u_1}, \ldots, \frac{\partial U}{\partial u_N} \right)^\top \tag{7.30}$$

*8　この章のトラス構造の例はポテンシャル系である．

と与えられるとき，**ポテンシャル系**という．このとき，関数 $U(\boldsymbol{u})$ を**ポテンシャル関数**とよぶ．ポテンシャル系が群 G の対称性をもつことは，ポテンシャル関数が G に対する**不変性**

$$U(\boldsymbol{u}) = U(T(g)\boldsymbol{u}) \qquad (g \in G) \tag{7.31}$$

をもつこととして定式化される．この式を微分して式 (7.30) を用いると，

$$\boldsymbol{F}(\boldsymbol{u}) = T(g)^\top \boldsymbol{F}(T(g)\boldsymbol{u}) \qquad (g \in G)$$

が得られる．ここで，T が直交表現の場合には $T(g)^\top = T(g)^{-1}$ であるから，この式は

$$\boldsymbol{F}(\boldsymbol{u}) = T(g)^{-1} \boldsymbol{F}(T(g)\boldsymbol{u}) \qquad (g \in G)$$

となり，関数 $\boldsymbol{F}(\boldsymbol{u})$ の同変性 (7.23) と等価である．

例 7.10　ポテンシャル関数の不変性に着目して方程式の同変性を導出する仕方を，図 7.5 に示した D_3 対称トラスを例として説明する．このトラスは三つの固定節点 (図の ● 印) と四つの自由節点 $0, 1, 2, 3$ (図の ○ 印) をもつ．部材の太さと強度はすべて等しいとし，荷重は D_3 対称性を保つ形で (たとえば節点 0 に鉛直下向きに) かかっているとする．節点 $i = 0, 1, 2, 3$ の変形後の位置を (x_i, y_i, z_i) として

$$\boldsymbol{u}_0 = (x_0, y_0, z_0)^\top, \quad \boldsymbol{u}_1 = (x_1, y_1, z_1)^\top, \quad \boldsymbol{u}_2 = (x_2, y_2, z_2)^\top, \quad \boldsymbol{u}_3 = (x_3, y_3, z_3)^\top$$

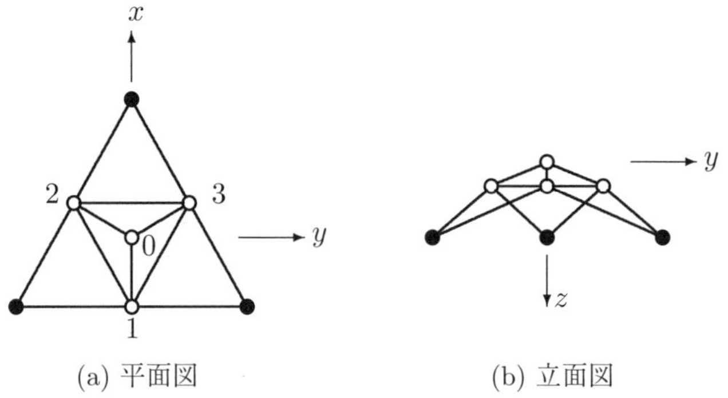

図 7.5　正三角形の対称性をもつトラス構造

と定義する．

このトラス構造は，z 軸を回転軸とする 120 度の回転 r，および，xz 平面に関する鏡映 s に関する対称性をもっている．このことをポテンシャル関数 $U(\boldsymbol{u}_0, \boldsymbol{u}_1, \boldsymbol{u}_2, \boldsymbol{u}_3)$ の性質として表現しよう[*9]．

回転 r に関するポテンシャル関数の不変性は

$$U(\boldsymbol{u}_0, \boldsymbol{u}_1, \boldsymbol{u}_2, \boldsymbol{u}_3) = U(R\boldsymbol{u}_0, R\boldsymbol{u}_3, R\boldsymbol{u}_1, R\boldsymbol{u}_2) \tag{7.32}$$

と表現される．ただし

$$R = \begin{bmatrix} \cos(2\pi/3) & -\sin(2\pi/3) & 0 \\ \sin(2\pi/3) & \cos(2\pi/3) & 0 \\ 0 & 0 & 1 \end{bmatrix}$$

である．節点 0 については，(x, y) 座標の回転が起こり，z 座標は変わらないので，$U(\boldsymbol{u}_0, \cdots)$ が $U(R\boldsymbol{u}_0, \cdots)$ となっている．節点 1, 2, 3 については，節点の番号が入れ替わると同時に (x, y) 座標の回転が起こるので，$U(\cdot, \boldsymbol{u}_1, \boldsymbol{u}_2, \boldsymbol{u}_3)$ が $U(\cdot, R\boldsymbol{u}_3, R\boldsymbol{u}_1, R\boldsymbol{u}_2)$ となっている．

鏡映 s に関するポテンシャル関数の不変性は

$$U(\boldsymbol{u}_0, \boldsymbol{u}_1, \boldsymbol{u}_2, \boldsymbol{u}_3) = U(S\boldsymbol{u}_0, S\boldsymbol{u}_1, S\boldsymbol{u}_3, S\boldsymbol{u}_2) \tag{7.33}$$

と表現される．ただし

$$S = \begin{bmatrix} 1 & 0 & 0 \\ 0 & -1 & 0 \\ 0 & 0 & 1 \end{bmatrix}$$

である．節点 0, 1 については，y 座標の反転 $y \mapsto -y$ が起こり，x, z 座標は変わらないので，$U(\boldsymbol{u}_0, \boldsymbol{u}_1, \cdots)$ が $U(S\boldsymbol{u}_0, S\boldsymbol{u}_1, \cdots)$ となっている．節点 2, 3 については，節点の番号が入れ替わると同時に y 座標の反転が起こるので，$U(\cdots, \boldsymbol{u}_2, \boldsymbol{u}_3)$ が $U(\cdots, S\boldsymbol{u}_3, S\boldsymbol{u}_2)$ となっている．

変位を表すベクトル $\boldsymbol{u}_0, \boldsymbol{u}_1, \boldsymbol{u}_2, \boldsymbol{u}_3$ を縦に並べた 12 次元ベクトルを $\boldsymbol{u}$ とし，

---

*9 $\boldsymbol{u}_0, \boldsymbol{u}_1, \boldsymbol{u}_2, \boldsymbol{u}_3$ を縦に並べた 12 次元ベクトルを $\boldsymbol{u}$ とすれば，$U(\boldsymbol{u}_0, \boldsymbol{u}_1, \boldsymbol{u}_2, \boldsymbol{u}_3)$ は $U(\boldsymbol{u})$ の形である．

$$T(r) = \left[\begin{array}{c|c|c|c} R & & & \\ \hline & & & R \\ \hline & R & & \\ \hline & & R & \end{array}\right], \qquad T(s) = \left[\begin{array}{c|c|c|c} S & & & \\ \hline & S & & \\ \hline & & & S \\ \hline & & S & \end{array}\right] \tag{7.34}$$

を定義すると，式 (7.32), (7.33) は

$$U(\boldsymbol{u}) = U(T(r)\boldsymbol{u}), \qquad U(\boldsymbol{u}) = U(T(s)\boldsymbol{u}) \tag{7.35}$$

と書き直せる．群 D_3 は r と s で生成されるので，式 (7.34) によって 12 次の表現 T が定義され，式 (7.35) がポテンシャル関数 $U(\boldsymbol{u})$ の D_3 不変性

$$U(\boldsymbol{u}) = U(T(g)\boldsymbol{u}) \qquad (g \in \mathrm{D}_3)$$

と等価な条件を与える．　◁

注意 7.2　システムの対称性を表現する同変性の式 (7.23) においては，$\boldsymbol{u}$ への作用と $\boldsymbol{F}$ の値への作用が同じ表現行列 T で記述されている．このことについて説明を加えよう．$\boldsymbol{u}$ の空間と $\boldsymbol{F}$ の値の空間は別の空間であるから，それぞれの空間における表現 T_1, T_2 を用いて

$$T_2(g)\boldsymbol{F}(\boldsymbol{u}) = \boldsymbol{F}(T_1(g)\boldsymbol{u}) \qquad (g \in G) \tag{7.36}$$

の形を仮定するのが，まずは自然であろう．式 (7.36) を $\boldsymbol{u}$ で微分すると，

$$T_2(g)J(\boldsymbol{u}) = J(T_1(g)\boldsymbol{u})T_1(g) \qquad (g \in G) \tag{7.37}$$

が導かれ，対称性

$$T_1(g)\boldsymbol{u} = \boldsymbol{u} \qquad (g \in G) \tag{7.38}$$

をもつ状態 $\boldsymbol{u}$ においては

$$T_2(g)J(\boldsymbol{u}) = J(\boldsymbol{u})T_1(g) \qquad (g \in G) \tag{7.39}$$

が成り立つ．通常の工学システムにおいては，対称性 (7.38) をもつある状態 $\boldsymbol{u} = \boldsymbol{u}_0$ において Jacobi 行列 $J(\boldsymbol{u})$ が正則となっている (例 7.10 では，変形前の状態が $\boldsymbol{u}_0$ にあたる)．$Q = J(\boldsymbol{u}_0)$ とすると，式 (7.39) より

$$T_2(g) = QT_1(g)Q^{-1} \qquad (g \in G)$$

となり，式 (7.36) より

$$T_1(g)Q^{-1}\boldsymbol{F}(\boldsymbol{u}) = Q^{-1}\boldsymbol{F}(T_1(g)\boldsymbol{u}) \qquad (g \in G)$$

が得られる．この式は，$\hat{\boldsymbol{F}}(\boldsymbol{u}) = Q^{-1}\boldsymbol{F}(\boldsymbol{u})$ に対して式 (7.23) の形の同変性が成り立つことを示している．したがって，数学的な議論を展開する上では，式 (7.23) の形を出発点とすることができる． ◁

7.3 群表現の性質

7.3.1 同　値　性

a. 定　　義

群 G の二つの表現 T_1, T_2 に対して，条件

$$T_1(g) = Q^{-1}T_2(g)Q \qquad (g \in G) \tag{7.40}$$

を満たす正則行列 Q が存在するとき，T_1 と T_2 は**同値**であるという[*10]．ここで，正則行列 Q が $g \in G$ に依らないことが重要である．二つの表現が同値でないとき，**異値**であるという．

同値性の定義 (7.40) は，$T(g)$ の作用する空間の変数変換 (基底変換) を反映している．式 (7.40) の意味は線形写像とその行列表現の一般論からも理解できるが，次のように考えると納得しやすい．システムのある状態の対称性はその状態を記述するベクトル $\boldsymbol{u}$ の性質として

$$T(g)\boldsymbol{u} = \boldsymbol{u} \qquad (g \in G)$$

の形に表される (式 (7.27) 参照) が，変数を $\tilde{\boldsymbol{u}} = Q^{-1}\boldsymbol{u}$ に変換するとき，対称性の表現式は

$$(Q^{-1}T(g)Q)\tilde{\boldsymbol{u}} = \tilde{\boldsymbol{u}} \qquad (g \in G)$$

となる．この式に現れる表現行列 $Q^{-1}T(g)Q$ は，式 (7.40) の意味で $T(g)$ と同値である．

---

*10 本節でも $F = \mathbb{R}$ あるいは $F = \mathbb{C}$ 上の表現を考える．式 (7.40) の Q は F 上の行列である．式 (7.40) で定義される同値性は，注意 1.3(1.1.2 項) に述べた意味の同値関係 (反射律，対称律，推移律を満たす 2 項関係) である．

同値な表現は「本質的に同じもの」と見なせるので，与えられた表現と同値な表現の中で (何らかの意味で) 性質のよいものを選ぶのが便利である．

b. ユニタリ性

下の命題 7.1 により，話をユニタリ表現に限ることができる．

命題 7.1 任意の表現はユニタリ表現に同値である．

(証明) T を群 G の任意の表現とする．行列

$$S = \sum_{h \in G} T(h)^* T(h)$$

を考えると，任意の $g \in G$ に対して

$$\begin{aligned} T(g)^* S T(g) &= T(g)^* \left(\sum_{h \in G} T(h)^* T(h) \right) T(g) \\ &= \sum_{h \in G} (T(h)T(g))^* (T(h)T(g)) \\ &= \sum_{h \in G} T(hg)^* T(hg) = \sum_{k \in G} T(k)^* T(k) = S \end{aligned}$$

が成り立つ．上の式変形において，h が G の全体を動くとき，$k = hg$ も G の全体を動くことを使っている．行列 S は正定値 Hermite 行列だから，$QQ^* = S^{-1}$ を満たす正則行列 Q が存在する．この Q を用いて $\hat{T}(g) = Q^{-1} T(g) Q$ と定義すると，$\hat{T}$ は T と同値な表現であり，さらに，

$$\hat{T}(g)^* \hat{T}(g) = Q^* T(g)^* (QQ^*)^{-1} T(g) Q = Q^* T(g)^* S T(g) Q = Q^* S Q = I$$

が成り立つので，$\hat{T}$ はユニタリ表現である．■

なお，ユニタリ表現の間の同値性を考える際には，式 (7.40) における変換行列 Q をユニタリ行列に限ってよい (7.3.3 項の注意 7.6 も参照)．

命題 7.2 同値なユニタリ表現 T_1, T_2 に対して，式 (7.40) を満たすユニタリ行列 Q が存在する．

(証明) まず，任意の正則行列 A は，ユニタリ行列 U と正定値 Hermite 行列 R を用いて $A = UR$ と一意的に分解されるという事実（行列の極分解）を思い出そう．T_1 と T_2 が同値だから，式 (7.40) を満たす正則行列 Q が存在する．この Q を $Q = UR$ と極分解すると，$Q^*Q = R^*R = R^2$ と $T_1(g)T_1(g)^* = T_2(g)^*T_2(g) = I$ より

$$(T_1(g)^* RT_1(g))^2 = T_1(g)^*Q^*QT_1(g) = Q^*T_2(g)^*T_2(g)Q = Q^*Q = R^2$$

が成り立つ．一般に，行列 X, Y が正定値 Hermite 行列で $X^2 = Y^2$ を満たすならば $X = Y$ なので，上式から $T_1(g)^*RT_1(g) = R$ が導かれ，

$$T_2(g) = QT_1(g)Q^{-1} = URT_1(g)R^{-1}U^{-1} = UT_1(g)U^{-1}$$

となる． ■

c. 直和分解

群 G の二つの表現 T_1, T_2 に対して，

$$T_1(g) \oplus T_2(g) = \begin{bmatrix} T_1(g) & O \\ O & T_2(g) \end{bmatrix} \qquad (g \in G)$$

で定義される表現を T_1 と T_2 の**直和**とよび，$T_1 \oplus T_2$ と表す[*11]．

例 7.11 トラステントの D_3 対称性を表すために用いた表現行列 (7.24) は

$$T(r) = \left[\begin{array}{cc|c} \cos(2\pi/3) & -\sin(2\pi/3) & 0 \\ \sin(2\pi/3) & \cos(2\pi/3) & 0 \\ \hline 0 & 0 & 1 \end{array}\right], \qquad T(s) = \left[\begin{array}{cc|c} 1 & 0 & 0 \\ 0 & -1 & 0 \\ \hline 0 & 0 & 1 \end{array}\right]$$

のように分割される．したがって，この T は，2 次表現 (例 7.7 に示したもの) と単位表現の直和である． ◁

上の例 7.11 では，与えられた表現 T そのものが二つの表現の直和に分解されているが，次に，与えられた表現と同値な表現の中で直和の形になるものがある

*11 念のため，より正確な言い方をしておこう．各 $g \in G$ に (行列としての) 直和 $T_1(g) \oplus T_2(g)$ を対応させると，これが G の表現になる．この表現を $T_1 \oplus T_2$ と表し，(表現としての) 直和とよぶ．この定義より $(T_1 \oplus T_2)(g) = T_1(g) \oplus T_2(g)$ がすべての $g \in G$ に対して成り立つ．

かどうかを考える．すなわち，正則行列 Q を用いて

$$Q^{-1}T(g)Q = \begin{bmatrix} T_1(g) & O \\ O & T_2(g) \end{bmatrix} \qquad (g \in G) \tag{7.41}$$

のように二つの表現 T_1, T_2 に分解できるかどうかを考える．

例 7.12 図 7.3 のトラステントに関連して，例 7.8 で D_3 の置換表現

$$T(e) = \begin{bmatrix} 1 & 0 & 0 \\ 0 & 1 & 0 \\ 0 & 0 & 1 \end{bmatrix}, \quad T(r) = \begin{bmatrix} 0 & 0 & 1 \\ 1 & 0 & 0 \\ 0 & 1 & 0 \end{bmatrix}, \quad T(r^2) = \begin{bmatrix} 0 & 1 & 0 \\ 0 & 0 & 1 \\ 1 & 0 & 0 \end{bmatrix},$$

$$T(s) = \begin{bmatrix} 1 & 0 & 0 \\ 0 & 0 & 1 \\ 0 & 1 & 0 \end{bmatrix}, \quad T(sr) = \begin{bmatrix} 0 & 0 & 1 \\ 0 & 1 & 0 \\ 1 & 0 & 0 \end{bmatrix}, \quad T(sr^2) = \begin{bmatrix} 0 & 1 & 0 \\ 1 & 0 & 0 \\ 0 & 0 & 1 \end{bmatrix}$$

を示した．この T を直交行列

$$Q = \begin{bmatrix} 1/\sqrt{3} & 2/\sqrt{6} & 0 \\ 1/\sqrt{3} & -1/\sqrt{6} & 1/\sqrt{2} \\ 1/\sqrt{3} & -1/\sqrt{6} & -1/\sqrt{2} \end{bmatrix}$$

を用いて $\tilde{T}(g) = Q^{-1}T(g)Q$ と変換すると，

$$\tilde{T}(e) = \left[\begin{array}{c|cc} 1 & 0 & 0 \\ \hline 0 & 1 & 0 \\ 0 & 0 & 1 \end{array}\right], \quad \tilde{T}(r) = \left[\begin{array}{c|cc} 1 & 0 & 0 \\ \hline 0 & \alpha & -\beta \\ 0 & \beta & \alpha \end{array}\right], \quad \tilde{T}(r^2) = \left[\begin{array}{c|cc} 1 & 0 & 0 \\ \hline 0 & \alpha & \beta \\ 0 & -\beta & \alpha \end{array}\right],$$

$$\tilde{T}(s) = \left[\begin{array}{c|cc} 1 & 0 & 0 \\ \hline 0 & 1 & 0 \\ 0 & 0 & -1 \end{array}\right], \quad \tilde{T}(sr) = \left[\begin{array}{c|cc} 1 & 0 & 0 \\ \hline 0 & \alpha & -\beta \\ 0 & -\beta & -\alpha \end{array}\right], \quad \tilde{T}(sr^2) = \left[\begin{array}{c|cc} 1 & 0 & 0 \\ \hline 0 & \alpha & \beta \\ 0 & \beta & -\alpha \end{array}\right]$$

と分解される [ただし $\alpha = \cos(2\pi/3)$, $\beta = \sin(2\pi/3)$]．表現 $\tilde{T}$ は，単位表現と例 7.7 に示した 2 次表現の直和になっている． ◁

一般には，式 (7.41) の形の変換によって直和に分解できるとは限らない．どのような正則行列 Q を選んでも $Q^{-1}T(g)Q$ $(g \in G)$ が直和に分解しないとき，表現 T は**既約**であるという．既約表現の性質 (および正確な定義) については，7.3.2 項で扱う．

既約でない表現は**可約**であるという．可約な場合には，式 (7.41) における T_1, T_2 がさらに分解できる可能性がある．これについては 7.3.3 項で扱う．

7.3.2 既約表現

a. 定義と例

T を群 G の N 次表現とすると，各 $g \in G$ に対して，$T(g)$ はベクトル空間 $V = F^N$ 上の線形変換を定める．このような見方をしたとき，V の部分ベクトル空間 W で，条件

$$\text{任意の } \boldsymbol{w} \in W \text{ と任意の } g \in G \text{ に対して } \ T(g)\boldsymbol{w} \in W \tag{7.42}$$

を満たすものを (G に関する) **不変部分空間**とよぶ．任意の表現 T に対して，零空間 $\{\mathbf{0}\}$ と全体空間 V は (自明な) 不変部分空間であるが，$\{\mathbf{0}\}$ と V 以外の不変部分空間をもたないような表現 T を**既約表現**という．既約性のこの定義は，7.3.1 項に述べた

$$\text{任意の正則行列 } Q \text{ に対して } Q^{-1}T(g)Q \ (g \in G) \text{ は直和分解しない}$$

という定義と等価であること [**Maschke** (マシュケ) **の定理**] が知られている．

注意 7.3 表現の既約性は，どの体 F の上で考えるかに依存する．例として，3 次の巡回群 $\mathrm{C}_3 = \{e, r, r^2\}$ (例 7.2 参照) の表現

$$T(e) = \begin{bmatrix} 1 & 0 \\ 0 & 1 \end{bmatrix}, \quad T(r) = \begin{bmatrix} \alpha & -\beta \\ \beta & \alpha \end{bmatrix}, \quad T(r^2) = \begin{bmatrix} \alpha & \beta \\ -\beta & \alpha \end{bmatrix}$$

を考える．ただし，$\alpha = \cos(2\pi/3)$, $\beta = \sin(2\pi/3)$ である．この表現 T は $\mathbb{R}$ 上の表現として既約である．すなわち，どのような実正則行列 Q を用いても，三つの行列 $Q^{-1}T(e)Q$, $Q^{-1}T(r)Q$, $Q^{-1}T(r^2)Q$ を同時に対角行列にすることはできない．しかし，複素ユニタリ行列

$$Q = \frac{1}{\sqrt{2}} \begin{bmatrix} 1 & 1 \\ -\mathrm{i} & \mathrm{i} \end{bmatrix} \tag{7.43}$$

を用いれば，$\omega = \alpha + \mathrm{i}\beta = \exp(2\pi\mathrm{i}/3)$, $\overline{\omega} = \alpha - \mathrm{i}\beta = \exp(-2\pi\mathrm{i}/3)$ として

$$Q^{-1}T(e)Q = \begin{bmatrix} 1 & 0 \\ 0 & 1 \end{bmatrix}, \ Q^{-1}T(r)Q = \begin{bmatrix} \omega & 0 \\ 0 & \overline{\omega} \end{bmatrix}, \ Q^{-1}T(r^2)Q = \begin{bmatrix} \omega^2 & 0 \\ 0 & \overline{\omega}^2 \end{bmatrix}$$

のように分解できる．したがって，T は $\mathbb{C}$ 上の表現としては既約でない．どの体の上で既約性を考えているかを明示する必要がある場合には，$\mathbb{R}$ 上で既約 ($\mathbb{R}$ 既約)，$\mathbb{C}$ 上で既約 ($\mathbb{C}$ 既約) などという言い方をする． ◁

群 G の F 上の既約表現は，同値なものを同一視すると有限個であることが知られている．既約表現の同値類の中から代表元を選んで列挙した集合を

$$(T^{\mu} \mid \mu \in R(G;F)) \tag{7.44}$$

と表す．ここで，μ は既約表現を区別する添字で，$R(G;F)$ は群 G の F 上の既約表現の (同値類の名前の) 全体である．命題 7.1 により，T^{μ} はすべてユニタリ表現であるとしてよいので，以下の議論ではこれを仮定する．既約表現 T^{μ} の次数を N^{μ} と表す．

複素数体 $\mathbb{C}$ 上の既約表現については，次のことが知られている．

- 既約表現の個数 $|R(G;\mathbb{C})|$ は共役類*12の個数に等しい (命題 7.10)．
- 既約表現の次数 N^{μ} の 2 乗和は位数 $|G|$ に等しい．すなわち，

$$\sum_{\mu \in R(G;\mathbb{C})} (N^{\mu})^2 = |G| \tag{7.45}$$

　が成り立つ (7.5 節の例 7.29 で証明を与える)．
- 既約表現の次数 N^{μ} は $|G|$ の約数である．

例 7.13　3 次巡回群 $\mathrm{C}_3 = \{e, r, r^2\}$ の既約表現を列挙しよう．実数体 $\mathbb{R}$ 上で考えると，1 次表現 (単位表現)

$$T^{(+)}(e) = 1, \qquad T^{(+)}(r) = 1, \qquad T^{(+)}(r^2) = 1 \tag{7.46}$$

と注意 7.3 で扱った 2 次表現

$$T^{(1)}(e) = \begin{bmatrix} 1 & 0 \\ 0 & 1 \end{bmatrix}, \quad T^{(1)}(r) = \begin{bmatrix} \alpha & -\beta \\ \beta & \alpha \end{bmatrix}, \quad T^{(1)}(r^2) = \begin{bmatrix} \alpha & \beta \\ -\beta & \alpha \end{bmatrix}$$

[ただし，$\alpha = \cos(2\pi/3)$, $\beta = \sin(2\pi/3)$] の二つが既約表現である．式 (7.44) の記号で

$$R(\mathrm{C}_3;\mathbb{R}) = \{(+), (1)\}$$

*12　共役類の定義は 7.5.2 項を参照されたい．

である．複素数体 $\mathbb{C}$ 上の既約表現はすべて 1 次表現で，式 (7.46) の単位表現 $\mu = (+)$ および

$$T^{(1+)}(e) = 1, \quad T^{(1+)}(r) = \omega, \qquad T^{(1+)}(r^2) = \omega^2;$$
$$T^{(1-)}(e) = 1, \quad T^{(1-)}(r) = \omega^{-1}, \quad T^{(1-)}(r^2) = \omega^{-2}$$

[ただし，$\omega = \exp(2\pi \mathrm{i}/3)$] で定義される $\mu = (1+), (1-)$ の三つである．すなわち，

$$R(\mathrm{C}_3; \mathbb{C}) = \{(+), (1+), (1-)\}$$

である．

一般の n に対する $\mathrm{C}_n = \{e, r, \ldots, r^{n-1}\} = \langle r \rangle$ の既約表現は，$\mathbb{R}$ 上では次のようになる (表現は生成元 r での値で決まることに注意)．

- n が奇数のとき：1 次表現が一つと 2 次表現が $(n-1)/2$ 個である．1 次表現は $T^{(+)}(r) = 1$(単位表現) であり，2 次既約表現は，$j = 1, \ldots, (n-1)/2$ に対して

$$T^{(j)}(r) = \begin{bmatrix} \cos(2\pi j/n) & -\sin(2\pi j/n) \\ \sin(2\pi j/n) & \cos(2\pi j/n) \end{bmatrix} \tag{7.47}$$

  で与えられる．すなわち，

$$R(\mathrm{C}_n; \mathbb{R}) = \left\{(+), (1), (2), \ldots, \left(\frac{n-1}{2}\right)\right\}$$

  である．

- n が偶数のとき：1 次表現が二つと 2 次表現が $(n-2)/2$ 個である．1 次表現は $T^{(+)}(r) = 1$(単位表現) および $T^{(-)}(r) = -1$ で与えられる．2 次既約表現は，$j = 1, \ldots, (n-2)/2$ に対して式 (7.47) で与えられる．すなわち，

$$R(\mathrm{C}_n; \mathbb{R}) = \left\{(+), (-), (1), (2), \ldots, \left(\frac{n-2}{2}\right)\right\}$$

  である．

$\mathbb{C}$ 上では，すべての既約表現は 1 次表現であり，次のようになる．

- n が奇数のとき：単位表現 $(+)$ の他に，$j = 1, \ldots, (n-1)/2$ に対して

$$T^{(j+)}(r) = \exp(\mathrm{i}2\pi j/n), \qquad T^{(j-)}(r) = \exp(-\mathrm{i}2\pi j/n) \tag{7.48}$$

で与えられる 1 次表現 $(j+)$, $(j-)$ がある．すなわち，

$$R(\mathrm{C}_n;\mathbb{C}) = \left\{(+), (1+), (1-), \ldots, \left(\frac{n-1}{2}+\right), \left(\frac{n-1}{2}-\right)\right\}$$

であり，既約表現は n 個ある．

- n が偶数のとき：単位表現 $(+)$ の他に，$T^{(-)}(r) = -1$ で与えられる 1 次表現，および，$j = 1, \ldots, (n-2)/2$ に対して式 (7.48) で与えられる 1 次表現がある．すなわち，

$$R(\mathrm{C}_n;\mathbb{C}) = \left\{(+), (-), (1+), (1-), \ldots, \left(\frac{n-2}{2}+\right), \left(\frac{n-2}{2}-\right)\right\}$$

であり，既約表現は n 個ある． ◁

例 7.14 3 次の二面体群 $\mathrm{D}_3 = \{e, r, r^2, s, sr, sr^2\}$ の既約表現を列挙しよう．この群では，実数体 $\mathbb{R}$ 上で考えても複素数体 $\mathbb{C}$ 上で考えても同じになり，二つの 1 次表現

$$T^{(+,+)}(r) = 1, \qquad T^{(+,+)}(s) = 1; \tag{7.49}$$

$$T^{(+,-)}(r) = 1, \qquad T^{(+,-)}(s) = -1 \tag{7.50}$$

と例 7.7 で扱った 2 次表現

$$T^{(1)}(r) = \begin{bmatrix} \alpha & -\beta \\ \beta & \alpha \end{bmatrix}, \qquad T^{(1)}(s) = \begin{bmatrix} 1 & 0 \\ 0 & -1 \end{bmatrix}$$

[ただし，$\alpha = \cos(2\pi/3)$, $\beta = \sin(2\pi/3)$] の三つが既約表現である．すなわち

$$R(\mathrm{D}_3;\mathbb{R}) = R(\mathrm{D}_3;\mathbb{C}) = \{(+,+), (+,-), (1)\}$$

である．

一般の n に対する $\mathrm{D}_n = \{e, r, \ldots, r^{n-1}, s, sr, \ldots, sr^{n-1}\} = \langle r, s\rangle$ の既約表現も，$\mathbb{R}$ 上と $\mathbb{C}$ 上で同じで，次のようになる．

- n が奇数のとき：1 次表現が二つと 2 次表現が $(n-1)/2$ 個である．1 次表現は式 (7.49), 式 (7.50) の $(+,+)$, $(+,-)$ であり，2 次既約表現は，$j = 1, \ldots, (n-1)/2$ に対して

$$T^{(j)}(r) = \begin{bmatrix} \cos(2\pi j/n) & -\sin(2\pi j/n) \\ \sin(2\pi j/n) & \cos(2\pi j/n) \end{bmatrix}, \quad T^{(j)}(s) = \begin{bmatrix} 1 & 0 \\ 0 & -1 \end{bmatrix} \tag{7.51}$$

で与えられる．すなわち，

$$R(\mathrm{D}_n;\mathbb{R}) = R(\mathrm{D}_n;\mathbb{C}) = \left\{(+,+),(+,-),(1),(2),\ldots,\left(\frac{n-1}{2}\right)\right\}$$

である．式 (7.45) の関係式は

$$2\times 1^2 + \frac{n-1}{2}\times 2^2 = 2n = |\mathrm{D}_n|$$

で確かに成り立っている．

- n が偶数のとき：1 次表現が 4 個と 2 次表現が $(n-2)/2$ 個である．1 次表現は式 (7.49), 式 (7.50) の $(+,+)$, $(+,-)$ および

$$T^{(-,+)}(r) = -1, \qquad T^{(-,+)}(s) = 1; \tag{7.52}$$

$$T^{(-,-)}(r) = -1, \qquad T^{(-,-)}(s) = -1 \tag{7.53}$$

で与えられる $(-,+)$, $(-,-)$ である．2 次既約表現は，$j = 1,\ldots,(n-2)/2$ に対して式 (7.51) で与えられる．すなわち，

$$R(\mathrm{D}_n;\mathbb{R}) = R(\mathrm{D}_n;\mathbb{C}) = \left\{(+,+),(+,-),(-,+),(-,-),(1),(2),\ldots,\left(\frac{n-1}{2}\right)\right\}$$

である．式 (7.45) の関係式は

$$4\times 1^2 + \frac{n-2}{2}\times 2^2 = 2n = |\mathrm{D}_n|$$

となる．

◁

例 7.15 4 次対称群 S_4 の既約表現は，実数体 $\mathbb{R}$ 上で考えても複素数体 $\mathbb{C}$ 上で考えても同じになり，二つの 1 次表現，一つの 2 次表現，二つの 3 次表現がある．式 (7.45) の関係式は

$$1^2 + 1^2 + 2^2 + 3^2 + 3^2 = 24 = |\mathrm{S}_4|$$

で成り立っている．一般の n に対しても，n 次対称群 S_n の既約表現はよくしらべられており，**Young** (ヤング) 図形というものを使って表される． ◁

b. Schur の補題

7.2.3 項において，システムの対称性が表現行列との可換性という形で表現されることを見た [式 (7.28), (7.29) 参照]．ここでは，既約表現と可換な行列の基本性質を示す命題を示そう．次の命題 7.3 と命題 7.4 は (ともに) **Schur** (シューア) の**補題**とよばれる．

命題 7.3 $F=\mathbb{R}$ または $F=\mathbb{C}$ とし，F 上の $m\times n$ 型行列 A，F 上の m 次既約表現 T_1，F 上の n 次既約表現 T_2 に対して

$$T_1(g)A = AT_2(g) \qquad (g\in G) \tag{7.54}$$

が成り立つとする．

(1) A は零行列 O あるいは正則行列である[*13]．

(2) T_1 と T_2 が異値ならば $A=O$ である．

(証明) (1) 条件 (7.54) により，任意の $\boldsymbol{x}\in\mathrm{Ker}(A)$ に対して，

$$A(T_2(g)\boldsymbol{x}) = T_1(g)(A\boldsymbol{x}) = \mathbf{0}$$

より $T_2(g)\boldsymbol{x}\in\mathrm{Ker}(A)$ である．すなわち $\mathrm{Ker}(A)$ は T_2 に関する不変部分空間である．仮定より T_2 は既約だから，$\mathrm{Ker}(A)$ は零空間 $\{\mathbf{0}\}$ あるいは全空間 F^n に等しい．また，任意の $\boldsymbol{y}\in\mathrm{Im}(A)$ に対して，$\boldsymbol{y}=A\boldsymbol{x}$ となる $\boldsymbol{x}$ を用いて

$$T_1(g)\boldsymbol{y} = T_1(g)(A\boldsymbol{x}) = A(T_2(g)\boldsymbol{x})\in\mathrm{Im}(A)$$

となるので，$\mathrm{Im}(A)$ は T_1 に関する不変部分空間である．仮定より T_1 は既約だから，$\mathrm{Im}(A)$ は零空間 $\{\mathbf{0}\}$ あるいは全空間 F^m に等しい．したがって，A は零行列あるいは正則行列である．

(2) $A\neq O$ とすると (1) により A は正則である．このとき式 (7.54) より

$$T_2(g) = A^{-1}T_1(g)A \qquad (g\in G)$$

となるので，T_1 と T_2 は同値になる．これの対偶により，T_1 と T_2 が異値ならば $A=O$ である． ■

*13　正則の場合は当然 $m=n$ である．したがって，$m\neq n$ ならば $A=O$ となる．

命題 7.4 複素行列 A と $\mathbb{C}$ 上の既約表現 T に対して,

$$T(g)A = AT(g) \qquad (g \in G) \tag{7.55}$$

であるならば，ある $\lambda \in \mathbb{C}$ に対して $A = \lambda I$ である.

(証明) 複素数体 $\mathbb{C}$ 上で考えているので，A の固有値 $\lambda \in \mathbb{C}$ が存在し,

$$T(g)(A - \lambda I) = (A - \lambda I)T(g) \qquad (g \in G)$$

が成り立つ．ここで $A - \lambda I$ は正則ではなく，一方，T は既約であるから，命題 7.3 (1) により $A - \lambda I = O$ である. ■

例 7.16 上の命題 7.4 において，T が $\mathbb{C}$ 上の既約表現であることが重要であり，$\mathbb{R}$ 上の既約表現に対して同様の命題は成り立たない．例として，3 次巡回群 $\mathrm{C}_3 = \{e, r, r^2\}$ の 2 次表現

$$T(r) = \begin{bmatrix} \alpha & -\beta \\ \beta & \alpha \end{bmatrix}$$

を考える $[\alpha = \cos(2\pi/3),\ \beta = \sin(2\pi/3)]$．この表現 T は $\mathbb{R}$ 上で既約，$\mathbb{C}$ 上で可約であった (注意 7.3 参照)．まず，可換性の条件 $T(g)A = AT(g)$ $(g \in \mathrm{C}_3)$ は $T(r)A = AT(r)$ と同値であることに注意する．次に，この条件を具体的に計算してみると，$T(r)A = AT(r)$ が成り立つための必要十分条件は，A が

$$A = \begin{bmatrix} a & -b \\ b & a \end{bmatrix} \qquad (a, b \in \mathbb{R})$$

の形であることがわかる．したがって，必ずしも $A = \lambda I$ の形とは限らない．なお，$\mathbb{C}$ 上では，式 (7.43) の複素ユニタリ行列 Q を用いて

$$Q^{-1} \begin{bmatrix} a & -b \\ b & a \end{bmatrix} Q = \begin{bmatrix} a + \mathrm{i}b & 0 \\ 0 & a - \mathrm{i}b \end{bmatrix}$$

のように対角化されることにも注意されたい. ◁

注意 7.4 命題 7.4 の変種として，次のことが成り立つ．実数行列 A と $\mathbb{R}$ 上の既約表現 T について式 (7.55) が成り立ち，さらに T が $\mathbb{C}$ 上の表現としても既約な

らば，ある実数 $\lambda \in \mathbb{R}$ に対して $A = \lambda I$ である．証明は，命題 7.4 の証明と同様であり，まず $\mathbb{C}$ 上で考えて，ある複素数 $\lambda \in \mathbb{C}$ に対して $A = \lambda I$ であることを導く．そして，A が実数行列であることから λ は実数になることに注意すればよい．◁

注意 7.5 Schur の補題の応用として，互いに同値な既約ユニタリ表現はユニタリ行列で変換できること (命題 7.2 の既約表現の場合の別証) を示そう．$F = \mathbb{R}$ あるいは $F = \mathbb{C}$ とする．F 上の既約ユニタリ表現 T_1, T_2 が同値であるとすると，式 (7.40) の条件 $T_1(g) = Q^{-1}T_2(g)Q$ $(g \in G)$ を満たす F 上の正則行列 Q が存在する．T_1 のユニタリ性

$$I = T_1(g)T_1(g)^* = (Q^{-1}T_2(g)Q)(Q^{-1}T_2(g)Q)^*$$

より

$$QQ^* = T_2(g)QQ^*T_2(g)^*$$

が得られる．さらに，右から $T_2(g)$ を掛けてユニタリ性 $T_2(g)^*T_2(g) = I$ を用いると

$$(QQ^*)T_2(g) = T_2(g)(QQ^*)$$

がすべての $g \in G$ に対して成り立つことがわかる．正定値 Hermite 行列 QQ^* は正の固有値 $\alpha \in \mathbb{R}$ をもつが，この α に対して

$$T_2(g)(QQ^* - \alpha I) = (QQ^* - \alpha I)T_2(g) \qquad (g \in G)$$

である．$QQ^* - \alpha I$ は正則でなく，T_2 は既約だから，命題 7.3 (1) により $QQ^* - \alpha I = O$ となる．したがって，$\hat{Q} = Q/\sqrt{\alpha}$ はユニタリ行列であり，$T_1(g) = \hat{Q}^{-1}T_2(g)\hat{Q}$ $(g \in G)$ を満たす．上の議論において，Schur の補題の $\mathbb{C}$ 上の場合 (命題 7.4) は使っていないこと，および $F = \mathbb{R}$ の場合でも固有値 α が存在することに注意されたい．◁

c. 直　交　性

複素数体 $\mathbb{C}$ 上の既約表現は，次の命題に述べるような顕著な性質 (**直交性**) をもっている．この性質は 7.5 節で利用される．なお

$$\delta_{ij} = \begin{cases} 1 & (i = j) \\ 0 & (i \neq j) \end{cases} \tag{7.56}$$

であり，この記号は **Kronecker** (クロネッカー) **のデルタ**とよばれる．

命題 7.5 任意の群 G の $\mathbb{C}$ 上の既約表現 T^μ, T^ν $(\mu, \nu \in R(G;\mathbb{C}))$ に対して

$$\sum_{g\in G} T^\mu_{il}(g)T^\nu_{ms}(g^{-1}) = \begin{cases} \dfrac{|G|}{N^\mu}\delta_{is}\delta_{lm} & (\mu = \nu) \\ 0 & (\mu \neq \nu) \end{cases} \tag{7.57}$$

が成り立つ*14．T^μ, T^ν がユニタリ表現の場合には，

$$\sum_{g\in G} T^\mu_{il}(g)\overline{T^\nu_{sm}(g)} = \begin{cases} \dfrac{|G|}{N^\mu}\delta_{is}\delta_{lm} & (\mu = \nu) \\ 0 & (\mu \neq \nu) \end{cases} \tag{7.58}$$

が成り立つ*15．

(証明) B を $N^\mu \times N^\nu$ 型行列として

$$A = \frac{1}{|G|}\sum_{h\in G} T^\mu(h)BT^\nu(h^{-1})$$

とおく (N^μ は T^μ の次数, N^ν は T^ν の次数である)．このとき

$$T^\mu(g)A = AT^\nu(g) \qquad (g \in G) \tag{7.59}$$

が成り立つ．実際，任意の $g \in G$ に対して

$$\begin{aligned} T^\mu(g)A &= T^\mu(g)\left(\frac{1}{|G|}\sum_{h\in G} T^\mu(h)BT^\nu(h^{-1})\right) \\ &= \frac{1}{|G|}\sum_{h\in G} T^\mu(g)T^\mu(h)BT^\nu(h^{-1}) \\ &= \frac{1}{|G|}\sum_{h\in G} T^\mu(gh)BT^\nu((gh)^{-1})T^\nu(g) \\ &= \left(\frac{1}{|G|}\sum_{k\in G} T^\mu(k)BT^\nu(k^{-1})\right)T^\nu(g) \\ &= AT^\nu(g) \end{aligned}$$

となる．上の式変形において，h が G の全体を動くとき，$k = gh$ も G の全体を動くことを使っている．式 (7.59) と Schur の補題 [命題 7.3 (2), 命題 7.4] により，

$$A = \begin{cases} \lambda(\mu, B)I_{N^\mu} & (\mu = \nu) \\ O & (\mu \neq \nu) \end{cases}$$

*14 $T^\mu_{il}(g)$ は行列 $T^\mu(g)$ の (i,l) 要素を表し，$T^\nu_{ms}(g)$ は行列 $T^\nu(g)$ の (m,s) 要素を表す．
*15 $\overline{T^\nu_{sm}(g)}$ は $T^\nu_{sm}(g)$ の共役複素数を表す．

となる[*16]．とくに，B として，(l,m) 要素だけが 1 で，その他は 0 である行列を選ぶと，各 (i,s) に対して

$$\frac{1}{|G|}\sum_{g\in G} T^{\mu}_{il}(g)T^{\nu}_{ms}(g^{-1}) = \begin{cases} \lambda(\mu,l,m)\delta_{is} & (\mu=\nu) \\ O & (\mu\neq\nu) \end{cases} \tag{7.60}$$

となる．さらに，$\mu=\nu$, $i=s$ として，$i=1,\ldots,N^{\mu}$ について和をとると

$$N^{\mu}\lambda(\mu,l,m) = \frac{1}{|G|}\sum_{i=1}^{N^{\mu}}\sum_{g\in G} T^{\mu}_{mi}(g^{-1})T^{\mu}_{il}(g) = \frac{1}{|G|}\sum_{g\in G} T^{\mu}_{ml}(e) = \delta_{ml}$$

となるので，

$$\lambda(\mu,l,m) = \frac{1}{N^{\mu}}\delta_{ml}$$

であることがわかる．これを式 (7.60) に代入すると，式 (7.57) が得られる．ユニタリ表現の場合には

$$T^{\nu}_{ms}(g^{-1}) = \overline{T^{\nu}_{sm}(g)}$$

であるから，式 (7.57) より式 (7.58) が得られる．■

7.3.3 既 約 分 解

a. 一 般 の 場 合

群 G の表現 T が既約でないときには，式 (7.41) に示したように，ある正則行列 Q によって

$$Q^{-1}T(g)Q = \begin{bmatrix} T_1(g) & O \\ O & T_2(g) \end{bmatrix} = T_1(g)\oplus T_2(g) \qquad (g\in G) \tag{7.61}$$

と分解される[*17]．ここで，T_1 あるいは T_2 が既約でないならば，さらに，同様の分解を行うことができる．このようにして分解を続けていくと，T は有限個の既約表現に分解される．それらの既約表現のそれぞれは，最初に式 (7.44) で選んだ

*16　$I_{N^{\mu}}$ は N^{μ} 次単位行列を表す．
*17　本節でも $F=\mathbb{R}$ あるいは $F=\mathbb{C}$ とする．

既約表現の代表元 T^μ のいずれかと同値である．T の分解に含まれる既約表現のうち T^μ と同値なものを T_i^μ $(i=1,\ldots,a^\mu)$ とすると，ある正則行列 Q によって

$$Q^{-1}T(g)Q = \bigoplus_{\mu\in R(G;F)} \bigoplus_{i=1}^{a^\mu} T_i^\mu(g) \qquad (g \in G) \tag{7.62}$$

と分解されたことになる．ここで，非負整数 a^μ は既約表現 μ の T における**重複度**とよばれ，分解の仕方に依らずに確定することが知られている[*18]．

例 7.17 式 (7.62) の右辺の記号 $\bigoplus\bigoplus$ は，入れ子になったブロック対角構造を表す．たとえば，群 G に対して $R(G;F)=\{\mu,\nu\}$ であるとし，表現 T におけるそれぞれの重複度が $a^\mu=2$, $a^\nu=3$ であったとすると，式 (7.62) は

$$Q^{-1}T(g)Q = \left[\begin{array}{cc|ccc} T_1^\mu(g) & & & & \\ & T_2^\mu(g) & & & \\ \hline & & T_1^\nu(g) & & \\ & & & T_2^\nu(g) & \\ & & & & T_3^\nu(g) \end{array}\right] \qquad (g \in G)$$

となる． ◁

式 (7.62) において，通常は

$$T_i^\mu = T^\mu \qquad (i=1,\ldots,a^\mu) \tag{7.63}$$

のように選ぶ．このとき，式 (7.62) は

$$Q^{-1}T(g)Q = \bigoplus_{\mu\in R(G;F)} \bigoplus_{i=1}^{a^\mu} T^\mu(g) \qquad (g \in G) \tag{7.64}$$

となる．式 (7.62)，式 (7.64) の分解は**既約分解**とよばれる．

重複度 a^μ が一意に確定することから，既約表現の代表元 T^μ を決めれば，既約分解 (7.64) は T に対して一意に定まる．したがって，二つの表現が同値であるための必要十分条件は，その既約分解 (7.64) が一致することである．

式 (7.64) の右辺において，μ に対応する a^μ 個の既約表現をまとめて

$$\tilde{T}^\mu(g) = \bigoplus_{i=1}^{a^\mu} T^\mu(g) \qquad (g \in G) \tag{7.65}$$

---

*18　$F=\mathbb{C}$ の場合には，a^μ は 7.5 節の式 (7.106) のように表現される．

と定義すると，式 (7.64) は

$$Q^{-1}T(g)Q = \bigoplus_{\mu\in R(G;F)} \tilde{T}^{\mu}(g) \qquad (g\in G) \tag{7.66}$$

と書き直される．この形の分解を**等型成分分解**あるいは**等型分解**とよぶ．行列 $\tilde{T}^{\mu}(g)$ は $a^{\mu}N^{\mu}$ 次行列である．

b.　ユニタリ表現の場合

前項では，正則行列 Q を用いた $Q^{-1}T(g)Q$ の形の変換によって既約表現に分解することを考えたが，T がユニタリ表現のときには，Q をユニタリ行列に選んでユニタリ性を保存することが自然である．実際，ユニタリ表現 T がある正則行列によって式 (7.61) のように分解できるならば，あるユニタリ行列 Q によって

$$Q^{*}T(g)Q = \begin{bmatrix} T_1(g) & O \\ O & T_2(g) \end{bmatrix} = T_1(g)\oplus T_2(g) \qquad (g\in G) \tag{7.67}$$

のように二つの表現 T_1, T_2 に分解できる．

命題 7.6 可約なユニタリ表現 T は，ユニタリ行列 Q によって式 (7.67) のように分解できる

(証明) ユニタリ表現 T が可約とすると，零空間でも全体空間でもない不変部分空間 W が存在する [式 (7.42) 参照]．W の直交補空間を $W^{\perp}$ と表すと，$W^{\perp}$ も不変部分空間である．実際，任意の $\boldsymbol{v}\in W^{\perp}$ と $g\in G$ に対して

$$(T(g)\boldsymbol{v},\boldsymbol{w}) = (\boldsymbol{v},T(g)^{*}\boldsymbol{w}) = (\boldsymbol{v},T(g^{-1})\boldsymbol{w}) = 0 \qquad (\boldsymbol{w}\in W)$$

が成り立つので，$T(g)\boldsymbol{v}\in W^{\perp}$ となる．W と $W^{\perp}$ の正規直交基底を並べて行列 Q をつくると，Q はユニタリ行列であって，$Q^{*}T(g)Q$ は式 (7.67) のように分解される． ■

上の命題 7.6 により，ユニタリ表現 T に対しては，ユニタリ行列 Q を用いた (7.62) の形の分解

$$Q^{*}T(g)Q = \bigoplus_{\mu\in R(G;F)} \bigoplus_{i=1}^{a^{\mu}} T_i^{\mu}(g) \qquad (g\in G) \tag{7.68}$$

ができる．ここで，各 T_i^μ は既約表現であるが，T と Q のユニタリ性により，T_i^μ はユニタリ表現となる．互いに同値な既約ユニタリ表現はユニタリ行列で変換できる (命題 7.2，注意 7.5 参照) ので，さらに式 (7.63) の条件 $T_i^\mu = T^\mu$ を満たすとしてよい．

以上の議論から，ユニタリ表現 T に対しては，ユニタリ行列 Q を用いて既約分解 (7.64) と等型分解 (7.66) ができることがわかる．すなわち，あるユニタリ行列 Q によって

$$Q^*T(g)Q = \bigoplus_{\mu \in R(G;F)} \bigoplus_{i=1}^{a^\mu} T^\mu(g) \qquad (g \in G), \tag{7.69}$$

$$Q^*T(g)Q = \bigoplus_{\mu \in R(G;F)} \tilde{T}^\mu(g) \qquad (g \in G) \tag{7.70}$$

と分解できる．

例 7.18 群 G に対して $R(G;F) = \{\mu, \nu\}$ であるとし，ユニタリ表現 T におけるそれぞれの重複度が $a^\mu = 2,\ a^\nu = 3$ であったとすると，式 (7.69), (7.70) は

$$Q^*T(g)Q = \left[\begin{array}{cc|ccc} T^\mu(g) & & & & \\ & T^\mu(g) & & & \\ \hline & & T^\nu(g) & & \\ & & & T^\nu(g) & \\ & & & & T^\nu(g) \end{array}\right] = \left[\begin{array}{c|c} \tilde{T}^\mu(g) & \\ \hline & \tilde{T}^\nu(g) \end{array}\right]$$

となる．ここで

$$\tilde{T}^\mu(g) = \left[\begin{array}{c|c} T^\mu(g) & \\ \hline & T^\mu(g) \end{array}\right], \qquad \tilde{T}^\nu(g) = \left[\begin{array}{c|c|c} T^\nu(g) & & \\ \hline & T^\nu(g) & \\ \hline & & T^\nu(g) \end{array}\right]$$

である． ◁

注意 7.6 互いに同値なユニタリ表現 T_1, T_2 は同じ既約分解をもつので，式 (7.69) より，あるユニタリ行列 Q_1, Q_2 が存在して

$$Q_1^* T_1(g) Q_1 = \bigoplus_{\mu \in R(G;F)} \bigoplus_{i=1}^{a^\mu} T^\mu(g) = Q_2^* T_2(g) Q_2 \qquad (g \in G)$$

が成り立つ．これより，$Q = Q_2 Q_1^*$ に対して $T_1(g) = Q^* T_2(g) Q$ $(g \in G)$ となるが，この Q はユニタリ行列である．したがって，ユニタリ表現の同値性を考える際には，式 (7.40) における変換行列 Q をユニタリ行列に限ってよいことになる．このように考えても命題 7.2 を証明することができる． $\triangleleft$

7.4 群対称性をもつ行列のブロック対角化

7.4.1 概　　観

本章の目標は，D_6 対称性をもつトラスドームの例 (7.1.1 項の図 7.2) で示したようなブロック対角化の数学的原理を解説することであった．

7.1.2 項において，最も簡単な例として D_3 対称性をもつトラステントを考察した．剛性行列 K が式 (7.5) の対角形になることを示し，そのことが表現行列との可換性

$$RK = KR, \qquad SK = KS \tag{7.71}$$

の帰結であることを注意 7.1 において具体的な計算によって確認した．

さらに 7.2.3 項では，線形システムの対称性は，システムを記述する行列 A と表現行列 $T(g)$ の可換性

$$T(g)A = AT(g) \qquad (g \in G) \tag{7.72}$$

という形で表現されることを述べ，上の式 (7.71) がその一例であることを説明した [式 (7.29) 参照]．非線形システムの場合にも，Jacobi 行列を A として式 (7.72) の形の可換性が成立する [式 (7.28) 参照]．

本項では，任意の群 G に対して，式 (7.72) を満たす行列 A のブロック対角構造を一般的にしらべる．ただし，$F = \mathbb{R}$ または $F = \mathbb{C}$ とし，T は N 次のユニタリ表現，A は $N \times N$ 型行列であるとする．任意の表現はユニタリ表現と同値であることから，T のユニタリ性の仮定は本質的な制限にはならない．

記号を復習しておく．群 G の F 上の既約表現 (の名前) の全体を $R(G;F)$ と表す．各 $\mu \in R(G;F)$ に対応する既約ユニタリ表現を T^μ，その次数を N^μ と表す．

また，式 (7.72) の表現 T における μ の重複度を a^μ と表す．このとき，式 (7.69) の既約分解と式 (7.70) の等型分解

$$Q^*T(g)Q = \bigoplus_{\mu \in R(G;F)} \bigoplus_{i=1}^{a^\mu} T^\mu(g) \qquad (g \in G), \tag{7.73}$$

$$Q^*T(g)Q = \bigoplus_{\mu \in R(G;F)} \tilde{T}^\mu(g) \qquad (g \in G) \tag{7.74}$$

が成り立つ．ここで

$$\tilde{T}^\mu(g) = \bigoplus_{i=1}^{a^\mu} T^\mu(g) \qquad (g \in G) \tag{7.75}$$

であり，Q はユニタリ行列である．

行列 A のブロック対角化は，

- 等型分解 (7.74) に対応するブロック対角化 I
- 既約分解 (7.73) に対応するブロック対角化 II

の 2 段階から成る．第 1 段階のブロック対角化 I は，任意の群 G において $F = \mathbb{R}$ でも $F = \mathbb{C}$ でも成り立つ事実である．これに対して，第 2 段階のブロック対角化 II は基本的に $F = \mathbb{C}$ の場合に成り立つ事実である．ただし，応用において重要な二面体群 D_n や対称群 S_n においては，$F = \mathbb{R}$ でもブロック対角化 II が成り立つことは注目に値する (注意 7.8 参照)．

注意 7.7 正方形とは限らない行列 B に対しても，群 G の二つの表現 T, S を用いて

$$T(g)B = BS(g) \qquad (g \in G) \tag{7.76}$$

の形の (より一般的な) 可換性条件を考えることができる．この形の一般化は工学システムの解析においても重要であり，たとえば感度解析などに関連して自然に現れる．本節で示すブロック対角化の手法はこのような場合にも容易に拡張することができる[52]． ◁

7.4.2 変換行列の分割

既約分解 (7.73) における変換行列 Q は N 次ユニタリ行列であるが，その列集合は既約分解に合わせて分割される．すなわち

$$\begin{aligned} Q &= \left[\ \cdots \ \middle|\ Q_1^\mu, Q_2^\mu, \ldots, Q_{a^\mu}^\mu \ \middle|\ \cdots\ \right] \\ &= ((Q_i^\mu \mid i = 1, \ldots, a^\mu) \mid\ \mu \in R(G;F)) \end{aligned} \tag{7.77}$$

であり，Q_i^μ は (μ, i) に対応する $N \times N^\mu$ 型行列である．式 (7.73) より，各 (μ, i) に対して

$$\begin{aligned} (Q_i^\mu)^* T(g) Q_i^\mu &= T^\mu(g) \qquad (g \in G), \\ T(g) Q_i^\mu &= Q_i^\mu T^\mu(g) \qquad (g \in G) \end{aligned}$$

が成り立つ．

等型分解 (7.74) に対応する Q の分割は，一つの μ に対応する a^μ 個のブロック Q_i^μ $(i = 1, \ldots, a^\mu)$ を合併することによって得られる．すなわち，各 $\mu \in R(G;F)$ に対して $N \times a^\mu N^\mu$ 型行列

$$Q^\mu = (Q_i^\mu \mid i = 1, \ldots, a^\mu) = \left[Q_1^\mu, Q_2^\mu, \ldots, Q_{a^\mu}^\mu\right] \tag{7.78}$$

を定義すると，

$$Q = \left[\ \cdots \ \middle|\ Q^\mu \ \middle|\ \cdots\ \right] = (Q^\mu \mid \mu \in R(G;F)) \tag{7.79}$$

と分割される．式 (7.74) より，各 μ に対して

$$\begin{aligned} (Q^\mu)^* T(g) Q^\mu &= \tilde{T}^\mu(g) \qquad (g \in G), \\ T(g) Q^\mu &= Q^\mu \tilde{T}^\mu(g) \qquad (g \in G) \end{aligned}$$

が成り立つ．

例 7.19 例 7.18 と同様に，群 G に対して $R(G;F) = \{\mu, \nu\}$ であるとし，ユニタリ表現 T における μ, ν の重複度が $a^\mu = 2$, $a^\nu = 3$ であるとする．このとき，T は例 7.18 のように分解されるが，ユニタリ行列 Q は

$$Q = [Q_1^\mu, Q_2^\mu \mid Q_1^\nu, Q_2^\nu, Q_3^\nu] = [Q^\mu \mid Q^\nu]$$

と分割される．ここで

$$Q^\mu = [Q_1^\mu, Q_2^\mu], \qquad Q^\nu = [Q_1^\nu, Q_2^\nu, Q_3^\nu]$$

である．　◁

7.4.3　ブロック対角化 I

式 (7.72) のように，G の作用と可換な行列 A を考える．既約分解 (7.73) における変換行列 Q を用いて，行列 A を

$$\overline{A} = Q^* A Q \tag{7.80}$$

と変形すると[*19]，式 (7.77) に示した Q の分割に応じて $\overline{A}$ も分割され，

$$\overline{A} = (\overline{A}_{ij}^{\mu\nu} \mid i = 1, \ldots, a^{\mu}; j = 1, \ldots, a^{\nu}; \mu, \nu \in R(G; F)) \tag{7.81}$$

のようになる．ここで

$$\overline{A}_{ij}^{\mu\nu} = (Q_i^{\mu})^* A Q_j^{\nu} \qquad (i = 1, \ldots, a^{\mu}; j = 1, \ldots, a^{\nu}; \mu, \nu \in R(G; F))$$

である．行列 $\overline{A}_{ij}^{\mu\nu}$ は $N^{\mu} \times N^{\nu}$ 型行列である．

例 7.20　ユニタリ表現 T が例 7.18 の形の場合，変換行列 Q は例 7.19 のように分割され，式 (7.81) の $\overline{A}$ は

$$\overline{A} = \left[\begin{array}{cc|ccc} \overline{A}_{11}^{\mu\mu} & \overline{A}_{12}^{\mu\mu} & \overline{A}_{11}^{\mu\nu} & \overline{A}_{12}^{\mu\nu} & \overline{A}_{13}^{\mu\nu} \\ \overline{A}_{21}^{\mu\mu} & \overline{A}_{22}^{\mu\mu} & \overline{A}_{21}^{\mu\nu} & \overline{A}_{22}^{\mu\nu} & \overline{A}_{23}^{\mu\nu} \\ \hline \overline{A}_{11}^{\nu\mu} & \overline{A}_{12}^{\nu\mu} & \overline{A}_{11}^{\nu\nu} & \overline{A}_{12}^{\nu\nu} & \overline{A}_{13}^{\nu\nu} \\ \overline{A}_{21}^{\nu\mu} & \overline{A}_{22}^{\nu\mu} & \overline{A}_{21}^{\nu\nu} & \overline{A}_{22}^{\nu\nu} & \overline{A}_{23}^{\nu\nu} \\ \overline{A}_{31}^{\nu\mu} & \overline{A}_{32}^{\nu\mu} & \overline{A}_{31}^{\nu\nu} & \overline{A}_{32}^{\nu\nu} & \overline{A}_{33}^{\nu\nu} \end{array}\right]$$

となる (重複度 $a^{\mu} = 2$, $a^{\nu} = 3$ としている)．　◁

可換性の条件 (7.72) を

$$Q^* T(g) Q \cdot Q^* A Q = Q^* A Q \cdot Q^* T(g) Q \qquad (g \in G) \tag{7.82}$$

と書き直して，$Q^* T(g) Q$ のブロック対角形 (7.73) を用いると，可換性 (7.72) の必要十分条件が，任意の $i = 1, \ldots, a^{\mu}; j = 1, \ldots, a^{\nu}; \mu, \nu \in R(G; F)$ に対して

$$T^{\mu}(g)\, \overline{A}_{ij}^{\mu\nu} = \overline{A}_{ij}^{\mu\nu}\, T^{\nu}(g) \qquad (g \in G) \tag{7.83}$$

が成り立つことであることがわかる．

---

*19　ここの $\overline{}$ は共役複素数とは無関係であり，式 (7.80) は $Q^* A Q$ を $\overline{A}$ と表すという意味である．

上の式 (7.83) で $\mu \neq \nu$ の場合を考えると，T^μ と T^ν は異値な既約表現であるから，Schur の補題 [命題 7.3 (2)] により

$$\overline{A}_{ij}^{\mu\nu} = O \qquad (i = 1, \ldots, a^\mu; j = 1, \ldots, a^\nu; \mu \neq \nu) \tag{7.84}$$

が導かれる．

そこで，同じ (μ, ν) に対応するブロックを合併して

$$\overline{A}^{\mu\nu} = (\overline{A}_{ij}^{\mu\nu} \mid i = 1, \ldots, a^\mu; j = 1, \ldots, a^\nu)$$

を一つのブロックとした $\overline{A}$ の粗い分割

$$\overline{A} = (\overline{A}^{\mu\nu} \mid \mu, \nu \in R(G; F)) \tag{7.85}$$

を考えると，式 (7.84) は

$$\overline{A}^{\mu\nu} = O \qquad (\mu \neq \nu) \tag{7.86}$$

と書き直せるから，式 (7.85) の分割に関して $\overline{A}$ はブロック対角行列である．その対角ブロック $\overline{A}^\mu = \overline{A}^{\mu\mu}$ は $a^\mu N^\mu$ 次正方行列であり，

$$\overline{A}^\mu = (Q^\mu)^* A Q^\mu \qquad (\mu \in R(G; F)) \tag{7.87}$$

で与えられる．以上のようにして，T の等型分解 (7.74) に対応する A のブロック対角化

$$\overline{A} = Q^* A Q = \bigoplus_{\mu \in R(G;F)} \overline{A}^\mu \tag{7.88}$$

が導かれた．ここで，$F = \mathbb{R}$ あるいは $F = \mathbb{C}$ である．

例 7.21 例 7.20 の行列 $\overline{A}$ に対して，式 (7.88) は

$$\overline{A} = \left[\begin{array}{cc|ccc} \overline{A}_{11}^{\mu\mu} & \overline{A}_{12}^{\mu\mu} & O & O & O \\ \overline{A}_{21}^{\mu\mu} & \overline{A}_{22}^{\mu\mu} & O & O & O \\ \hline O & O & \overline{A}_{11}^{\nu\nu} & \overline{A}_{12}^{\nu\nu} & \overline{A}_{13}^{\nu\nu} \\ O & O & \overline{A}_{21}^{\nu\nu} & \overline{A}_{22}^{\nu\nu} & \overline{A}_{23}^{\nu\nu} \\ O & O & \overline{A}_{31}^{\nu\nu} & \overline{A}_{32}^{\nu\nu} & \overline{A}_{33}^{\nu\nu} \end{array}\right] = \left[\begin{array}{c|c} \overline{A}^\mu & O \\ \hline O & \overline{A}^\nu \end{array}\right]$$

となる (重複度 $a^\mu = 2$, $a^\nu = 3$ としている)．　◁

7.4.4　ブロック対角化 II

式 (7.88) の分解は $\mathbb{R}$ 上でも $\mathbb{C}$ 上でも成り立つものであるが，複素数体 $\mathbb{C}$ 上では，式 (7.88) の対角ブロック $\overline{A}^{\mu}$ はさらに細かなブロック対角構造をもつ．以下では，$F = \mathbb{C}$ とする．

可換性の必要十分条件 (7.83) において $\mu = \nu$ の場合を考えると，各 $i, j = 1, \ldots, a^{\mu}$ に対して

$$T^{\mu}(g)\, \overline{A}^{\mu}_{ij} = \overline{A}^{\mu}_{ij}\, T^{\mu}(g) \qquad (g \in G)$$

が成り立つ．T^{μ} は既約表現であるから，$\mathbb{C}$ 上の Schur の補題 (命題 7.4) により $\overline{A}^{\mu}_{ij}$ は単位行列のスカラー倍であること，すなわち，ある複素数 $\alpha^{\mu}_{ij} \in \mathbb{C}$ に対して

$$\overline{A}^{\mu}_{ij} = \alpha^{\mu}_{ij} I_{N^{\mu}} \tag{7.89}$$

が成り立つことが導かれる．ここで $I_{N^{\mu}}$ は N^{μ} 次単位行列を表す．

例 7.22　例 7.21 で，$N = 7$, $N^{\mu} = 2$, $N^{\nu} = 1$ の場合には，

$$
\begin{aligned}
\overline{A} &= \left[\begin{array}{cc|ccc}
\alpha^{\mu}_{11} I_2 & \alpha^{\mu}_{12} I_2 & & & \\
\alpha^{\mu}_{21} I_2 & \alpha^{\mu}_{22} I_2 & & & \\
\hline
 & & \alpha^{\nu}_{11} I_1 & \alpha^{\nu}_{12} I_1 & \alpha^{\nu}_{13} I_1 \\
 & & \alpha^{\nu}_{21} I_1 & \alpha^{\nu}_{22} I_1 & \alpha^{\nu}_{23} I_1 \\
 & & \alpha^{\nu}_{31} I_1 & \alpha^{\nu}_{32} I_1 & \alpha^{\nu}_{33} I_1
\end{array}\right] \\
&= \left[\begin{array}{cccc|ccc}
\alpha^{\mu}_{11} & & \alpha^{\mu}_{12} & & & & \\
 & \alpha^{\mu}_{11} & & \alpha^{\mu}_{12} & & & \\
\alpha^{\mu}_{21} & & \alpha^{\mu}_{22} & & & & \\
 & \alpha^{\mu}_{21} & & \alpha^{\mu}_{22} & & & \\
\hline
 & & & & \alpha^{\nu}_{11} & \alpha^{\nu}_{12} & \alpha^{\nu}_{13} \\
 & & & & \alpha^{\nu}_{21} & \alpha^{\nu}_{22} & \alpha^{\nu}_{23} \\
 & & & & \alpha^{\nu}_{31} & \alpha^{\nu}_{32} & \alpha^{\nu}_{33}
\end{array}\right]
\end{aligned}
$$

という形になる (重複度 $a^{\mu} = 2$, $a^{\nu} = 3$ としている)．　$\triangleleft$

行列 $\overline{A}^{\mu}$ は $a^{\mu} N^{\mu}$ 次正方行列であるが，式 (7.89) より，行と列を適当に並べ換えることによって N^{μ} 個の対角ブロックをもつブロック対角行列に分解できる．し

かも，このときの対角ブロックはすべて同じ $a^\mu \times a^\mu$ 型行列

$$\tilde{A}^\mu = (\alpha^\mu_{ij} \mid i,j = 1,\ldots,a^\mu) \tag{7.90}$$

である．したがって，行と列の並べ換えを表す置換行列を Π^μ として，

$$(\Pi^\mu)^* \overline{A}^\mu \Pi^\mu = \bigoplus_{k=1}^{N^\mu} \tilde{A}^\mu \tag{7.91}$$

が成り立つ．

以上のことが各 $\mu \in R(G;\mathbb{C})$ に対して成り立つので，N 次置換行列

$$\Pi = \bigoplus_{\mu \in R(G;\mathbb{C})} \Pi^\mu \tag{7.92}$$

を定義して，式 (7.88) と式 (7.91) をまとめると，式 (7.90) の $\tilde{A}^\mu$ を対角ブロックとするブロック対角化

$$\Pi^* \overline{A} \Pi = \bigoplus_{\mu \in R(G;\mathbb{C})} \bigoplus_{k=1}^{N^\mu} \tilde{A}^\mu \tag{7.93}$$

が得られる．これが第 2 段階のブロック対角化 II である．

例 7.23　例 7.22 の行列 $\overline{A}$ の行と列を並べ換えると

$$\Pi^* \overline{A} \Pi = \left[\begin{array}{cc|cc|ccc}
\alpha^\mu_{11} & \alpha^\mu_{12} & & & & & \\
\alpha^\mu_{21} & \alpha^\mu_{22} & & & & & \\
\hline
 & & \alpha^\mu_{11} & \alpha^\mu_{12} & & & \\
 & & \alpha^\mu_{21} & \alpha^\mu_{22} & & & \\
\hline
 & & & & \alpha^\nu_{11} & \alpha^\nu_{12} & \alpha^\nu_{13} \\
 & & & & \alpha^\nu_{21} & \alpha^\nu_{22} & \alpha^\nu_{23} \\
 & & & & \alpha^\nu_{31} & \alpha^\nu_{32} & \alpha^\nu_{33}
\end{array}\right]$$

のようになる．これが式 (7.93) の分解である．　$\triangleleft$

注意 7.8　上の議論からわかるように，ブロック対角化 II は $\mathbb{C}$ 上の Schur の補題 (命題 7.4) に依拠しており，一般には $\mathbb{R}$ 上では成立しない．たとえば，$G = \mathrm{C}_3$ において 2 次表現の重複度が 2 である表現

$$
T(r) = \left[\begin{array}{cc|cc} \alpha & -\beta & & \\ \beta & \alpha & & \\ \hline & & \alpha & -\beta \\ & & \beta & \alpha \end{array}\right]
$$

[ただし，$\alpha = \cos(2\pi/3), \beta = \sin(2\pi/3)$] を考える．このとき，可換性の条件 (7.72) を満たす A は

$$
A = \left[\begin{array}{cc|cc} a_{11} & -b_{11} & a_{12} & -b_{12} \\ b_{11} & a_{11} & b_{12} & a_{12} \\ \hline a_{21} & -b_{21} & a_{22} & -b_{22} \\ b_{21} & a_{21} & b_{22} & a_{22} \end{array}\right]
$$

$(a_{ij}, b_{ij} \in \mathbb{R})$ の形である (例 7.16 も参照).

しかし，二面体群 D_n や対称群 S_n は「$\mathbb{R}$ 上の既約表現は $\mathbb{C}$ 上でも既約である」という特別な性質をもっており (例 7.14, 例 7.15)，このことと命題 7.4 に関する注意 7.4(7.3.2 項) から，二面体群 D_n や対称群 S_n においては $\mathbb{R}$ 上でブロック対角化 II が実現できる．7.1.1 項で示した D_6 対称トラスドームの剛性行列のブロック対角化 (図 7.2) は，この事実にもとづいて得られたブロック対角化 II である．既約表現とその重複度は

	1 次表現				2 次表現	
既約表現 μ	$(+,+)$	$(+,-)$	$(-,+)$	$(-,-)$	(1)	(2)
重複度 a^{μ}	61	48	52	56	109	108

であり，これに応じた対角ブロックが得られている．単位表現 $(+,+)$ に対応する対角ブロックの大きさが 61 であることから，D_6 対称な荷重に対する D_6 対称な変形を求めるためには 61 次元の線形方程式を解けばよいことがわかる．◁

7.5 指　　標

本節では指標について述べる．指標の概念は工学システムの対称性を記述するためにはとくに必要ないが，群表現論の理論展開の道具として重要である．指標の主要な性質である直交性を議論するには $\mathbb{C}$ 上で考えることが必要なので，本節では $F = \mathbb{C}$ とする．

7.5.1 定　　義

群 G の $\mathbb{C}$ 上の表現 T に対して，関数 $\chi : G \to \mathbb{C}$ を

$$\chi(g) = \mathrm{Tr}\, T(g) \qquad (g \in G) \tag{7.94}$$

と定義し，T の**指標**という．すなわち，各 $g \in G$ に行列 $T(g)$ のトレース (跡) を対応させる関数が T の指標である．T が N 次表現とすると，

$$\chi(g) = \sum_{i=1}^{N} T_{ii}(g) \qquad (g \in G) \tag{7.95}$$

であり，とくに $g = e$(単位元) に対して

$$\chi(e) = N$$

となる．

二つの表現が同値ならば，その指標は等しい．なぜならば，$T_1(g) = Q^{-1}T_2(g)Q$ より

$$\mathrm{Tr}\, T_1(g) = \mathrm{Tr}\,(Q^{-1}T_2(g)Q) = \mathrm{Tr}\, T_2(g)$$

となるからである．実はこの逆も成り立ち，指標が等しい表現は同値になる[*20]．

命題 7.7 二つの表現が同値であるための必要十分条件は，その指標が等しいことである．

(証明) 必要性は上に述べた通りである．十分性については，7.5.4 項の注意 7.9 において証明を与える．■

表現 T がユニタリ表現のとき，$T(g^{-1}) = T(g)^*$ $(g \in G)$ より

$$\chi(g^{-1}) = \overline{\chi(g)} \qquad (g \in G) \tag{7.96}$$

が成り立つ[*21]．一方，命題 7.1 により，任意の表現はユニタリ表現に同値であるから，任意の表現 T に対して上の関係式 (7.96) が成り立つ．

既約表現の指標を**既約指標**という．既約表現 T^μ の指標を χ^μ と表す．すなわち

$$\chi^\mu(g) = \mathrm{Tr}\, T^\mu(g) \qquad (g \in G) \tag{7.97}$$

である．既約指標に関連して，次のような事実がある．

---

*20　本節では $F = \mathbb{C}$ としているが，命題 7.7 は $F = \mathbb{R}$ の場合でも成り立つ．
*21　$\overline{}$ は共役複素数を表す．

- 既約指標は 2 種類の直交性をもつ (命題 7.8, 命題 7.11).
- 既約指標の個数は共役類の個数に等しい (命題 7.10).
- 既約分解 (7.64) における重複度 a^μ は，与えられた表現 T の指標 χ と既約指標 χ^μ との内積として表現される [式 (7.106)].

これについては，項を改めて説明しよう.

7.5.2 指　　標　　表

群 G の要素 g, h に対して，$k^{-1}gk = h$ を満たす $k \in G$ が存在するとき，g は h と**共役**である[*22]といい，共役関係によって G の要素を類別したときの同値類を**共役類**とよぶ．要素 $g \in G$ を含む共役類の大きさ (要素の個数) を $c(g)$ と表す.

たとえば，D_3, D_6 の共役類への分解は，

$$\begin{aligned} \mathrm{D}_3 &= \{e\} \cup \{r, r^2\} \cup \{s, sr, sr^2\}, \\ \mathrm{D}_6 &= \{e\} \cup \{r, r^5\} \cup \{r^2, r^4\} \cup \{r^3\} \cup \{s, sr^2, sr^4\} \cup \{sr, sr^3, sr^5\} \end{aligned}$$

となる．D_3 および D_6 において，$c(e) = 1$, $c(r) = 2$, $c(s) = 3$ である.

一般に，関数 $\psi : G \to \mathbb{C}$ で

$$\psi(g) = \psi(k^{-1}gk) \qquad (g, k \in G) \tag{7.98}$$

という性質をもつものを**類関数**とよぶ．類関数は，共役類の上で一定の値をとる関数である．群 G の任意の指標 χ は類関数である．実際，任意の $g, k \in G$ に対して

$$\chi(k^{-1}gk) = \mathrm{Tr}\, T(k^{-1}gk) = \mathrm{Tr}\, [T(k)^{-1}T(g)T(k)] = \mathrm{Tr}\, T(g) = \chi(g)$$

が成り立つ．とくに既約指標は類関数であるが，逆に，任意の類関数は既約指標の 1 次結合で表される (命題 7.10 参照).

群 G のすべての既約指標に対して，共役類での値を表の形にまとめたものを**指標表**とよぶ．たとえば，D_3 の指標表は

---

*22　共役関係は，注意 1.3(1.1.2 項) に述べた意味の同値関係である.

	e	r	s
$\chi^{(+,+)}$	1	1	1
$\chi^{(+,-)}$	1	1	-1
$\chi^{(1)}$	2	-1	0
c	1	2	3

(7.99)

である (記号は 7.3.2 項の例 7.14 参照). 一番上の行には, 共役類の代表元が並んでおり, 一番下の行には c の値が並んでいる. D_6 の指標表は

	e	r	r^2	r^3	s	sr
$\chi^{(+,+)}$	1	1	1	1	1	1
$\chi^{(+,-)}$	1	1	1	1	-1	-1
$\chi^{(-,+)}$	1	-1	1	-1	1	-1
$\chi^{(-,-)}$	1	-1	1	-1	-1	1
$\chi^{(1)}$	2	1	-1	-2	0	0
$\chi^{(2)}$	2	-1	-1	2	0	0
c	1	2	2	1	3	3

(7.100)

である.

上の二つの例では, 既約表現の個数と共役類の個数は等しく, その結果, 指標表は正方形となっている (c の行を除いて考える). 実は, このことは任意の群において成立する重要な事実である (命題 7.10).

7.5.3 直　交　性

命題 7.8 (第 1 種の直交性) 群 G の $\mathbb{C}$ 上の既約指標 χ^μ, χ^ν に対して

$$\sum_{g\in G} \chi^\mu(g)\overline{\chi^\nu(g)} = |G|\delta_{\mu\nu} \tag{7.101}$$

が成り立つ. ただし, $\delta_{\mu\nu}$ は Kronecker のデルタ (7.56) である.

(証明) 命題 7.5 の式 (7.57) で $i=l,\ m=s$ とおくと

$$\sum_{g\in G} T^\mu_{ii}(g)T^\nu_{mm}(g^{-1}) = \begin{cases} \dfrac{|G|}{N^\mu}\delta_{im} & (\mu=\nu) \\ 0 & (\mu\neq\nu) \end{cases}$$

となる．$\mu = \nu$ のときは，$i, m = 1, \ldots, N^\mu$ について和をとると

$$\sum_{g \in G} \chi^\mu(g)\chi^\mu(g^{-1}) = |G|$$

となり，$\mu \neq \nu$ のときは，$i = 1, \ldots, N^\mu$; $m = 1, \ldots, N^\nu$ について和をとると

$$\sum_{g \in G} \chi^\mu(g)\chi^\nu(g^{-1}) = 0$$

となる．したがって，両者を合わせて

$$\sum_{g \in G} \chi^\mu(g)\chi^\nu(g^{-1}) = |G|\delta_{\mu\nu}$$

と書くことができる．ここで式 (7.96) を用いれば，式 (7.101) が得られる．■

例 7.24 二面体群 D_6 について，既約指標の第 1 種の直交性 (7.101) を確かめよう．指標表 (7.100) より

	e	r	r^2	r^3	r^4	r^5	s	sr	sr^2	sr^3	sr^4	sr^5
$\chi^{(+,+)}$	1	1	1	1	1	1	1	1	1	1	1	1
$\chi^{(+,-)}$	1	1	1	1	1	1	−1	−1	−1	−1	−1	−1
$\chi^{(1)}$	2	1	−1	−2	−1	1	0	0	0	0	0	0

などとなる．式 (7.101) の左辺は，$\mu = (+,+), \nu = (+,-)$ に対して

$$1 \times 1 + \cdots + 1 \times 1 + 1 \times (-1) + \cdots + 1 \times (-1) = 0$$

となる．また，$\mu = (+,-), \nu = (1)$ に対しては

$$1 \times 2 + 1 \times 1 + 1 \times (-1) + 1 \times (-2) + 1 \times (-1) + 1 \times 1 + (-1) \times 0 + \cdots + (-1) \times 0 = 0$$

となる．さらに $\mu = \nu = (1)$ とすると

$$2^2 + 1^2 + (-1)^2 + (-2)^2 + (-1)^2 + 1^2 + 0^2 + \cdots + 0^2 = 12$$

となる．いずれの場合にも式 (7.101) が成り立っている．◁

上に示した直交性は，ベクトル空間における直交性として解釈できる．そのために，まず，類関数の全体が $\mathbb{C}$ 上のベクトル空間を成すことに注意し，これを V と表そう．ベクトル空間 V には

$$\langle \phi, \psi \rangle = \frac{1}{|G|} \sum_{g \in G} \overline{\phi(g)}\psi(g) \qquad (\phi, \psi \in V) \tag{7.102}$$

によって内積 $\langle \phi, \psi \rangle$ を定義できる．式 (7.101) は，既約指標 $(\chi^\mu \mid \mu \in R(G;\mathbb{C}))$ がこの内積に関して正規直交系を成すことを示している．

さらに，既約指標の全体が正規直交基底になっていることを示そう．そのための準備として，まず，次の命題を示す．

命題 7.9 群 G の $\mathbb{C}$ 上の既約表現 T と類関数 ψ に対して，

$$\sum_{g \in G} \psi(g) T(g) = \lambda I \tag{7.103}$$

が成り立つ．ただし，T の指標を χ, 次数を N とするとき，

$$\lambda = \frac{1}{N} \sum_{g \in G} \psi(g) \chi(g) = \frac{|G|}{N} \langle \overline{\psi}, \chi \rangle$$

であり，I は N 次単位行列を表す．

(証明) $A = \sum_{g \in G} \psi(g) T(g)$ とおくと，任意の $h \in G$ に対して

$$\begin{aligned} T(h)^{-1} A T(h) &= T(h)^{-1} \left(\sum_{g \in G} \psi(g) T(g) \right) T(h) \\ &= \sum_{g \in G} \psi(g) T(h^{-1}) T(g) T(h) = \sum_{g \in G} \psi(g) T(h^{-1} g h) \\ &= \sum_{k \in G} \psi(h k h^{-1}) T(k) = \sum_{k \in G} \psi(k) T(k) = A, \end{aligned}$$

すなわち $T(h)A = AT(h)$ が成り立つ．したがって，Schur の補題 (命題 7.4) により，$A = \lambda I$ $(\lambda \in \mathbb{C})$ の形である．λ の値は，式 (7.103) の両辺のトレースを計算すれば定められる．■

命題 7.10 既約指標 $(\chi^\mu \mid \mu \in R(G;\mathbb{C}))$ は類関数の基底を成す．とくに，既約指標の個数 $|R(G;\mathbb{C})|$ は共役類の個数に等しい．

(証明) 既約指標 $(\chi^\mu \mid \mu \in R(G;\mathbb{C}))$ が正規直交系を成すことはすでにわかっているので，すべての χ^μ と直交する類関数 ϕ は 0 であることを示せばよい．以下，$\psi = \overline{\phi}$ として，すべての μ に対して $\langle \overline{\psi}, \chi^\mu \rangle = 0$ が成り立つと仮定する．

一般に，表現 T に対して行列 $A=\sum_{g\in G}\psi(g)T(g)$ を考えると，T が既約ならば命題 7.9 と $\langle\overline{\psi},\chi^{\mu}\rangle=0$ の仮定より $A=O$ であり，既約でない場合にも既約表現に分解して考えれば，$A=O$ であることがわかる．とくに，T が正則表現 (例 7.9) の場合を考えると，A の各列は $\psi(g)$ $(g\in G)$ を適当に並べたものであるから，$A=O$ より $\psi(g)=0$ $(g\in G)$ が導かれる．

以上で，既約指標が類関数の成すベクトル空間 V の基底であることが証明された．とくに，既約指標の個数は V の次元に等しい．一方，V の次元は明らかに共役類の個数に等しい [一つの共役類の上で 1，それ以外で 0 となる関数 (の全体) は，V の一つの基底である]．したがって，既約指標の個数は共役類の個数に等しい．

■

例 7.25 二面体群 D_3 と D_6 について命題 7.10(の後半) を確かめよう．7.5.2 項に示したように，D_3 には 3 個の共役類 $\{e\}$, $\{r,r^2\}$, $\{s,sr,sr^2\}$ と 3 個の既約表現 $(+,+)$, $(+,-)$, (1) がある．また，D_6 には 6 個の共役類 $\{e\}$, $\{r,r^5\}$, $\{r^2,r^4\}$, $\{r^3\}$, $\{s,sr^2,sr^4\}$, $\{sr,sr^3,sr^5\}$ と 6 個の既約表現 $(+,+)$, $(+,-)$, $(-,+)$, $(-,-)$, (1), (2) がある．いずれの場合にも既約指標の個数は共役類の個数に等しく，命題 7.10(の後半) が成り立っている．◁

例 7.26 巡回群 C_n について命題 7.10(の後半) を確かめよう．C_n においては，任意の要素 $k=r^i$, $g=r^j$ に対して $k^{-1}gk=g$ が成り立つので，個々の要素が一つの共役類を成す．したがって，n 個の共役類 $\{e\},\{r\},\{r^2\},\ldots,\{r^{n-1}\}$ がある．一方，例 7.13 に示したように $\mathbb{C}$ 上の既約表現は n 個である．したがって C_n に対して命題 7.10(の後半) が成り立っている．◁

最後に，既約指標のもう一つの直交性を示す．式 (7.101) の左辺は $g\in G$ に関する和であるが，下の式 (7.104) では $\mu\in R(G;\mathbb{C})$ に関する和になっていることに注意されたい．

命題 7.11 (第 2 種の直交性)

$$\sum_{\mu\in R(G;\mathbb{C})}\chi^{\mu}(g)\overline{\chi^{\mu}(h)}=\begin{cases}\dfrac{|G|}{c(g)} & (g\text{ と }h\text{ が同じ共役類に属するとき})\\[2mm] 0 & (\text{それ以外})\end{cases}\tag{7.104}$$

が成り立つ．ただし，$c(g)$ は g の属する共役類の大きさ (要素数) である．

(証明) 命題 7.10 により，指標表を $|R(G;\mathbb{C})|$ 次の正方行列と見ることができる．これを X で表すと，行列 X の (μ, j) 要素は，第 μ 番目の既約指標 χ^μ の第 j 番目の共役類上での値 $\chi^\mu(g_j)$ に等しい (g_j は第 j 番目の共役類の任意の代表元)．対角要素が $c(g_j)/|G|$ $(j = 1, \ldots, |R(G;\mathbb{C})|)$ に等しい対角行列を C とすると，第 1 種の直交性 (命題 7.8) は，X の行ベクトルの重み C に関する直交性

$$XCX^* = I$$

の形に表現することができる．この式は X と CX^* が互いの逆行列であることを示しており，したがって $CX^* \cdot X = I$ すなわち

$$X^*X = C^{-1}$$

が成り立つ．これは，行列 X の列ベクトルの直交性を示しており，式 (7.104) と等価である． ■

例 7.27 二面体群 D_6 について，既約指標の第 2 種の直交性 (7.104) を確かめよう．式 (7.104) の左辺は指標表 (7.100) の列ベクトルの内積であることに注意する．式 (7.104) は，$g = e, h = r$ のとき

$$1 \times 1 + 1 \times 1 + 1 \times (-1) + 1 \times (-1) + 2 \times 1 + 2 \times (-1) = 0$$

となる．また，$g = r, h = s$ に対しては

$$1 \times 1 + 1 \times (-1) + (-1) \times 1 + (-1) \times (-1) + 1 \times 0 + (-1) \times 0 = 0$$

となる．さらに，$g = h = s$ に対しては

$$1^2 + (-1)^2 + 1^2 + (-1)^2 + 0^2 + 0^2 = 4 = \frac{12}{3} = \frac{|\mathrm{D}_6|}{c(s)}$$

であり，$g = h = r^3$ に対しては

$$1^2 + 1^2 + (-1)^2 + (-1)^2 + (-2)^2 + 2^2 = 12 = \frac{|\mathrm{D}_6|}{c(r^3)}$$

となる．いずれの場合にも式 (7.104) が成り立っている． ◁

7.5.4 重複度の公式

既約指標の (第 1 種の) 直交性を使って，$\mathbb{C}$ 上の既約分解 (7.64)[あるいは (7.69)] における重複度 a^μ を表す公式を示そう．

表現 T の指標を χ として，式 (7.64)[あるいは (7.69)] の両辺のトレースを考えると

$$\chi(g) = \sum_{\mu \in R(G;\mathbb{C})} a^\mu \chi^\mu(g) \qquad (g \in G) \tag{7.105}$$

となる．この式に $\overline{\chi^\nu(g)}$ を掛けて $g \in G$ に関して和をとると，第 1 種の直交性 (7.101) を用いて，

$$\sum_{g \in G} \chi(g)\overline{\chi^\nu(g)} = \sum_{\mu \in R(G;\mathbb{C})} a^\mu \sum_{g \in G} \chi^\mu(g)\overline{\chi^\nu(g)} = |G| \sum_{\mu \in R(G;\mathbb{C})} a^\mu \delta_{\mu\nu} = |G| a^\nu$$

と計算される．したがって，

$$a^\mu = \frac{1}{|G|} \sum_{g \in G} \chi(g)\overline{\chi^\mu(g)} \tag{7.106}$$

が成り立つ．

式 (7.105) と式 (7.106) より

$$\begin{aligned} \sum_{g \in G} \chi(g)\overline{\chi(g)} &= \sum_{g \in G} \chi(g) \sum_{\mu \in R(G;\mathbb{C})} a^\mu \overline{\chi^\mu(g)} = \sum_{\mu \in R(G;\mathbb{C})} a^\mu \sum_{g \in G} \chi(g)\overline{\chi^\mu(g)} \\ &= |G| \sum_{\mu \in R(G;\mathbb{C})} (a^\mu)^2 \end{aligned}$$

と計算されるので，

$$\frac{1}{|G|} \sum_{g \in G} |\chi(g)|^2 = \sum_{\mu \in R(G;\mathbb{C})} (a^\mu)^2 \tag{7.107}$$

という関係式が導かれる．これより，T が既約であることの必要十分条件

$$\frac{1}{|G|} \sum_{g \in G} |\chi(g)|^2 = 1 \tag{7.108}$$

が得られる．左辺は T から具体的に計算できるので，この事実は既約性の判定に便利である．

例 7.28 例 7.12(7.3.1 項) で，D_3 の置換表現 T が単位表現 $(+,+)$ と 2 次既約表現 (1) に分解することを見た．D_3 の既約指標 $\chi^{(+,+)}$, $\chi^{(+,-)}$, $\chi^{(1)}$(記号は例 7.14 参照) と T の指標 χ の値は，指標表 (7.99) より，

	e	r	r^2	s	sr	sr^2
$\chi^{(+,+)}$	1	1	1	1	1	1
$\chi^{(+,-)}$	1	1	1	-1	-1	-1
$\chi^{(1)}$	2	-1	-1	0	0	0
χ	3	0	0	1	1	1

となっており，式 (7.106) は $\mu=(+,+),(+,-),(1)$ に対して

$$\begin{aligned} a^{(+,+)} &= \frac{1}{6}(3+0+0+1+1+1)=1, \\ a^{(+,-)} &= \frac{1}{6}(3+0+0-1-1-1)=0, \\ a^{(1)} &= \frac{1}{6}(6+0+0+0+0+0)=1 \end{aligned}$$

と計算される．これは，例 7.12 で見た重複度と一致している．ちなみに式 (7.107) の両辺を計算してみると

$$\frac{1}{6}\left(3^2+0+0+1^2+1^2+1^2\right)=2=1^2+0^2+1^2$$

が成り立っている． ◁

例 7.29 群 G の正則表現 (7.2.2 項の例 7.9 参照) を既約表現に分解したときの重複度を計算してみよう．正則表現の指標を χ とすると，

$$\chi(g)=\begin{cases} |G| & (g=e\ \text{のとき}) \\ 0 & (\text{それ以外}) \end{cases} \tag{7.109}$$

であるから，式 (7.106) より

$$a^{\mu}=\frac{1}{|G|}\sum_{g\in G}\chi(g)\overline{\chi^{\mu}(g)}=\frac{1}{|G|}\chi(e)\overline{\chi^{\mu}(e)}=N^{\mu}$$

となる．すなわち，正則表現における既約表現 μ の重複度 a^{μ} は，その次数 N^{μ} に等しい．式 (7.109) と $a^{\mu}=N^{\mu}$ を式 (7.107) に代入すると，

$$|G|=\sum_{\mu\in R(G;\mathbb{C})}(N^{\mu})^2$$

という関係式 [7.3.2 項の式 (7.45)] が導かれる. ◁

注意 7.9 命題 7.7 における十分性 (指標が等しければ同値であること) の証明を与えよう. 既約分解 (7.64) における重複度 a^μ は, 式 (7.106) のように, T の指標だけで決まるので, 指標が等しい二つの表現の既約分解は一致する. 一方, 既約分解が等しい表現は同値である. したがって, 指標が等しい二つの表現は $\mathbb{C}$ 上で同値である. ◁

参 考 文 献

[線形代数全般] 線形代数の教科書として，以下のようなものがある．

[1] 新井仁之：線形代数—基礎と応用，日本評論社，2006.

[2] D. S. Bernstein: *Matrix Mathematics: Theory, Facts, and Formulas*, 2nd ed., Princeton University Press, Princeton, 2009.

[3] 藤原毅夫：線形代数，岩波書店，1996.

[4] F. R. Gantmacher: *The Theory of Matrices, Vol. I, Vol. II*, Chelsea, New York, 1959. Also: *Applications of the Theory of Matrices*, Interscience Publishers, New York, 1959; Dover, Mineola, New York, 2005.

[5] 長谷川浩司：線型代数 [改訂版]，日本評論社，2015.

[6] R. A. Horn and C. R. Johnson: *Matrix Analysis*, Cambridge University Press, Cambridge, 1985; 2nd ed., 2013.

[7] 池辺八洲彦，池辺淑子，浅井信吉，宮崎佳典：現代線形代数—分解定理を中心として，共立出版，2009.

[8] 伊理正夫：線形代数汎論，朝倉書店，2009.

[9] 伊理正夫，韓太舜：線形代数—行列とその標準形，教育出版，1977.

[10] 筧三郎：工科系線形代数 [新訂版]，数理工学社，2014.

[11] 金子晃：線形代数講義，サイエンス社，2004.

[12] 木村英紀：線形代数—数理科学の基礎，東京大学出版会，2003.

[13] 草場公邦：線型代数，増補版，朝倉書店，1988.

[14] P. D. Lax: *Linear Algebra and Its Applications*, 2nd ed., John Wiley & Sons, Inc., Hoboken, NJ, 2007 [P.D. ラックス (光道隆，湯浅久利 訳)：ラックス線形代数：数値解析へのアプローチ，丸善出版，2015].

[15] 室田一雄，杉原正顯：東京大学工学教程 線形代数 I，丸善出版，2015.

[16] 齋藤正彦：線型代数入門，東京大学出版会，1966.

[17] 齋藤正彦：線型代数学，東京図書，2014.

[18] 佐武一郎：線型代数学，裳華房，1974.

[19] W.W. Sawyer: *An Engineering Approach to Linear Algebra*, Cambridge University Press, Cambridge, 1972 [W.W. ソーヤー (高見穎郎，桑原邦郎 訳)：線形代数とは何か，岩波書店，1978].

[20] G. Strang: *Linear Algebra and Its Applications*, Academic Press, New York, 1976 [G. ストラング (山口昌哉 監訳，井上昭 訳)：線形代数とその応用，産業図書，1978]; 4th ed., Thomson Brooks/Cole, 2006.

[21] G. Strang: *Introduction to Linear Algebra*, 4th ed., Wellesley-Cambridge Press, Wellesley, MA, 2009 [ギルバート・ストラング (松崎公紀, 新妻弘 訳)：ストラング線形代数イントロダクション，近代科学社，2015].

[22] 谷野哲三：システム線形代数—工学系への応用，朝倉書店，2013.

[23] 山本哲朗：行列解析の基礎—Advanced 線形代数，サイエンス社，2010.

[24] F. Zhang: *Matrix Theory: Basic Results and Techniques*, Springer, New York, 1999.

以下，各章ごとに参考書をあげる.

[**第 1 章**] 上記文献 [9] および

[25] 藤重悟：グラフ・ネットワーク・組合せ論，共立出版，2002.

[26] 杉原正顯，室田一雄：線形計算の数理，岩波書店，2009.

[27] R. S. Varga: *Matrix Iterative Analysis*, Prentice-Hall, Englewood Cliffs, New Jersey, 1962 [R.S. バーガ (渋谷政昭 訳): 計算機による大型行列の反復解法, サイエンス社, 1972]; 2nd ed., Springer, Berlin, 2000.

[**第 2 章**] 上記文献 [23], [27] および

[28] A. Berman and R. J. Plemmons: *Nonnegative Matrices in the Mathematical Sciences*, Academic Press, New York, 1979; SIAM, Philadelphia, 1994.

[29] W. Feller: *An Introduction to Probability Theory and Its Applications*, Vol. 1, 2nd ed., John Wiley and Sons, New York, 1957 [W. フェラー (河田 龍夫 監訳，卜部 舜一 ほか 訳)：確率論とその応用 I 下，紀伊國屋書店，1961]；3rd ed., 1968.

[30] S. Karlin: *A First Course in Stochastic Processes*, Academic Press, New York, 1966 [S. カーリン (佐藤健一，佐藤由身子 訳)：確率過程講義，産業図書，1974]；S. Karlin and H. M. Taylor: 2nd ed., 1975.

[31] 二階堂副包：経済のための線型数学，培風館，1961.

[**第 3 章**] 上記文献 [31] および

[32] V. Chvátal: *Linear Programming*, W. H. Freeman and Company, New York, 1983 [バシェク・フバータル (阪田省二郎，藤野和建，田口東 訳)：線形計画法 (上，下)，啓学出版，1986/1988].

[33] G. B. Dantzig: *Linear Programming and Extensions*, Princeton University Press, Princeton, 1963.

[34] 福島雅夫：非線形最適化の基礎，朝倉書店，2001.

[35] 伊理正夫：線形計画法，共立出版，1986.

[36] 今野浩：線形計画法，日科技連出版社，1987.

[37] A. Schrijver: *Theory of Linear and Integer Programming*, John Wiley and Sons, New York, 1986.

[**第 4 章**] 上記文献 [37] および

[38] M. Newman: *Integral Matrices*, Academic Press, New York, 1972.

[39] A. Schrijver: *Combinatorial Optimization—Polyhedra and Efficiency*, Springer, Heidelberg, 2003.

[**第 5 章**] 上記文献 [4], [38] および

[40] F. E. Cellier: *Continuous System Modeling*, Springer, Berlin, 1991.

[41] I. Gohberg, P. Lancaster, and L. Rodman: *Matrix Polynomials*, Academic Press, New York, 1982; SIAM, Philadelphia, 2009.

[42] 児玉慎三，須田信英：システム制御のためのマトリクス理論，第 2 版，計測自動制御学会編，コロナ社，1981.

[43] P. Kunkel and V. Mehrmann: *Differential-Algebraic Equations: Analysis and Numerical Solution*, European Mathematical Society, Zürich, 2006.

[44] 前田肇，杉江俊治：アドバンスト制御のためのシステム制御理論，システム制御情報学会編，朝倉書店，1990.

[45] 須田信英：線形システム理論，システム制御情報学会編，朝倉書店，1993.

[**第 6 章**]

[46] A. Ben-Israel and T. N. E. Greville: *Generalized Inverses: Theory and Applications*, 2nd ed., Springer, New York, 2003.

[47] 川口健一：一般逆行列と構造工学への応用，コロナ社，2011.

[48] C. R. Rao and S. K. Mitra: *Generalized Inverse of Matrices and Its Applications*, John Wiley and Sons, New York, 1970 [C. ラダクリシュナ・ラオ，S.K. ミトラ (渋谷政昭，田辺国士 訳)：一般逆行列とその応用，東京図書，1973].

[49] 柳井晴夫，竹内啓：射影行列・一般逆行列・特異値分解，東京大学出版会，1983.

[**第 7 章**]

[50] 服部昭：群とその表現，共立出版，1967.

[51] 平井武：線形代数と群の表現，I，II，朝倉書店，2001.

[52] K. Ikeda and K. Murota: *Imperfect Bifurcation in Structures and Materials—Engineering Use of Group-Theoretic Bifurcation Theory*, 2nd ed., Springer, New York, 2010.

[53] 犬井鉄郎，田辺行人，小野寺嘉孝：応用群論: 群表現と物理学，裳華房，1976(増補版 1980).

[54] 彌永昌吉，杉浦光夫：応用数学者のための代数学，岩波書店，1960.

[55] 近藤武：群論，岩波書店，1991.

[56] W. Miller, Jr.: *Symmetry Groups and Their Applications*, Academic Press, New York, 1972.

[57] J.-P. Serre: *Linear Representations of Finite Groups*, Springer, New York, 1977 [J.-P. セール (岩堀長慶，横沼健雄 訳)：有限群の線型表現，岩波書店，1974].

[58] 寺田至，原田耕一郎：群論，岩波書店，2006.

[59] 山内恭彦，杉浦光夫：連続群論入門，培風館，1960(新装版，2010).

おわりに

本書の執筆に際して，多くの方々に手伝って頂いた．原稿を通読して詳細なチェックをしてくれた垣村尚徳氏，例題の数値計算を手伝ってくれた相島健助氏，また，コメントを寄せて下さった田村明久氏，池辺淑子氏，古田幹雄氏，牧野和久氏，寒野善博氏，田中健一郎氏，小林佑輔氏，髙松瑞代氏，黒木裕介氏および研究室の大学院生諸君に感謝したい．

2013 年 9 月

室 田 一 雄
杉 原 正 顯

索　引

欧　文

Birkhoff–von Neumann (バーコフ–フォン・ノイマン) の定理 (Birkhoff–von Neumann theorem)　54
Birkhoff (バーコフ) の定理 (Birkhoff's theorem)　54
Bott–Duffin (ボット–ダフィン) 逆行列 (Bott–Duffin inverse)　171
C_n (n 次巡回群)　205
DAE (differential-algebraic equation)　129, 159
DM 分解 (DM decomposition)　20
D_n (n 次二面体群)　205
Drazin (ドレイジン) 逆行列 (Drazin inverse)　171
Dulmage–Mendelsohn (ダルメジ–メンデルゾーン) 分解 (Dulmage–Mendelsohn decomposition)　20
Euclid (ユークリッド) 整域 (Euclidean domain)　152
Euclid (ユークリッド) の互除法 (Euclidean algorithm)　133, 135
Euclid (ユークリッド) ノルム (Euclidean norm)　176
Farkas (ファルカス) の補題 (Farkas' lemma)　66
Fourier–Motzkin (フーリエ–モツキン) の消去法 (Fourier–Motzkin elimination method)　59
Frobenius (フロベニウス)　27
gcd (greatest common divisor)　98, 132
Hall の定理 (Hall's theorem)　21
Hermite (エルミート) 標準形 (Hermite normal form)
　整数　101
　多項式　142
Hoffman–Kruskal (ホフマン–クラスカル) の定理 (Hoffman–Kruskal theorem)　125
Jacobi (ヤコビ) 行列 (Jacobian matrix)　194, 210
Kronecker (クロネッカー) のデルタ (Kronecker delta)　226
Kronecker (クロネッカー) 標準形 (Kronecker canonical form)　157
Laplace (ラプラス) 変換 (Laplace transform)　129
Laplace (ラプラス) 変換 (Laplace transformation)　129
Legendre (ルジャンドル) 変換 (Legendre transformation)　89
Leontief (レオンチェフ)　49
Markov (マルコフ) 連鎖 (Markov chain)　38
Maschke (マシュケ) の定理 (Maschke's theorem)　219
Moore–Penrose (ムーア–ペンローズ) 型一般逆行列 (Moore–Penrose generalized inverse)　188
M 行列 (M-matrix)　45
Newton (ニュートン) 法 (Newton's method)　193
　一般化　194
Perron (ペロン)　27
Perron–Frobenius (ペロン–フロベニウス) 根 (Perron–Frobenius root)　28
Perron–Frobenius (ペロン–フロベニウス) の定理 (Perron–Frobenius theorem)　27

Poisson (ポアソン) 方程式 (Poisson equation) 46
Schur (シューア) の補題 (Schur's lemma) 224
Smith (スミス) 標準形 (Smith normal form)
整数 106
多項式 149
Young (ヤング) 図形 (Young diagram) 223
Young (ヤング) 率 (Young's modulus) 199

あ 行

安定 (stable) 153
位数 (order) 203
異値 (inequivalent) 215
一般化 Newton (ニュートン) 法 (generalized Newton's method) 194
一般化ニュートン法 → 一般化 Newton 法
一般逆行列 (generalized inverse) 171
Moore–Penrose 型 188
最小 2 乗型 181
最小ノルム型 176
枝 (branch) 3
エルミート標準形 → Hermite 標準形

か 行

可換性 (commutativity) 201, 211
確率行列 (stochastic matrix) 37
二重 52
確率ベクトル (probability vector) 39
可約行列 (reducible matrix) 13, 24
可約表現 (reducible representation) 218
環 (ring) 152
完全単模行列 (totally unimodular matrix) 117
簡約グラフ (reduced graph) 8
擬順序 (preorder, quasi-order) 9
基底解 (basic solution) 124
基本行変形 (elementary row transformation)
整数 97
多項式 139
基本行列 (elementary matrix)
整数 96
多項式 138
基本変形 (elementary transformation)
整数 96, 97
多項式 137, 139
基本列変形 (elementary column transformation)
整数 96
多項式 137
逆元 (inverse element) 203
既約行列 (irreducible matrix) 13, 24
既約指標 (irreducible character) 240
既約成分 (irreducible component) 13
既約表現 (irreducible representation) 218, 219
既約分解 (irreducible decomposition) 229
強双対性 (strong duality) 89
共通因子 (common divisor) 132
共変性 (covariance) 210
共役 (conjugate) 241
共役類 (conjugacy class) 241
行列式因子 (determinantal divisor)
整数 99
多項式 141
行列束 (matrix pencil) 155
斉次形 169
正則 155
特異 155
行列ペンシル (matrix pencil) 155
強連結 (strongly connected) 7
強連結成分 (strongly connected component) 7, 9
強連結成分分解 (decomposition into strongly connected components) 7, 9

極限分布 (limit distribution)　39
極小 (minimal)　41
許容解 (admissible solution)　86
グラフ (graph)　3
　簡約　8
　2 部　18
　無向　18
　有向　3
クロネッカーのデルタ　→ Kronecker のデルタ
クロネッカー標準形　→ Kronecker 標準形
群 (group)　203
係数 (coefficient)　132
係数行列 (coefficient matrix)　127
結合律 (associative law)　203
原始指数 (index of primitivity)　14
原始的 (primitive)　14
格子 (lattice)　94
　整数　94
剛性行列 (stiffness matrix)　198
勾配ベクトル (gradient vector)　195
コンダクタンス (conductance)　47

さ　行

最小 2 乗解 (least-square solution)　181
最小 2 乗型一般逆行列 (least-square generalized inverse)　181
最小ノルム型一般逆行列 (minimum-norm generalized inverse)　176
最大共通因子 (greatest common divisor)　132
最大公約数 (greatest common divisor)　98
最大マッチング (maximum matching)　21
最適解 (optimal solution)　84, 86
　整数　124
最適化問題 (optimization problem)　57
最適性の証拠 (certificate of optimality)　91
産業連関分析 (input–output analysis)　49
次元 (dimension)
　群表現　206
自己閉路 (self-loop)　4
次数 (degree)
　群表現　206
　多項式　132
　多項式行列　127
実行可能解 (feasible solution)　86
実行可能問題 (feasible problem)　86
実行可能領域 (feasible region)　86
実行不可能問題 (infeasible problem)　86
指標 (character)　240
指標表 (character table)　241
射影 (projection)　61
弱双対性 (weak duality)　89
シューアの補題　→ Schur の補題
周期 (period)　14
首座小行列 (leading principal submatrix)　50
首座小行列式 (leading principal minor)　50
主小行列 (principal submatrix)　50
主小行列式 (principal minor)　50
出力ベクトル (output vector)　131
主問題 (primal problem)　88
巡回群 (cyclic group)　205
準同型 (homomorphism)　206
小行列 (submatrix)　99
　主　50
　首座　50
小行列式 (minor, subdeterminant)　99
　主　50
　首座　50
消去法 (elimination method)　59
　Fourier–Motzkin　59
商集合 (quotient set)　9
乗積表 (multiplication table)　203
状態ベクトル (state vector)　131
状態方程式 (state-space equation)　131
真に等価 (strictly equivalent)　156
錐 (cone)　74

推移確率行列 (transition probability matrix) 38
推移律 (transitive law) 9, 10
枢軸変換 (pivotal transformation) 120
スペクトル半径 (spectral radius) 27
スミス標準形 → Smith 標準形
スラック変数 (slack variable) 85
整域 (integral domain) 152
正規形 (normal form) 160
正規方程式 (normal equation) 186
正行列 (positive matrix) 23
斉次形 (homogeneous form) 169
斉次不等式系 (homogeneous system of inequalities) 76
整数基本行変形 (integer elementary row transformation) 97
整数基本行列 (integer elementary matrix) 96
整数基本変形 (integer elementary transformation) 97
整数基本列変形 (integer elementary column transformation) 96
整数行列 (integer matrix) 93
整数計画 (integer program) 114
整数計画問題 (integer programming problem) 114
整数格子 (integer lattice) 94
整数最適解 (integer optimal solution) 124
整数多面体 (integer polyhedron) 125
整数ベクトル (integer vector) 94
生成 (generate)
　群 204
　格子 94
生成元 (generator) 204
正則行列束 (regular pencil) 155
正則表現 (regular representation) 209
正ベクトル (positive vector) 24
制約条件 (constraint) 83
積 (product) 203
接続行列 (incidence matrix) 117
節点 (node) 3
節点コンダクタンス行列 (node conductance matrix) 48
遷移確率行列 (transition probability matrix) 38
線形計画 (linear program) 57, 83
線形計画法 (linear programming) 86
線形計画問題 (linear programming problem) 83
双対錐 (dual cone) 75
双対性 (duality)
　強 89
　弱 89
　線形計画 89
　凸錐 76
双対定理 (duality theorem)
　線形計画 89
双対問題 (dual problem) 88

た 行

体 (field) 132, 207
第 1 種の直交性 (orthogonality of the first kind, first orthogonality relation) 242
対称群 (symmetric group) 206
対称律 (symmetric law) 9
第 2 種の直交性 (orthogonality of the second kind, second orthogonality relation) 245
多項式 (polynomial) 131
多項式基本行変形 (polynomial elementary row transformation) 139
多項式基本行列 (polynomial elementary matrix) 138
多項式基本変形 (polynomial elementary transformation) 139
多項式基本列変形 (polynomial elementary column transformation) 137
多項式行列 (polynomial matrix) 127
多面体的凸錐 (polyhedral convex cone) 75

ダルメジ–メンデルゾーン分解
　→ Dulmage–Mendelsohn 分解
単位元 (identity element)　203
単位表現 (unit representation)　207
単因子 (elementary divisor)
　整数　108
　多項式　151
単因子標準形 (Smith normal form)
　整数　108
　多項式　152
端点 (end-vertex, terminal vertex)　21
端点 (extreme point)　55, 71
単模行列 (unimodular matrix)
　完全　117
　整数　93
　多項式　136
置換行列 (permutation matrix)　11, 53, 208
置換表現 (permutation representation) 208
頂点 (vertex)　3
重複度 (multiplicity)　229
直和 (direct sum)　217
直交性 (orthogonality)　226
　第 1 種　242
　第 2 種　245
直交表現 (orthogonal representation) 207
定常分布 (stationary distribution)　40
点 (vertex)　3
点集合 (vertex set)　3
伝達関数 (transfer function)　131
伝達関数行列 (transfer function matrix) 131
等価 (equivalent)　152, 166
　真に　156
等型成分分解 (isotypic decomposition) 230
等型分解 (isotypic decomposition)　230
同値 (equivalent)　215
同値関係 (equivalence relation)　9
同値類 (equivalence class)　9
投入係数 (input coefficient)　49
投入係数行列 (input coefficient matrix) 49
投入産出分析 (input–output analysis) 49
同変性 (equivariance)　210
特異行列束 (singular pencil)　155
凸結合 (convex combination)　53, 72, 74
凸集合 (convex set)　74
凸錐 (convex cone)　66, 74
凸多面錐 (convex polyhedral cone)　75
凸包 (convex hull)　74
トラステント (truss tent)　199
トラスドーム (truss dome)　197
ドレイジン逆行列　→ Drazin 逆行列

な　行

2 項演算 (binary operation)　203
2 項関係 (binary relation)　8
二項係数 (binomial coefficient)　26
二者択一定理 (theorem of the alternative)　69, 112
二重確率行列 (doubly stochastic matrix) 52
2 部グラフ (bipartite graph)　18
二面体群 (dihedral group)　205
入力ベクトル (input vector)　131
ニュートン法　→ Newton 法

は　行

バーコフの定理 → Birkhoff の定理　54
バーコフ–フォン・ノイマンの定理
　→ Birkhoff–von Neumann の定理 54
反射律 (reflexive law)　9, 10
半順序 (partial order)　8, 10, 20
半順序集合 (partially ordered set)　10
反対称律 (antisymmetric law)　10
非斉次不等式系 (inhomogeneous system of inequalities)　81

非負行列 (nonnegative matrix) 23
非負ベクトル (nonnegative vector) 24
微分代数方程式 (differential-algebraic equation) 129, 159
微分方程式 (differential equation) 128
　正規形 160
非有界 (unbounded) 86
表現 (representation) 206
　可約 218
　既約 218, 219
表現行列 (representation matrix) 206
標準形 (standard form) 84
ファルカスの補題 → Farkas の補題
複素周波数 (complex frequency) 129
不変性 (invariance) 212
不変多項式 (invariant polynomial) 151
不変部分空間 (invariant subspace) 219
フーリエ–モツキンの消去法 → Fourier–Motzkin の消去法
ブロック上三角行列 (block-upper triangular matrix) 11
ブロック三角化 (block-triangularization) 11, 19
ブロック三角行列 (block-triangular matrix) 11
プロパー (proper) 153
ペロン–フロベニウス根 → Perron–Frobenius 根 28
ペロン–フロベニウスの定理 → Perron–Frobenius の定理 27
辺 (arc, edge) 3
辺集合 (arc set) 3
ポアソン方程式 → Poisson 方程式 46
ボット–ダフィン逆行列 → Bott–Duffin 逆行列
ポテンシャル関数 (potential function) 212
ポテンシャル系 (potential system) 212
ホフマン–クラスカルの定理 → Hoffman–Kruskal の定理
ホールの定理 → Hall の定理

ま 行

マシュケの定理 → Maschke の定理
マッチング (matching) 21
　最大 21
マルコフ連鎖 → Markov 連鎖 38
ムーア–ペンローズ型一般逆行列 → Moore–Penrose 型一般逆行列
無向グラフ (undirected graph) 18
目的関数 (objective function) 83

や 行

ヤコビ行列 → Jacobi 行列
ヤング図形 → Young 図形
ヤング率 → Young 率 199
有界 (bounded) 86
有限群 (finite group) 203
有限生成凸錐 (finitely generated convex cone) 75
有向グラフ (directed graph) 3
有向道 (directed path) 6
ユークリッド整域 → Euclid 整域
ユークリッドの互除法 → Euclid の互除法
ユークリッドノルム → Euclid ノルム
ユニタリ表現 (unitary representation) 207
ユニモジュラ行列 (unimodular matrix)
　整数 93
　多項式 136

ら 行

ラプラシアン (Laplacian) 46
ラプラス変換 → Laplace 変換
ランダムウォーク (random walk) 38
類関数 (class function) 241
ルジャンドル変換 → Legendre 変換

東京大学工学教程

編纂委員会	原田　　昇（委員長）
	北森武彦
	小芦雅斗
	関村直人
	高田毅士
	永長直人
	野地博行
	藤原毅夫
	水野哲孝
	吉村　　忍（幹　事）
数学編集委員会	永長直人（主　査）
	竹村彰通
	室田一雄
物理編集委員会	小芦雅斗（主　査）
	押山　　淳
	小野　　靖
	近藤高志
	高木　　周
	高木英典
	田中雅明
	陳　　　昱
	山下晃一
	渡邉　　聡
化学編集委員会	野地博行（主　査）
	加藤隆史
	高井まどか
	野崎京子
	水野哲孝
	宮山　　勝
	山下晃一

2013 年 9 月

著者紹介

室田一雄（むろた・かずお）
首都大学東京経済経営学部　教授
東京大学名誉教授／京都大学名誉教授

杉原正顯（すぎはら・まさあき）
名古屋大学名誉教授／東京大学名誉教授

東京大学工学教程　基礎系　数学
線形代数 II

平成 25 年 10 月 10 日　発　　行
令和元年 5 月 15 日　第 3 刷発行

編　者　東京大学工学教程編纂委員会

著　者　室　田　一　雄
　　　　杉　原　正　顯

発行者　池　田　和　博

発行所　丸善出版株式会社
〒101-0051 東京都千代田区神田神保町二丁目17番
編集：電話 (03) 3512-3266／FAX (03) 3512-3272
営業：電話 (03) 3512-3256／FAX (03) 3512-3270
https://www.maruzen-publishing.co.jp

印刷・製本／三美印刷株式会社

ISBN 978-4-621-08714-5 C 3341　　Printed in Japan